Science Pearls　　Youth Edition
国际科普大师丛书（青春版）● 数理篇

元素的盛宴

元素周期表中的化学
探险史与真实故事

The
Disappearing
Spoon

And Other True Tales of
Madness, Love, and
the History of the World
from the
Periodic Table of
the Elements

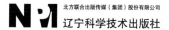
北方联合出版传媒（集团）股份有限公司
辽宁科学技术出版社

〔美〕 山姆·基恩
(Sam Kean) /著
杨蓓、阳曦/译

著作权合同登记号：图字 02-2022-092 号

图书在版编目（CIP）数据

元素的盛宴 / (美) 山姆·基恩著；杨蓓，阳曦译.
沈阳：辽宁科学技术出版社，2025.1. --（国际科普大师丛书：青春版）. -- ISBN 978-7-5591-3897-2

Ⅰ. O611-49

中国国家版本馆CIP数据核字第2024KC8342号

出 版 者：辽宁科学技术出版社
　　　　　　（地址：沈阳市和平区十一纬路25号 邮编：110003）
印 刷 者：大厂回族自治县德诚印务有限公司
发 行 者：未读（天津）文化传媒有限公司
幅面尺寸：889mm×1194mm，32开
印　　张：10.5
字　　数：263千字
出版时间：2025年1月第1版
印刷时间：2025年1月第1次印刷
选题策划：联合天际
责任编辑：张歌燕　于天文　王丽颖　马航
特约编辑：孙成义　王羽鹭
美术编辑：梁全新
封面设计：typo_d
责任校对：王玉宝

书　　号：ISBN 978-7-5591-3897-2
定　　价：38.00元

关注未读好书

客服咨询

目录

引言

$$\boxed{\begin{array}{l} ^{80} \\ \text{Hg} \\ 200.592 \end{array}}$$

20世纪80年代早期，那时候我还是个孩子，喜欢和一切塞进我嘴里的东西说话——食物啊，牙医管啊，会飞走的气球啊，什么都有——就算周围没人，我也会喃喃自语。我爱上元素周期表正是因为这个习惯，当时我第一次独自测体温，周围谁都没有，只有一支温度计压在我舌头下面。测体温的原因是我得了链球菌咽喉炎，二、三年级期间我好像得过十几次这种病，往往一连好些天，吞咽的时候喉咙作痛。我一点儿都不介意待在家里不去上学，吃香草冰淇淋和巧克力酱来"自我疗愈"。而且，生病总会给我再打破一支老式水银体温计的机会。

我躺着，舌头下压着那根玻璃棍，我会大声回答一个想象中的问题，然后体温计就会从我嘴里滑出去，在硬木地板上摔得粉碎，液态的水银珠子像轴承里的滚珠一样满地乱蹦。一分钟后，我妈妈就会蹲下去——虽然她有点儿关节炎——开始收拾那些珠子。她用牙签把柔软的小珠赶到一块去，就像用冰球球杆打球一样，水银珠子快要碰到一起了。最后轻轻一拨，一颗珠子吞掉了另一颗，曾经有两颗珠子的地方现在只剩下一颗完美无瑕的珠子轻轻颤抖着。妈妈在地板上走来走去，重复着这种魔术般的小把戏，大的水银珠子不断吞噬着其他小个儿的珠子，直到最后重新汇聚成一颗银色的"扁豆"。

妈妈把所有水银聚到一起后，就会从厨房里放小摆设的架子上取下来那个带绿色标签的塑料药瓶，药瓶放在拿鱼竿的泰迪熊和1985年家庭聚会留下的蓝色陶瓷马克杯之间。她把水银挪到一个信

1

封上，然后小心翼翼地把这最新的一份战利品倒进瓶子里——瓶子里的水银球已经有胡桃那么大了。有时候，把药瓶藏起来之前，妈妈会把水银倒到瓶盖里，让我和兄弟姐妹们一起欣赏这种未来主义的金属。它不停地流动，时而分开，时而又完美地汇聚起来。有的母亲特别害怕水银，她们甚至不让自己的孩子吃金枪鱼[1]，我为这样的孩子感到悲哀。中世纪的炼金术士追求的虽然是黄金，但他们认为水银是宇宙中最强大、最有诗意的物质，孩提时代的我肯定非常同意他们的观点。我甚至曾经和他们一样相信过，水银无法归于任一类别，它既非液体亦非固体，既非金属亦非水，既非天堂亦非地狱；水银里蕴含着超凡脱俗的灵魂。

后来，我发现，水银之所以表现出这些性质，是因为它是一种元素。它和水（H_2O）、二氧化碳（CO_2）或你日常生活中能见到的几乎所有东西都不一样，不能被自然地分成更小的单位。事实上，水银颇富"邪典"气息：水银原子只愿意和同类待在一起，它们缩成球状，和外界的接触减至最少。我小时候泼洒过的大部分液体（如水、油、醋、还没凝固的果冻等）都与水银不同，它们会流得到处都是。而水银不会留下污渍，每次我打碎温度计后，爸妈总会叫我穿上鞋子，免得看不见的玻璃碎片扎进脚里，可我从不记得他们什么时候叫我小心过散落的水银。

很长一段时间里，我一直在留意书本和学校里的80号元素，就像你也许会在报纸中搜寻某位童年伙伴的名字一样。我来自大平原，在历史课上我曾学到过刘易斯和克拉克远征[2]南达科他州和路易斯

---

[1] 海洋污染物中的甲基汞等可能会在某些鱼类体内富集，因而食用金枪鱼存在较高的汞元素中毒风险。

[2] 刘易斯与克拉克远征（Lewis and Clark expedition，1804—1806）是美国国内首次横越大陆西抵太平洋沿岸的往返考察活动。领队为美国陆军的梅里韦瑟·刘易斯上尉（Meriwether Lewis）和威廉·克拉克少尉（William Clark），即下文所指"梅里韦瑟和威廉"。（本书脚注如无特别说明，均为译者注）

安那州其余疆域的故事，他们带着一架显微镜、罗盘、六分仪、三支水银温度计，还有其他设备。最开始时我并不知道，他们还带了600片含汞泻药，每一片都有阿司匹林药片的4倍大。这种泻药名为"拉什医生的胆汁丸"，名字源于《独立宣言》的签署者之一本杰明·拉什。这位英雄医生曾于1793年费城黄热病肆虐期间勇敢地坚守孤城。无论是治什么病，他都喜欢让病人口服一种含有氯化亚汞的浆状药物。虽然从1400年到1800年，药学领域取得了不少进展，不过那个年代的医生更像是一位药剂师，而非诊疗师。出于某种不可思议的迷恋，他们觉得美丽诱人的汞能够以让病人身陷险境的方式来治疗他们——以毒攻毒。拉什医生让病人服用含汞溶液，直至涎水四流。经过数周或数月的连续治疗，病人的牙齿和头发常常会脱落。毫无疑问，他的"疗法"毒害甚至是毒杀了许多也许会被黄热病放过的病人。不过尽管如此，在费城进行了10年的医学实践后，他仍让出征的梅里韦瑟和威廉带上了一些包装好的药片。无心插柳之下，拉什医生的药片让现代的考古学家得以追踪当年那些探险家驻留过的营地。他们在野外碰上的食物都很奇怪，饮水也很成问题，所以远征队里总有人肠胃不适。直到今天，他们挖过的临时厕所的沙土里仍能找到星星点点的水银，也许是某次拉什医生的"雷霆猛药"效果有点儿好过头了。

科学课上也能看到水银的踪迹。我第一次看见一团乱麻般的元素周期表时，饶有兴趣地在上面寻找水银，却没找到。它在那儿——金和铊之间，前者和水银一样致密而柔软，后者和水银一样有毒。可是水银的化学符号Hg，这两个字母甚至根本没出现在它的名字（mercury）里。解开这个谜题——Hg来自拉丁语hydragyrum，意思是"水一样的银"——让我明白了古代语言和神话传说对周期表的影响力有多大。在周期表最下面那行更新的超重元素的拉丁名字里，你还能看见这样的影响力。

我在文学课上也发现了水银。制帽人曾使用一种鲜艳的橙色水银来浸泡皮革，将熟好的毛皮与生皮分离开来，那些成天围着蒸气弥漫的大桶打转的普通制帽人，就像《爱丽丝漫游仙境》里的疯帽子一样，最后头发都掉得光光的，脑子也变笨了。我终于明白了水银的毒性到底有多强。这也就是拉什医生的胆汁丸如此有效的原因：身体会拼命清除体内的毒素，包括水银。吞服水银无疑会中毒，而水银蒸气更糟糕，它会侵蚀中枢神经系统的"电线"，把你的脑子烧出洞来，和老年痴呆症晚期的症状十分相似。

不过，我对水银的危险性了解得越多，就越为它毁灭性的美丽而着迷——就像威廉·布莱克写的一样，"虎！虎！火一般辉煌"。时间流逝，我的父母重新装修了厨房，拆掉了架子，也把马克杯和泰迪熊拿了下来，他们把所有小玩意儿都收到了一个纸板箱里。最近一次回家时，我把那个贴着绿标签的瓶子找了出来，打开了它。我来回晃悠着瓶子，感觉到里面有东西在来回滑动。我透过瓶口，盯着那些溅在水银流经之处一旁的小液滴。它们静静地待在那儿，闪耀着光芒，就像你只有在想象中才能看见的完美无瑕的水滴一般。整个童年时代，我总会在发烧的时候把温度计里的水银泄出来，可现在我已经知道了，这些小小的、匀称的液滴是多么可怕，我打了个寒战。

从这一种元素中，我了解到历史、词源学、炼金术、神话、文学、毒物取证，还有心理学。而我搜集到的关于元素的故事绝不止这一个，尤其是当我进入大学以后，沉浸于科研之中时，我还找到了一些很乐意把研究工作暂时放到一边，聊聊科学八卦的教授。

作为一个渴望逃离实验室投身写作的物理专业学生，我班上有许多年轻又才华横溢的科学家，身处他们之中，我不由得十分自卑，他们深爱反复试错的实验，那股劲头我永远望尘莫及。我在明尼苏达州度过了无趣的5年，最后拿到了物理学荣誉学位。可是，尽管在实验室里奉献了数百个小时，尽管背诵了数千条方程式，尽管画了数以万计的无摩擦滑轮组和斜坡示意图，可我真正受到的教育却是那些教授讲述的故事。甘地的故事，哥斯拉的故事，利用锗窃取了诺贝尔奖的优生学家的故事，把一块块易爆品钠扔进河里弄死鱼的故事，人们几乎满怀喜悦地在充满氮气的航天飞机里窒息而死的故事，还有曾在我的母校担任教职的一位教授的故事——他拿自己胸腔里装的钚动力心脏起搏器做实验，摆弄身旁的强磁线圈来让起搏器加减速。

我为这些故事深深着迷。最近，当我在早餐时回忆起关于水银的故事，我意识到，元素周期表中的每一种元素都有其或有趣，或奇怪，或令人毛骨悚然的故事。而与此同时，这张表格是人类最伟大的智慧结晶之一。它既是伟大的科学成就，又是妙趣横生的故事集锦，所以我写下这本书，层层回顾周期表行行列列的传奇，就像是解剖学教科书里的透视图一样，从不同的深度讲述同样的故事。从最简单的层面说，元素周期表罗列了我们这个宇宙里所有不同种类的物质，它里面一百多位各具特色的角色构成了我们能够看见、能够触摸到的一切事物。周期表的形状也给了我们线索，让我们知道某些元素之间为何如此相似。而在稍微复杂一些的层面，周期表也是一份密码表，隐藏着每种原子来自何方、哪种原子能够裂变或是转换成另一种原子的秘密。这些原子也能自发组合成动态系统，例如生物，元素周期表能预测这一切如何发生，它甚至能预测哪些阴险的元素会毒害甚至毁灭生物。

最后，元素周期表是一个人类学奇迹，作为人工制品，它映射出我们这个种族所有的精彩、巧妙和丑陋，映射出我们如何与物理世界互动——它以简洁而优雅的形式写下了我们这个种族的简史。元素周期表值得我们从各个层面悉心研究，让我们从最基本的开始，然后循序渐进。除了供我们消遣之外，元素周期表的传说还提供了另一条理解它的道路，这条道路你在教科书或是实验手册上永远都不会看到。一饮一啄，元素周期表与我们息息相关，有人以它下注，因此倾家荡产；哲学家利用它探求科学的意义；它能毒杀人类，也能酿成战争。从左上角的氢到最底下那些不可能自然存在的人造元素，字里行间，你能发现泡泡、炸弹、金钱、炼金术、政治手腕、历史、毒药、罪行和爱情，甚至还有一点点科学。

第一部分

定位：行行又列列

1. 位置决定命运

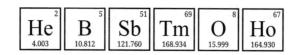

　　一说到元素周期表，大多数人都会想起高中时化学教室前面墙上挂着的表格，不对称的行行列列从老师的肩膀上冒出头来。那张表一般很大，1.8米×1.2米左右，看起来气势凛然却又恰如其分，昭示出它在化学里的重要地位。9月初，全班同学就认识了这张表，直到次年5月末，大家还在跟它打交道。而且，老师鼓励大家在考试的时候参考元素周期表，科学资料里这是独一份，讲义或教科书都不行。不过当然，也许你还记得一点儿元素周期表带来的挫败感：虽然你可以自由查阅这么大的一张"小抄"，可是真该死，它好像一点儿忙都帮不上你。

　　一方面，元素周期表看起来整洁精练，简直是科学界的德国工艺；另一方面，它又杂乱无章，到处都是长长的数字、莫名其妙的缩写，还有怎么看都像是电脑错误提示的东西（$[Xe]6s^24f^15d^1$），面对这样的东西，你很难不感到焦虑。而且，虽然元素周期表显然与其他学科有联系，例如生物和物理，可我们却不清楚具体是什么联系。也许，对于许多学生而言，最强烈的挫败感在于，那些真正理解了元素周期表、弄明白了它的原理的人，居然能够从这么冷冰冰的呆板表格中解读出那么多的信息。色觉健全的人从颜色杂乱的点状图中看出来"7"或者"9"的时候，色盲感受到的一定也是相同的恼怒——关键的信息总是很狡猾，从不轻易自动现形。人们怀着复杂的心情，记住了这张表格，有迷恋，有喜爱，有遗憾，还有憎恨。

　　在介绍元素周期表之前，每个老师都应该先抹掉所有杂乱的内容，让学生只看空白的表格。

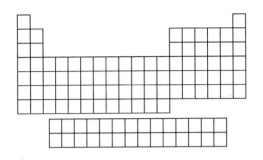

　　看起来像什么？有点儿像是一座城堡，主墙起伏不平，两头都有防御用的塔楼高高凸起，左边有一部分好像是皇家泥水匠还没砌完。表中有长短不一的18个纵列，水平则有7行，下面还有另外的2行"着陆跑道"。城堡是用"砖"砌成的，有件事儿在表中没法一眼就看出来，但必须首先说明：砖的位置不能互换。每一块砖代表一种元素，或者说一种物质（目前，元素周期表由112种已知元素和少量未知元素组成），如果有任何一块砖不在它应该待的位置上，整座城堡就会崩塌。这绝非夸张：如果科学家们突然发现某种元素应该待在另一个位置上，或者某两种元素的位置可以互换，那么周期表这座大厦就会轰然倒塌。

　　这座城堡还有一个建筑学特点：不同的区域采用不同的材料构建。也就是说，砖块的质地并不相同，它们的性质也各有差异。75%的砖块是金属，这意味着大多数元素是冰冷的灰色固体，至少在人类习惯的温度下是这样的。东边的几列包括多种气体，但只有两种元素在室温下呈液态——汞和溴。在金属和气体之间，大致相当于肯塔基州在美国地图上的方位，这里是一些难以定义的元素，无定形的天性赋予了它们有趣的特质，比如说，它们能产生的酸味比化学品仓库里的强上无数倍。总而言之，如果每一块砖都由它所代表的材料制成，这座元素城堡就会变成一头奇美拉那样的怪兽，随着年代变化，它身上会长出新的器官和翅膀。或者宽容一点儿说，它是一座丹尼尔·里博斯金[1]式建筑——用看似矛盾的材料构成简洁优雅的整体。

城堡的蓝图要小心描画，因为某种元素在这张图里的位置几乎决定了它的全部科学意义。对于元素来说，位置即命运。事实上，现在你对这张表格的轮廓已经有了大概的印象，再给你一个更有用的比喻：元素周期表就像一张地图。现在我们再来加入一些细节，从东向西对它进行标定，无论是著名元素还是冷僻元素，都会被收纳进来。

首先，我们来看最右边的第18列，这一组元素被称为高贵气体[2]。"高贵"这个词儿古色古香，听起来很有趣，更像是个伦理学或哲学词语而不像是化学术语。事实上，"高贵气体"的说法可以追溯到西方哲学的起源地——古希腊。当时，希腊人留基伯和德谟克利特提出了"原子"的概念，后来他们的同胞柏拉图创造了"元素"一词（希腊文为stoicheia），作为不同的物质粒子的泛称。公元前400年左右，在导师苏格拉底去世后，柏拉图为了自己的安全离开了雅典，此后多年他一直四处流浪，撰写哲学著作。柏拉图当然不知道每种元素的确切化学名称，不过他要是知道的话，肯定会将周期表最东边的这些元素当作至爱，尤其是氦。

在《会饮篇》中，谈及爱与欲的时候，柏拉图提出，每个存在都渴求找到让自己完满的东西，即自己失去的另一半。反映到人的身上，这样的渴求意味着激情与性，同时也意味着伴随激情与性而来的一切问题。此外，柏拉图在对话录中还强调说，比起那些碌碌

---

(1) 丹尼尔·里博斯金（Daniel Libeskind），犹太裔波兰建筑师，擅长博物馆设计。
(2) 国内常称呼为"惰性气体"，英文原文noble gas。为配合下文，故采用"高贵气体"之名。

营营、跟什么东西都有交互反应的事物来，抽象不变的事物从本质上说更为高尚。这解释了他为什么独爱几何学，那些理想的圆和立方体都只存在于我们的头脑里。对于数学以外的事物，柏拉图提出了"理型论"，他认为所有事物都是某种理想事物的投影。比如说，所有的树都是一棵理想的树不完美的复制品，它们渴求理想树完美的"本树"。同样，也有鱼和"本鱼"，甚至杯子和"本杯"。柏拉图相信，这些理型不仅是个理论，而且真实存在，虽然只存在于人类知觉无法触及的天堂世界。所以，当科学家开始在我们的真实世界里用氦召唤出理型时，如果柏拉图能够亲眼看见，他一定会和其他所有人一样深受震撼。

1911年，一位荷兰-德国裔科学家用液氦冷却汞时发现，当温度低于-268.9℃时，该系统的电阻会完全消失，变成一种理想导体。有点儿像是把你的iPod冷却到零下几百摄氏度，然后你会发现，不管用多大音量放多长时间音乐，它的电池电量永远是满的，只要液氦一直让电路保持低温就行。1937年，一个俄罗斯与加拿大合作的小组用纯氦变了个更漂亮的魔术。当温度降低到-271.1℃时，氦会变成一种超流体，其黏度和流动阻力都是绝对的0——完美"本液体"。超流体氦无视重力，可以向上流动，翻越墙壁。当时，这样的发现让人瞠目结舌。科学家们经常假设摩擦力为0之类的情况，可这只是为了简化计算。就连柏拉图都想不到，真的会有人找到他提出的理型。

氦也是"本元素"的最佳范例——任何常态的化学手段都无法破坏它或是改变它。从公元前400年的希腊到公元1800年的欧洲，科学家们花了2200年时间，终于确认了元素到底是什么，因为大多数元素都太善变了。比如说碳，碳有数千种性质各异的化合物，要从这些化合物中发现碳的本质太困难了。举个例子，今天我们可以说二氧化碳不是一种元素，因为二氧化碳分子可以分解为碳和氧。

但碳和氧是元素，因为你无法在不破坏它们的前提下将它们分成更小的单位。让我们回到《会饮篇》的话题，回到柏拉图关于迫切寻找丢失的另一半的理论，我们发现，几乎所有元素都会寻求与其他原子结合，这样的结合会掩盖元素的本性。甚至大多数"纯"元素在自然界中也是以多原子分子的形式存在的，例如空气中的氧分子（O_2）。不过，自从科学家们了解了氦之后，他们了解其他元素的步伐很可能大大加快，因为氦从不与其他物质反应，只以"纯"元素的形式存在。

氦表现出这样的性质是有原因的。所有原子都包含带负电荷的电子，电子分布在原子内部不同的层上，或者说能级上。能级是环环相套的同心圆，每一层都需要确定数量的电子来填充才能得到满足。最内层的电子数为2，其他层电子数通常为8。元素里通常含有等量带负电的电子和带正电的质子，这样元素就呈电中性。不过，电子可以在原子之间自由交换，当原子得到或失去电子时，就会形成带电的离子。

有一点不可不知，非常重要：原子会尽可能地用自身的电子填满最里面、能量最低的层级，然后抛弃、分享或是偷取电子，来确保最外层的电子数正确无误。有的元素会光明正大地分享或是交换电子，而有的元素手段龌龊。可以用一句话来形容化学的这一面：当原子最外层电子数不足时，它们会争斗、交易、乞求、结盟、毁约，不择手段地追求正确的电子数。

2号元素氦只有一个电子层，它所拥有的电子也正好填满这一层。这种"封闭"的结构赋予了氦极大的独立性，因为它不需要与其他原子发生交互、分享或偷窃电子，它自己就能满足自己。此外，在周期表的第18列，氦以下的所有元素都有这样的结构——气态的氖、氩、氪、氙和氡。所有这些元素都有封闭的外壳，最外层电子足额，所以通常条件下，它们不会与其他物质发生反应。因此，虽然鉴别、标定元素的热潮从19世纪就开始兴起——元素周期表正是在这个时期诞生的——但是直到1895年，还没有人分离出过第18列里的任何一种气体。这种超然于日常生活的态度犹如理想的球体与三角形，一定会深深迷住柏拉图。发现氩及其兄弟的科学家把它们叫作"高贵气体"，也正是为了呼应这样的感觉。或者用柏拉图式的语言来说，"那些追求完美不变的人，那些鄙视腐败卑劣的人，在所有元素中，他们会更爱高贵气体。因为它们永不变化，永不动摇，永不迎合那些像是集市上卖便宜货的庸众一般的元素。它们完美不朽"。

不过，高贵气体也很难找到清静。它们西边那列的邻居是周期表里最活跃的气体——卤素气体。再想象一下，如果把周期表像墨卡托地图一样卷起来，最西边的和最东边的碰到一起，第18列就会和第1列迎头相撞，最西面的第1列元素更加暴烈，它们是碱金属。和平的高贵气体就像一个非武装区，其周围的邻居可都不安分。

从某些方面而言，碱金属有普通金属的特性，不过它们在空气中或水中可不会生锈，也不会被侵蚀，而是自发燃烧。它们还和卤素气体建立了利益同盟，卤素气体外层有7个电子，少了1个；而碱金属最外层只有1个电子，次外层的电子满额，所以后者自然会把多的那个电子丢给前者，最后产生的正负离子之间形成强键。

这样的键合随时都在发生，所以电子是原子中最重要的部分。电子占据了原子内部几乎所有的空间，原子核是原子内部致密的核心，电子就是绕着它旋转的"云"。虽然组成原子核的质子和中子体积比单个电子大得多，但原子内部占据空间最多的仍是电子云。如果把原子放大成一个运动场，那富含质子的原子核就是50码线上的一个网球，电子则是绕着它闪动的针头——它们飞得很快，要是你想走进这个运动场，它们一秒能撞你好多次，让你根本进不去——就像一面坚硬的墙壁。因此，当原子相互接触时，埋在深处的原子核不起作用，相互影响的只有电子。

不过还得提醒一下：也不要把电子完全想象成绕着固态核闪动的独立针头。或者用更常见的说法，不要把电子完全想象成绕着原子核太阳转圈的行星。把电子比喻成行星有助于理解，不过，和所有比喻一样，这样容易让你想偏，不少著名的科学家都犯过这样的错。

离子之间的键合解释了为什么会有卤素和碱金属的化合物，常见的如氯化钠（食盐）。与此相似，有2个多余电子那列的元素（如钙）与需要2个电子那列的元素（如氧）经常会键合起来，这样大家都能方便地各取所需。不直接对应的元素列之间的键合也遵循同样的原则。2个钠离子（Na^+）与1个氧离子（O^{2-}）键合形成氧化钠（Na_2O），氯化钙（$CaCl_2$）的形成也基于同样的法则。总而言之，瞟一眼元素周期表，根据元素所在的列数，找出它们对应的电子数，你就能知道它们会如何键合。这种模式赋予了元素周期表赏心悦目的对称美。

不幸的是，元素周期表也有不这么整齐干净的部分。可是，那些看似乱七八糟的元素其实更有趣，更值得了解。

讲个老笑话，一天早上，一个实验助理闯进了科学家的办公室，虽然连续工作了一个通宵，他却非常兴奋。他举起一个用木塞塞住的瓶子，里面的绿色液体冒着气泡，咝咝作响，于是他大声宣布自己发现了一种万能溶剂。乐观的上司瞥了瓶子一眼，问道："什么是万能溶剂？"助理忙说："这种酸可以溶解一切物质！"

面对这个爆炸性新闻，科学家思考了一下——万能溶剂可不光是个科学奇迹，还能让他们俩都发大财——然后回答说："那你是怎么用玻璃瓶把它装起来的？"

这个回答妙不可言，简直可以想象得出吉尔伯特·刘易斯[1]当时的笑容，表情说不定很讽刺。电子主宰着元素周期表，电子的性质、

---

(1) 吉尔伯特·刘易斯（Gilbert Lewis，1875—1946），美国化学家。

原子之间如何结合，这方面的研究工作刘易斯做得最多。他在电子方面的研究侧重于酸和碱，所以他大概能体会到这个说法的荒谬之处。就刘易斯个人而言，这句妙语说不定还会让他再次想起，科学界的荣耀是多么反复无常。

刘易斯在内布拉斯加州长大，一生到过不少地方。1900年左右，他在马萨诸塞州进入大学，并在这里完成了研究生学业，然后他来到德国，师从化学家瓦尔特·能斯特[1]。在能斯特手下的日子可不好过，至少台面上的原因是这个，因此几个月后，刘易斯又返回马萨诸塞州，接受了大学里的一个职位。不过这段经历也不愉快，后来他又溜到了美国刚刚拿下的菲律宾，为美国政府工作，随身带着的只有一本书——能斯特的《理论化学》，所以接下来的很多年里，他有好多时间可以对这本书寻根究底，写论文吹毛求疵。

后来，刘易斯终于想家了，他回到美国本土，在加州大学伯克利分校扎下根来。在这里，他花了40多年时间，创建了世界一流的伯克利化学学院。听起来像是个美好的结局吧？可是故事还没完。关于刘易斯，有一件怪事儿：他大概是没拿过诺贝尔奖的科学家里面最棒的一位，而且他自己也知道这一点。他得到提名的次数比谁都多，可是他对这个奖项的渴求太过赤裸，而且他争强好辩，树敌太多，这让他失去了获得足够选票的机会。不久后，他在抗议声中辞去了（或者被迫辞去了）颇富声望的职位，痛苦地退隐幕后。

除去个人原因之外，刘易斯没能收获诺贝尔奖，还因为他的研究工作广度大于深度。他从来没有过什么惊天动地的大发现——那种你能为之惊呼的东西。与此相反，他毕生都在研究原子中的电子在不同环境中如何活动，尤其是在酸与碱的分子层面上。总的来说，原子交换电子来形成或破坏连接，化学家将这个过程称为"反应"。

---

(1) 瓦尔特·能斯特（Walther Nernst, 1864—1941），德国物理化学家。

酸碱反应中的这种交换更是明显，有时甚至堪称剧烈，刘易斯与其他人在这方面的研究工作展示了在亚微观层面上，电子的交换到底意味着什么。

大约1890年之前，科学家们判断酸和碱的办法是靠舌头尝或是把手指伸到里面蘸一下，这种方法当然不够安全，也不够可靠。接下来的几十年中，科学家们意识到，酸在本质上是质子提供者。许多酸都含有氢，这种简单的元素由一个质子和一个绕着它转动的电子构成（每个氢原子都含有一个质子，这是它的原子核）。当酸（如盐酸，HCl）与水混合时，就会离解成正离子H^+和负离子Cl^-。氢中的负电子被移除了，只剩下光秃秃的质子H^+独自沉浮。醋酸之类的弱酸在溶剂中只会释放出一小部分质子，而硫酸之类的强酸释放出的质子则如洪水般汹涌。

刘易斯认为，酸的这种定义过多地限制了科学家，因为某些物质不含氢，却同样表现出与酸相似的性质。所以刘易斯改变了这种模式，他不强调释放出来的H^+离子，而是强调带走了电子的Cl^-离子。如此一来，酸就不再是质子提供者，而是电子剥夺者。与此相对应，性质与酸相反的碱，如漂白剂和碱液，则可以称为电子提供者。这样的定义更具普适性，而且强调了电子的行为，更适合以电子为中心的元素周期表。

虽然刘易斯早在20世纪二三十年代就提出了这种理论，但迄今科学家们还在利用这一理念，尽力尝试酸能够达到的强度极限。酸的强度用pH值来衡量，pH值越低的酸越强。2005年，一位来自新西兰的化学家发明了一种含硼的酸，叫作碳硼烷酸，pH值为-18。说得直观一点儿，水的pH值是7，我们胃里的浓盐酸pH值是1，但根据pH值系统独特的计算方法，pH值每降低1（比如从4降到3），酸的强度提高10倍。那么，从胃酸的pH值1到碳硼烷酸的pH值-18，意味着后者的强度是前者的10^{19}倍。这个数是什么意思呢？如果把10^{19}个原子放到一起，大概可以从地球一直堆到月球。

　　还有更强的酸，它是以锑为基础的，锑大概是元素周期表上历史最丰富多彩的元素了。尼布甲尼撒二世，就是公元前6世纪建造了巴比伦空中花园的那位国王，他曾使用一种有毒的锑铅混合物把自己宫殿的墙壁漆成黄色。也许并非巧合，不久后他就疯了，在野地里露天而卧，还像牛一样啃草吃。大约同一时期，埃及的妇女也把另一种含有锑的物质当成睫毛膏用，这东西不仅是化妆品，还能赋予她们巫术的力量，对敌人施放"邪眼"[1]。后来，中世纪的僧侣——我是不会告诉你还有艾萨克·牛顿的——迷上了锑的性别特质，他们认为这种半金属半绝缘、二者皆非的物质是雌雄同体的。锑片也是著名的泻药，和现在的药片不同，当时的硬锑片不会在肠道中溶解，而且它很昂贵，人们甚至会从排泄物中把锑片扒拉出来，好回收再利用。有的家族比较走运，他们的锑片甚至成了父子相传的宝贝。也许正是出于这一原因，锑成了一种重要的药物，尽管它实际上是有毒的。莫扎特的死因可能就是在发高烧时服用了过多的锑。

　　最终，科学家们对锑有了较深的把握。20世纪70年代，他们认识到，锑能够将渴求电子的元素聚集在一起，所以它是制酸的理想材料。根据这一理论，最终得出了像超流体氦一样震惊世界的成果。将五氟化锑（SbF_5）和氢氟酸（HF）混合起来，科学家们制出了一种pH值为-31的物质。这种超强酸比胃酸强10^{32}倍，它能够腐蚀玻璃，就像水浸透纸张一样轻而易举。你不可能把它装在瓶子里带走，因为它会溶解瓶壁，然后把你的手也溶解掉。那么，回答一下笑话里教授提出的问题，这种超强酸需要用内衬特氟龙的特制容器盛放。

　　不过，实话实说，把这种含锑混合物称为世界上最强的酸，其

---

[1]　古代中东等地区的一种迷信，被认为能够带来厄运或伤病。

实是在撒谎。分开来看，SbF_5（电子剥夺者）和 HF（质子提供者）自己的手段就够龌龊了。要得到前面讲的超强酸，你必须在它们的酸性变得过强之前把二者混合起来，让它们互补的力量融合到一起，所以说，只有在特定条件下，二者形成的混合物才能达到最强的酸度。事实上，最强的单组分酸仍是碳硼烷酸 [$H(CHB_{11}Cl_{11})$]。而且，这种含硼的酸还有一个奇妙的特质：它既是世界上最强的酸，又是最温和的酸。要想明白其中的原因，首先你得记住，酸会离解成分别带正负电荷的粒子。碳硼烷酸离解时，会生成 H^+ 和 $CHB_{11}Cl_{11}^-$（它的结构像是个精密的笼子）。大多数酸中带负电荷的那部分腐蚀性都很强，足以烧伤皮肤，不过我们这个硼笼子形成的结构是有史以来最稳定的分子之一。在这个结构内，硼原子慷慨地贡献出了自己的电子，其性质变得和氦差不多，它不会像其他酸一样屠杀似的从别的原子那儿抢夺电子。

那么，碳硼烷酸既不会腐蚀玻璃瓶，又不能拿来烧穿银行金库，那它到底有什么用处？它可以用来提高汽油中的辛烷值，也能用于生产易消化的维生素，更重要的是，它能用作化学"摇篮"。许多与质子有关的化学反应并不是干净利落的交换，而是需要许多步骤，可是质子穿梭常常只需要兆亿分之一秒——这实在是太快了，科学家根本没法搞清楚到底发生了什么。碳硼烷酸大显身手的时刻到了，它非常稳定，不易与其他物质反应，所以它能够为反应提供大量质子，然后把分子冻结在关键的节点上，碳硼烷酸为反应中间产物提供了一个柔软又安全的枕头。与此相对，要是用超强锑酸来做摇篮，后果就很糟糕了，它会把科学家最想观察的分子撕得粉碎。如果刘易斯能够看到以他的理论为基础的关于电子和酸的研究工作，一定会感到高兴，也许这些能够照亮他黑暗的晚年生活。虽然刘易斯在第一次世界大战期间曾为政府服务，也曾在化学界做出卓越贡献，辛勤工作直到 60 多岁，可是在第二次世界大战期间，他仍未被列入曼哈顿计划的名单。这件事让他深受打击，因为许多他亲手招募进伯克利的化学家都名列其中，他们在世界上第一颗原子弹的研制中扮演了重要的角色，成了这个国家的英雄。而刘易斯自己在整个大战期间却无所事事，只写了一本回忆录式的军旅生涯地摊小说。1946年，刘易斯在自己的实验室里孤独地去世了。

对于他的死因，外界普遍认为是心脏病，因为40多年来，他每天都要抽20支左右的雪茄。不过有一点很难忽视：他去世的那天下午，实验室里满溢着苦杏仁味——这是氰化物的标志。刘易斯在研究工作中的确用到了氰化物，可能当时他突发心脏病，打碎了某个氰化物容器。还有一点，当天早些时候，刘易斯和另一位有竞争关系的化学家共进了午餐。这位化学家比他年轻，比他更富人格魅力，得过诺贝尔奖，还是曼哈顿计划的特别顾问。刘易斯最初曾拒绝出席这次午餐。一些人私下里一直在揣测，可能是这位尊贵的同事刺激了刘易斯的神经，如果真是这样的话，他的化学设备可能就太过方便了一点儿，而且他也太倒霉了一点儿……

元素周期表"西岸"是活跃的金属，"东岸"卤素和高贵气体参差矗立，而中间则是宽广的"大平原"——从第3列到第12列的过渡金属。实际上，过渡金属的性子差异很大，所以很难笼统地来形容它们——不过对待它们，你都得多加小心。过渡金属原子比较重，它们储存电子的方式比其他原子更灵活。和其他原子一样，过渡金属原子内部也有不同的能级（称为第一能级，第二能级，第三能级……以此类推），低能量的层级在内，高能量的在外；它们也会与其他原子争抢电子，使最外层电子数达到8个。不过，要分清哪一层算是过渡金属原子的最外层，可就没那么容易了。

我们从水平方向观察元素周期表，其中的每一种元素都比左边的邻居多一个电子。11号元素钠通常有11个电子，12号元素镁则有12个电子，以此类推。随着元素的体积增大，它们不光会把电子填到能级里，还会为这些电子提供形状各异的"铺位"——称为层。可是原子古板又保守，只会按照周期表的顺序依次填满层和能级。最左边的元素把第一个电子放在球形的s层里。这一层很小，只能容纳2个电子——这就是为什么周期表左边有两列比别的要高。有了最开始的2个电子后，原子就得找个宽敞点儿的地方了。跳过中间的空白，右边的元素开始把新的电子一个个放进p层，这一层的形状像是畸形的肺。p层能容纳6个电子，因此周期表右边的6列高出了一截。注意一下周期表最上面的几行，2个s层电子加上6个p层电子，一共8个电子，正好是大多数原子在最外层想要的电子数。除了自给自足的高贵气体外，所有元素的外层电子都可以被抛弃或是与其他原子反应。这些元素的行为遵循同一逻辑准则：增加一个新电子，原子的行为就会发生变化，因为它可以用来参与反应的电子数增加了。

下面我们进入很容易产生挫败感的部分。从第3列到第12列，从第4行到第7行，这些过渡金属开始往d层填充电子了，d层可以容纳10个电子。（d层看起来非常像是变了形的动物气球。）基于之前所有元素的行为准则，你一定想着过渡金属会把多出来的d层电子放在比较靠外的地方，方便拿来和其他原子发生反应。可是你错了，实际上过渡金属会把多余的电子藏起来，藏到其他电子层的下面。它们这样违背惯例，把d层电子埋到下面，看起来既别扭又不直观——柏拉图可不会喜欢。可是这也是自然规律的一部分，我们无能为力。

要理解这个过程，必须动点儿脑筋。我们横着看一看周期表，对于周期表里的其他元素来说，电子每增加一个，它的行为就会发生变化，按照这一规则，过渡金属也应如此。但是由于这些金属会把d层电子藏到"夹层"里，所以这些电子不太容易跑掉。如果其他原子与过渡金属发生反应，它们不会获得这些电子，这样造成的结果就是，同一行的多种金属暴露在外的电子数量相同，因此它们的化学性质也相似。从科学的角度来说，这就是为什么许多金属看起来如此相似，性质也几乎相同。它们看起来都是冷冰冰的灰色金属块，因为外层电子让它们别无选择，只得如此。（当然，有时候藏起来的电子会捣点儿乱，它们会跑到外层，参与反应，这会带来某些金属之间微小的性质差异，这也是为什么这些金属的化学性质这么让人着急上火。）

f层元素也是这么乱七八糟的。在元素周期表下方有单独的两行，f层从其中的第一行就开始出现了，这一行被称为镧系元素。（镧系元素又被称作稀土元素，它们的原子序数从57到71，按照周期表里的排序实际上应该处于第6行，把它们单独列到底部，是为了让整张表格看起来简练一些。）镧系元素把新电子埋得比过渡金属还深，经常藏在两个能级下面。这意味着它们比过渡金属更为相似，彼此之间几乎无法区分。这一行从左到右的旅程，就像开车从内布拉斯加州去往南达科他州，你几乎意识不到自己已经跨越了州际线。

自然界中不存在纯净的镧系元素，因为它们总是伴生在一起。有个著名的例子，新汉普郡有一位化学家试图提纯69号元素铥，开始的时候，他的原料是富含铥的矿石，呈巨大的碟状，他用化学药品反复处理矿石，并将它煮沸，这种方法每次都能将铥的纯度提高一点点。溶解过程很费时间，所以开始的时候，一天他只能提纯一两轮。不过，他仍坚持把这个无聊的工序亲手重复了15 000次，数百千克重的矿石最后被提炼得只剩下几百克，得到的纯度终于让他满意了。可是就算到了这一步，剩下的铥里仍有其他镧系元素，而且它们的电子埋藏得太深了，化学方法根本无法逮住这些电子，把它们抓出来。

电子的行为决定着元素周期表。但是要真正理解这些元素，你不能忽略占据了它们99%以上的质量的东西——原子核。电子行为准则的制定者是那位从未拿过诺贝尔奖的最伟大的科学家，而原子核的统治者可能是史上最艰难的诺贝尔奖获得者，她的职业生涯比刘易斯更加漂泊无定。

●玛丽亚·格佩特

1906年，玛丽亚·格佩特在德国出生了。尽管她的父亲是家族中的第六代教授，可她仍很难说服学校让一个女人攻读博士学位，所以，她从一所学校辗转到另一所学校，尽可能地多听课。最后，玛丽亚终于在汉诺威大学那些从未谋面的教授面前完成了答辩，拿到了博士学位。毫无意外地，她毕业后没人给她写推荐信，也没人帮她联系，所以没有哪所大学肯为她提供职位，她只能"曲线救国"。玛丽亚的丈夫约瑟夫·梅耶是一位化学教授，他是美国人，在德国游学。1930年，玛丽亚随丈夫一起回到美国巴尔的摩，她有了个新的姓氏：格佩特-梅耶。在美国，她跟着丈夫一起工作，一起参加学术会议。不幸的是，大萧条期间，约瑟夫数次失业，两个人先是去了纽约的大学任教，后来又去了芝加哥。

大多数学校都容忍了格佩特-梅耶四处出没，大谈科学，有的学校甚至慷慨地赐给她一份工作，虽然他们拒绝付给她薪水，分配给她的也都是些所谓有"女性气质"的课题，比如说研究颜色是怎么来的。大萧条结束后，数百个像她一样富有才华的科学家齐聚曼哈顿项目，那也许是有史以来各种科学思想最为激烈的一场碰撞。格佩特－梅耶也收到了一份邀请，不过是来自一个没什么用的外围偏门项目，研究如何用闪光灯分离铀。毫无疑问，格佩特－梅耶十分恼火，但是对科学的渴求让她在如此糟糕的大环境下仍坚持研究工作。"二战"结束后，芝加哥大学终于给了她足够的重视，聘请她做了物理教授。虽然格佩特－梅耶终于有了自己的办公室，可是学院还是不付给她薪水。

尽管如此，这个职位还是给了她一定的支持，1948年，格佩特－梅耶开始研究原子核——这是原子的核心和精华。原子核中带正电的质子数量——原子序数——决定了原子的性质。换句话说，原子既不会得到质子，也不会失去质子，除非它变成另一种元素。通常情况下，原子也不会失去中子，但是同一种元素的原子可能会有不同的中子数——称作同位素。比如说，同位素铅-204与铅-206的原子序数都是82，但是它们的中子数不同，前者是122，后者是124。原子序数加上中子数就是原子量。科学家们花了多年时间来研究原子序数和原子量之间的关系，一旦弄清楚了这一点，元素周期表看起来就清晰多了。

当然，这些格佩特－梅耶都知道，不过她的研究工作涉及另一个更难把握的未解之谜，一个看似简单的问题。宇宙中最简单的元素是氢，它同时也是宇宙中含量最高的元素；第二简单的元素氦含量第二。那么，如果宇宙井井有条，简洁优美，3号元素锂就应该是含量第三的元素，以此类推。可惜我们的宇宙没这么简单，含量第三的实际上是8号元素氧。可是，这是为什么呢？科学家也许会回答说，因为氧的原子核非常稳定，不会裂解，或者换个词儿，不会"衰变"。不过这只会让我们回到问题的起点——为什么某些元素（比如说氧）的原子核就特别稳定呢？

和同时代的其他人不同，格佩特-梅耶看出了这种不可思议的稳定性和高贵气体有某种相似之处。她提出，原子核里的质子和中子也是分层排列的，就像电子一样，因此，填充原子核内的层会带来稳定性。对于门外汉来说，这个说法很有道理，类比十分恰当。不过诺贝尔奖可不会褒奖凭空冒出来的猜想，尤其是一位不领工资的女教授的猜想。而且，这个想法激怒了核物理学家，因为化学过程和核物理过程是相互独立的。质子和中子稳重可靠，常年闭门不出，而小小的电子水性杨花，经常为了迷人的邻居离家出走，这二者有什么理由会做出相似的事情？而且在大多数情况下，它们的行为方式的确大有差别。

不过格佩特-梅耶仍坚持自己的直觉，她把一些看似无关的实验联系起来，证明了原子核的确分层，的确会形成她称为"幻核"的结构。出于复杂的数学原因，幻核不是像元素性质那样周期性有规律地出现，它出现的原子序数依次为2，8，20，28，50，82……格佩特-梅耶的工作证明了在这些原子序数下，质子和中子如何整齐地排列成稳定对称的球形。请注意，氧有8个质子和8个中子，因此它是双幻核结构，非常稳定——所以它在宇宙中的含量才如此丰富。这个模型一下子就解释了钙（原子序数20）这样的元素为何丰富得和它的序号不成比例，接下来也顺理成章地解释了为什么我们的身体也主要由这些易于获得的元素构成。

格佩特-梅耶的理论和柏拉图的构想遥相呼应，证明了漂亮的形状更为完美。她的球形幻核成了理想模型，在此之前，人们认为所有原子核都是球形的。实际上，介于两个幻数之间的元素较不稳定，因为它们的原子核是丑陋的矩形或椭圆形。科学家们甚至还发现，中子非常富余的67号元素钬的原子核像是个变形的橄榄球。根据格佩特-梅耶的理论（或者根据你看过的别人在橄榄球赛中跌跌撞撞的样子），你也许能猜到，橄榄球状的钛原子核不是很稳定。电子数不够的时候，原子可以从其他地方搞到电子来保持平衡，可是原子核不稳定时，它们可没法弄到质子和中子。因此，钛之类原子核奇形怪状的原子很难成型，就算成型了也会立刻崩裂。

原子核壳层模型是一个天才的发现，因此当格佩特－梅耶发现祖国的男物理学家也曾提出过相似的理论时，她感到非常沮丧，考虑到她在科学界的低微地位，这样的情绪很容易理解，她面临着声名扫地的危险。不过，双方的研究工作相互独立，德国方面很有风度地承认了她的贡献并邀请她合作，格佩特－梅耶的职业生涯迎来了辉煌的转折点。她赢得了应得的荣誉。1959年，格佩特－梅耶和丈夫一起搬到了圣迭戈，这是他们最后一次搬迁。在圣迭戈，她终于进入了新成立的加州大学分校，得到了一份有报酬的工作。不过，别人还是只当她是个业余的科学爱好者。1963年，瑞典皇家科学院授予了她职业生涯的最高荣誉，当时圣迭戈的报纸头条标题是：《圣迭戈一位母亲荣获诺贝尔奖》。

不过这个问题也许只取决于你如何看待。要是这个奖给了吉尔伯特·刘易斯，那么就算报纸上登出这么有侮辱性的标题，大概也丝毫不会影响他兴奋的心情。

细细审读元素周期表的每一行，你会发现许多元素的秘密，不过这只是我们故事的一部分，甚至还不是最精彩的部分。同一列中的元素实际上比同一行的那些元素更为亲密。在大多数人类语言中，我们都习惯于从左到右（或者从右到左）地进行阅读，不过在阅读元素周期表时，我们应该像阅读某些日语读物一样，从上到下，一列一列地读，这样收获更大。从上至下地阅读元素周期表会让你发现元素之间许多隐藏的关系，包括你不曾想到过的竞争与对抗。周期表有自己独特的语法，它的行行列列会带来崭新的故事。

2. 亲密双胞胎与黑羊：元素家谱

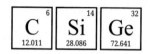

莎士比亚有一个词儿：honorificabilitudinitatibus。它到底是什么意思？问不同的人，你会得到不同的解释，有人说，它表示"负有荣誉感的状态"，也有人说，这是个字谜，背后隐藏着一个秘密：莎士比亚的剧本实际上都是弗朗西斯·培根写的，而不是莎翁本人。不过，这个词儿虽然有27个字母，却还远不是英语中最长的单词。

当然，要找出最长的单词，就像在激流中逆流而上，很容易失去控制，因为语言是流动的，而且流向经常改变。就算是英语这样通行的语言，在不同的语境中也会有不同的意思。上文中提到的词语是《空爱一场》中一个丑角的台词，它显然源自拉丁文。不过外语单词大概不该算数，哪怕它是用在英语句子里的。还有，堆叠前后缀的生僻词语（"反对政教分离主义"，antidisestablishmentarianism，28个字母）和无意义的词语（"简直棒得不可思议"，supercalifragilisticexpialidocious，34个字母）也不该算进来，不然的话，作家们简直能把读者玩弄于股掌之间，只要他们的手别抽筋。

如果我们采用一个合理的定义——这个最长的词语出现在英语文献中的目的并不是刻意要创造纪录——那么，我们就会在1964年出版的《化学摘要》中找到苦苦追寻的目标，这本辞典似的书旨在为化学家提供参考资料。最长的词描述的是一种重要的蛋白质，1892年，人类第一次发现了病毒——烟草花叶病毒，这种蛋白质正是烟草花叶病毒的一部分。来，深吸一口气吧：

acetylseryltyrosylserylisoleucylthreonylserylprolyls
erylglutaminylphenylalanylvalylphenylalanylleucylser
ylserylvalyltryptophylalanylaspartylprolylisoleucylglut
amylleucylleucylasparaginylvalylcysteinylthreonylsery
lserylleucylglycylasparaginylglutaminylphenylalanylgl
utaminylthreonylglutaminylglutaminylalanylarginylthr
eonylthreonylglutaminylvalylglutaminylglutaminylphe
nylalanylserylglutaminylvalyltryptophyllysylprolylphe
nylalanylprolylglutaminylserylthreonylvalylarginylphe
nylalanylprolylglycylaspartylvalyltyrosyllysylvalyltyros
ylarginyltyrosylasparaginylalanylvalylleucylaspartylpr
olylleucylisoleucylthreonylalanylleucylleucylglycylthre
onylphenylalanylaspartylthreonylarginylasparaginylar
ginylisoleucylisoleucylglutamylvalylglutamylasparagin
ylglutaminylglutaminylserylprolylthreonylthreonylala
nylglutamylthreonylleucylaspartylalanylthreonylargin
ylarginylvalylaspartylaspartylalanylthreonylvalylalany
lisoleucylarginylserylalanylasparaginylisoleucylaspara
ginylleucylvalylasparaginylglutamylleucylvalylarginylg
lycylthreonylglycylleucyltyrosylasparaginylglutaminyl
asparaginylthreonylphenylalanylglutamylserylmethion
ylserylglycylleucylvalyltryptophylthreonylserylalanylp
rolylalanylserine

这条"巨蟒"一共有1185个字母。

我猜，大概你们都只看了这个词儿的开头和末尾的几个字母，现在再回头看一眼，你会发现这个词语里字母的分布规律很有意思。英语中最常见的字母"e"出现了65次，而不那么常见的"y"出现了183次。单个字母"l"占据了整个单词的22%（出现255次），而且y和l并不是随机出现的，而是经常一起出现——共有166对，每7个左右字母就会出现一次。这些都不是巧合。这个长单词描述的是一种蛋白质，而构成蛋白质的基础是元素周期表中的6号元素（同时也是用途最广泛的元素）——碳。

具体来说，碳是氨基酸的核心部分，氨基酸像串珠一样链接起来，形成蛋白质。（这种烟草花叶病毒蛋白质中含有159种氨基酸。）有这么多氨基酸要数，所以生化学家用一种简单的语言规则对它们进行了编目。他们把氨基酸名字中的"ine"替换成了"yl"，这样一来，丝氨酸（serine）和异亮氨酸（isoleucine）就变成了"seryl"和"isoleuyl"。一系列以"yl"结尾的单词排列起来，就能精确地描述蛋白质的结构。外行人一看"match-box"（火柴盒）这样的合成词，就能知道它代表什么意思。与此类似，20世纪五六十年代的科学家以"acetyl...serine"这样的规则来为分子正式命名，这样他们一看名字，就能知道它的结构。这个系统虽然有点儿啰唆，但非常精确。从历史的角度来看，合并单词的趋势反映了德国及疯狂合并的德语在化学领域中的强大影响力。

不过，氨基酸为什么会链接起来呢？这是因为碳在周期表中的位置使然，它需要用8个电子填满自己的外层能级——这一经验法则叫作"八电子规则"。富有进攻性的原子和分子彼此穷追不舍，最终导致氨基酸文明地键合起来。每个氨基酸的一端有几个氧原子，另一端是1个氮原子，中间则是2个碳原子。（氨基酸中还含有氢，有时候也会有偏离主链的分岔，分岔上可能有20个不同的分子，不过这些与我们现在讨论的无关。）碳、氮和氧都希望在外层得到8个电子，不过其中只有一种元素比其他的强大。8号元素氧共有8个电子，其中2个处于内层的低能级，剩下6个则在外层，所以氧总是在寻求2个额外的电子。找2个电子不难，强势的氧原子最有发言权，它可以欺负其他原子。不过根据同样的规则，6号元素碳就很可怜：在填满了最里层以后，它的外层只有4个电子，要凑满8个，它得再找4个电子，这就比较困难了。所以，碳原子寻找盟友的标准很低，简直是来者不拒。

不挑剔是碳原子的美德。和氧不同，碳原子必须尽己所能地在多个方向上与其他原子键合。事实上，1个碳原子最多可以和4个其他原子共享电子，这使得碳原子能够形成复杂的链状结构，甚至发展出三维的分子网。而且碳原子只能分享电子，不能窃取电子，所以它形成的结构稳定可靠。氮也必须和其他多个原子键合，但是没到碳原子那种程度。元素有这样的特性，蛋白质就占到了便宜，比如前面所述的"巨蟒"蛋白质。氨基酸中部的碳原子将电子分享给另一个氨基酸尾部的氮原子，像是一个很长很长的单词里面的字母一样环环相扣，几乎无穷无尽地串联起来，这样就形成了蛋白质。

事实上，今天的科学家能够解码比"acetyl…serine"还要长得多的分子。目前的最长纪录属于一种庞大的蛋白质分子，它的名字如果拼出来的话有189 819个字母。不过20世纪60年代开始出现了一些快速的氨基酸排序工具，科学家们意识到很快就会出现化学名和这本书一样长的分子（校对这样的书绝对是场噩梦），所以他们放弃了累赘的德国系统，恢复了原来那种较短小、看起来没那么夸张的命名法，就连学名也采用这种规则。比如说，名字长达189 819个字母的分子现在叫肌联蛋白，亲切多了吧？总而言之，恐怕不会再有比烟草花叶病毒蛋白质的名字更长的词儿出现在印刷品上了，也没有谁想这么干吧。

不过，这也并不意味着有志气的辞典编纂者们不用再梳理生化学文献了。医学领域经常出现长得不可思议的单词，而《牛津英语大词典》中出现的最长的非技术性单词恰巧与碳的表兄弟有关，人们经常设想其他星系中可能有以这种元素为基础的生命存在——14

号元素硅。

在我们的家谱中，位于顶端的父母生下与他们相似的孩子。与此类似，比起左右的邻居硼和氮来，碳与自己下方的硅更为相似。原因我们已经知道了，碳是6号元素，硅是14号，二者序数相差为8（又一个8），这并非偶然。硅的最内层有2个电子，第二层则有8个，剩下4个电子在最外层——和碳的情况一样，所以硅和碳一样善于变通。而碳的灵活性直接与形成生命的能力有关，那么，硅与碳如此相似，一代又一代的科幻迷梦想着硅可能会（在外星上）形成其他形式的生命，它们遵循的规则可能不同于地球上的生命。然而家谱也不能完全决定命运，因为从不会有和父母一模一样的孩子。所以虽然碳和硅的确很相似，但它们毕竟是两种不同的元素，形成的化合物也不尽相同。科幻迷可能要失望了，碳能玩的很多奇妙的把戏，硅就是做不到。

说来有点儿奇怪，分析一下另一个创纪录的单词，我们就能了解到硅的局限性。这个单词很长，原因和前面那条"巨蟒"一样。说实在的，那种蛋白质的名字其实很刻板无聊——你觉得它有趣，只是因为新鲜，就像把圆周率算到小数点后几万亿位一样。相比之下，现在我们谈的这个词儿就有趣多了，它就是《牛津英语大词典》中那个最长的非技术性单词——"pneumonoultramicroscopic silicovolcanoconiosis"。这个单词有45个字母，指的是以"硅"（silico）为核心的一种疾病。标识语言学家（都是些词汇疯子）给这个词儿起了个外号——"p45"。不过p45到底算不算一种疾病，在医学上仍有争议，因为它只是肺尘埃沉着病（一种无法治愈的肺病，p16）的一个变种。p16类似肺炎，是由吸入石棉引起的。二氧化硅是沙子和玻璃的主要成分，吸入它也会导致肺尘埃沉着病。整天喷砂的建筑工人和密闭厂房里流水线上吸入玻璃尘埃的工人经常会患上肺硅沉着病。不过由于二氧化硅（SiO_2）是地壳中最常见的矿物，所以还有一种人容易得p16，即住在活火山附近的人。最猛烈的火山爆发会把上百万吨二氧化硅撕碎成极小的微粒，喷撒到空气中，这些微粒很喜欢钻进肺囊里。我们的肺经常和二氧化碳打交道，所以它觉得吸进来二氧化硅也没啥大不了的，毕竟这二者是表兄弟嘛，不过二氧化硅可是会要人命的。6500万年前，巨型小行星（也许是颗彗星）撞击地球的时候，很多恐龙没准就是这么死的。

了解了这些以后，再来分析p45的前后缀就容易多了。人们气喘吁吁地逃离火山喷发现场时吸入了二氧化硅微粒，导致肺部疾病：肺炎－过度－微小－二氧化硅－火山－尘埃沉着病，pneumono-ultra-microscopic-silico-volcano-coniosis。不过，你拿这个当话题之前，还得知道一件事情，许多语言纯粹主义者憎恨这个单词。1935年，有人杜撰出p45来赢得了一场智力比赛，直到今天，还有人嘲笑它是个"金奖单词"。《牛津英语大词典》的编辑们令人敬重，可就连他们也蔑称p45是"一个难以驾驭的单词"，只是"被声称为"它所代表的意思。这种厌恶情绪的出现是因为p45只是一个"真正的"单词的扩展，是被人胡乱捣鼓出来的，而不是从日常语言中自然生发的，就像人造生命一样。

通过对硅的进一步思考，我们可以探索一下硅基生命的设想是否可行。虽然硅基生命和射线枪一样只是科幻中的狂想，但这个想法至关重要，因为它扩展了我们的观念——生命不一定非要以碳为核心。硅的狂热支持者甚至指出，地球上的某些动物也会利用硅来组成身体，例如海胆的棘刺就是硅质的，放射虫（一种单细胞生物）的外骨骼也由硅构成。计算机和人工智能技术的进步告诉我们，硅能够形成像碳基生物一样复杂的"大脑"。从理论上说，你大脑里的每一个神经细胞都可以替换成硅晶体管。

但p45给我们上了一课，从应用化学的角度讲，硅基生命存在的希望渺茫。显而易见，硅基生命需要摄入和排出硅来修复体内的组织，就像地球上的生物需要进行碳代谢一样。在地球上，处于食物链底部的生物（从许多方面来说，它们是最重要的生命形式）能通过气态的二氧化碳完成这一过程。自然界中的硅通常以氧化物（二氧化硅）的形式出现，可是二氧化硅与二氧化碳不同，它是固态而非气态的（火山灰中的二氧化硅微粒也是固态的），哪怕温度远超生命能够适应的程度，它也还是固态的。（在温度达到约 2200℃时才能变为气态！）细胞不能吸入或呼出固体，因为固体总是粘到一块。固体不会流动，难以分解成独立分子，可这些都是细胞所需的性质。就算是最初级的硅基生命（类似地球上的藻类）也会面临呼吸问题，而具有多层细胞的高级生命情况就更糟糕了。如果无法和环境进行气体交换，那么与植物类似的硅基生命就得不到营养，与动物类似的硅基生命则会被废气窒息而死，就像我们的碳基肺会被 p45 呛住一样。

可是，硅基微生物就不能找别的路子来完成硅循环吗？是有这个可能，但硅不溶于水，水可是目前宇宙中藏量最丰富的液体。那么，这些生物就只能放弃在演化上大有优势的血液（或者说一切液体）系统，改用其他方法运送营养，排出废物。硅基生命只能依靠固体，固体之间的混合和交换可不容易，所以它们不可能做太多事。

此外，硅原子里的电子比碳原子多，所以它的体积更大，就像是碳先生增肥了 50 磅（约 22.7 千克）。有时候这没什么影响，硅也许足以胜任碳的工作，成为火星脂肪或蛋白质的根基。可是碳还能卑躬屈膝，钻进一种叫作糖的环状分子里。环状结构内部张力很大——这意味着它储存着许多能量——可是硅不够灵活，没法把自己弯到合适的位置上来形成环。还有一个问题与此有关，硅原子不能把电子压缩到小空间中形成双键，而几乎每一种生化分子中都有双键结构。(两个原子分享两个电子，形成的是单键；分享四个电子则是双键。)因此，硅基生命储存化学能、产生化学激素的途径要少得多。总而言之，只有从根本上建立一个生化系统，才能支持能够自行生长、反应、繁殖、进攻的硅基生命出现。(海胆和放射虫体内的硅只用于身体的支撑结构，而非呼吸、储能系统。)事实上，地球上的碳比硅少得多，但生命仍以碳为基础，这大概足以说明问题了。不过我也不蠢，我可没说硅基生命不可能出现，我只是说，要是那些生物能够直接排出沙子，而且它们居住的星球上火山成天都在喷出超细的二氧化硅微粒，那么硅也许能胜任创造生命的工作。

幸运的是，硅已经在另一个方面达成了不朽，它像病毒一样，潜入了演化的一环，寄生于自己下方的元素身上。

周期表中碳和硅所在的这一列，还有几节家谱课要讲。硅的下面是锗，再往下一格，我们意外地发现了锡，最下面是铅。那么，这一列从上到下，先是生命之源碳，再是现代电子业的灵魂硅和锗，然后是锡，人们用这种暗灰色的金属做玉米罐头，最后是铅，这种元素对生命多多少少有点儿害处。每一步变化都很细微，不过这个例子告诉我们，虽然每种元素可能都和自己下边的元素有点儿像，可是累积起来，量变也会引发质变。

这里我们还能学到一课，每个家庭里总会有头黑羊，家庭里的其他成员多多少少总对它有点儿嫌弃。在第14列里，这头黑羊就是倒霉的锗。我们用硅制造计算机、微芯片、汽车、计算器，硅半导体将人类送上了火星，也驱动着整个互联网。可要是60年前，历史选择了另一条道路，那么今天加州那个举世皆知的地方或许就该叫"锗谷"了。

现代半导体工业诞生于1945年，美国新泽西州的贝尔实验室里，那地方离70年前托马斯·阿尔瓦·爱迪生创建的发明工厂只有

●晶体管的发明者（从左向右）：巴丁、肖克利、布拉顿。尽管肖克利没有参与这项发明，但贝尔实验室决定，他必须与巴丁和布拉顿一起出现在所有的宣传照片上

几英里远。电机工程师兼物理学家威廉·肖克利打算用硅制造一种小放大器，来代替电脑主机里的真空管。所有工程师都讨厌真空管，因为真空管的玻璃壳子又长又脆，跟电灯泡差不多，体积庞大，而且很容易过载。可是工程师虽然讨厌真空管，却又需要它们，因为其他东西都没法履行它们的双重职责：真空管可以放大电子信号，防止微弱的信号流失；同时它又像是一扇门，只允许电流单向通过，这样电子就不会回流到电路中。（如果下水道不是单向的，你应该可以预见到会出现什么问题。）肖克利准备淘汰掉真空管，就像当年爱迪生的发明淘汰了蜡烛一样。他知道，半导体元素是解决问题的关键：只有它们才能达到工程师所期望的平衡，一方面允许足够的电子通过以形成回路（"导体"的一面），另一方面又不会让电路里的电子太多以至于无法控制（"绝缘"的一面）。虽然肖克利比一般工程师更有远见，可他制造的硅放大器却并不成功。经过两年徒劳无功的努力，他终于把这个项目丢给了两位下属——约翰·巴丁和沃尔特·布拉顿。

关于巴丁和布拉顿，一位传记作者曾写道："他们之间的感情达到了两个男人之间的极限……他们俩组成了一个有机体，巴丁是大脑，而布拉顿是双手。"他们两人堪称天作之合，因为巴丁不擅长亲手干活，"书呆子"这个词儿大概就是为他发明的。合作不久后，二人达成了共识——硅太脆了，而且难以提纯，所以不适合用来做放大器。锗的外层电子能级比硅的更高，所以电子与原子核之间的联系没有那么紧密，导电性能更好。1947年12月，巴丁和布拉顿用锗制造出了世界上第一个固态（区别于真空管）放大器，他们称之为晶体管。

这个消息本该让肖克利激动一番——不过那个圣诞节他待在巴黎，所以他很难宣称自己对这一发明有所贡献（更别提他最开始用的根本不是这种元素）。所以肖克利开始企图窃取巴丁和布拉顿的成果。肖克利并不是个卑鄙的人，不过一旦他相信自己是对的，行事就很冷酷无情。而在这件事情上，他相信自己是发明晶体管的头号功臣。（后来，在肖克利的垂暮之年，我们再一次见到了这样的冷酷，他抛弃了固态物理，转投"优生学"的怀抱——这种理论宣称要繁育更好的人类。肖克利相信世界上存在智力上的婆罗门阶层，他开始为"天才精子银行"捐款，鼓吹应该付费给穷人和少数民族，让他们绝育，这样可以避免人类的整体智商下降。）

肖克利从巴黎仓促赶回，想方设法地钻回晶体管项目的蓝图里——有时候真的是钻进"图"里。贝尔实验室公布的照片里，经常有三个人一同"工作"的情景，他总是站在巴丁和布拉顿之间，在那对搭档中横插一脚；他还把自己的手放在仪器上，只肯让另外两个人站在身后，透过他的肩膀观察仪器，就像他们只是两个助手一样。照片产生了效果，整个科学界都相信是他们三个人共同发明了晶体管。肖克利还像个封建采邑里的领主一样，把自己的主要竞争对手巴丁放逐去了另一个毫无关系的实验室，好给自己腾出地方，研制更有商业潜力的第二代锗晶体管。接下来的事情顺理成章，不久后巴丁离开贝尔实验室，去了伊利诺伊州教书。说起来，巴丁被肖克利恶心坏了，他从此以后放弃了半导体研究。

对于锗来说，情况也不大妙。1954年，晶体管业蓬勃发展，计算机的处理能力提升了好几个数量级，还出现了新的产业，例如便携式收音机。不过繁荣之中，工程师从没忘记向硅暗送秋波。他们之所以这样做，部分是因为锗的性质不太稳定。锗的导电性很好，所以会产生不必要的热量，导致晶体管过热停机。更重要的是，硅是沙子的主要成分，它的价格当真是贱比泥土。科学家们仍保持着对锗的忠诚，可他们有太多时间魂不守舍，惦记着硅。

在那年的一场半导体贸易展会上，有人发表了硅晶体管不可行的悲观演说。突然间，一位来自得克萨斯的工程师站了起来，他厚颜无耻地宣布自己包里就有一个硅晶体管。大家想看看吗？这位P.T.巴纳姆[1]——他的真名叫戈登·蒂尔——将一台使用锗晶体管的电唱机连到外置扬声器上，然后颇富中古色彩地把电唱机的内部构件扔进了一桶沸腾的油里。不出所料，电唱机噎住没声音了。蒂尔把构件捞出来，拆下锗晶体管，换上了自己带来的硅晶体管，然后又扑通一声把它扔回油桶里。音乐仍在继续。会议厅里的销售员们蜂拥向大厅后面的付费电话，从这一刻起，锗被大众抛弃了。

不过巴丁还算幸运，他的故事虽然有点儿波折，却有个美好的结局。实践证明，锗晶体管的研究工作十分重要。1956年，巴丁和布拉顿，唉，还有肖克利，共同获得了诺贝尔物理学奖。一天清晨，巴丁做早餐的时候从收音机（当时很可能已经是硅晶体管的了）里听到了这个消息，他吓了一跳，失手把一家人的煎蛋摊到了地板上。后面还有更糟的。去瑞典参加颁奖礼的前几天，他拿出自己的白领结和礼服背心来洗，结果和其他深色衣服混在一起，染成了绿色，

---

(1) P.T.巴纳姆（P.T.Barnum），美国著名魔术师。

简直像是毕不了业的学生才能干出的事儿。颁奖当天，因为要觐见瑞典国王古斯塔夫一世，巴丁和布拉顿非常紧张，不得不服用奎宁来防止胃部痉挛。不过在觐见的时候，古斯塔夫责怪巴丁为什么让儿子乖乖待在哈佛上课（巴丁担心儿子可能会错过考试）而不带他们来参加颁奖礼，这时候奎宁大概也帮不上什么忙了。面对国王的责难，巴丁只得打个哈哈，保证下次得奖一定带儿子来。

抛开糗事不说，这次颁奖给半导体可谓意味深长，简短却有力。诺贝尔化学奖和物理学奖由瑞典皇家科学院负责评选，当时他们更倾向于颁奖给纯粹的科学研究而非工程研究，所以晶体管项目荣获诺贝尔奖非同寻常，代表着他们对应用科学的认可。然而，到了1958年，晶体管业又迎来了一次危机。虽然巴丁已经退隐江湖，但留给新英雄的大门一直敞开着。

杰克·基尔比跨过了这扇大门，虽然他可能得弯着腰才走得进去（他差不多有2米高）。基尔比是堪萨斯人，说话很慢，面孔像皮革一样坚韧，他在高科技的"荒漠"（密尔沃基）里漂泊了10年，终于在1958年进入了得州仪器公司（TI）。虽然基尔比接受的是电子工程方面的训练，但他的工作却是解决一个名为"数字暴政"的计算机硬件问题。大体来说，虽然廉价的硅晶体管运作得还不错，但昂贵的计算机电路里要用很多晶体管，这意味着得州仪器这样的公司不得不雇用一车皮低薪的技术工人。这些工人大部分是女性，她们整天要干的就是穿着防护服汗流浃背地蹲在显微镜前，一边咒骂一边把极小的硅元件焊到一块儿。这个工序昂贵且低效。电路中的电线很脆弱，难免会有一根坏掉或是松掉，这个时候整个电路就报废了。但是工程师对此毫无办法，他们就是需要这么多晶体管——数字带来的暴政。

一个炎热的6月，基尔比来到了得州仪器。作为一名新员工，他没有假期，所以7月里成千上万的工人出去享受强制性休假的时候，他一个人留在工作台前。周围的寂静让基尔比放松下来，于是他意识到雇好几千人来焊接晶体管实在太蠢了，假期里上司也不在，所以他有时间来实践一个新想法——集成电路。电路中需要手工焊接的部分不光是硅晶体管，碳质电阻和陶瓷电容也得用铜线焊接起来。基尔比抛弃了这种组装独立元件的方式，转而将所有东西——所有的电阻、电容和晶体管——刻在一整块半导体上。这是个天才的主意——从结构和艺术两方面来说，原来的方式就像是先分别雕出雕像肢体的各个部分，再用电线组装成整体，而现在则是用一整块大理石直接雕刻。基尔比认为硅的纯度不足以制造电阻和电容，所以他选择用锗来实现自己的想法。

最终，集成电路将工程师从手工焊接的暴政里解放了出来，所有元件都在同一片电路上，再也不需要人工焊接了。事实上，不久以后，也没法用人工焊接了，因为集成电路的雕刻工作也实现了自动化，工程师做出了非常小的晶体管——第一片真正的计算机芯片。基尔比没能获得足够的回报（一位肖克利的门徒将资料透露给了竞争对手，具体一点儿说，对方几个月后提出了专利申请，经过一番角逐，他们把专利权从得州仪器手里抢走了），但今天的"极客"一族仍视他为工程界的第一偶像。这个行业里的产品以月为单位换代更新，可是50年后的芯片仍以他的设计为基础。2000年，他终于拿到了迟来的诺贝尔奖，表彰他对集成电路做出的贡献。

不过，让人悲伤的是，锗并未因此而复兴。基尔比最开始做出来的锗电路舒舒服服地躺在史密森尼学会[1]里，但在竞争激烈的市场上，锗一败涂地。硅实在太便宜了，产量也实在太大。艾萨克·牛顿爵士说过一句著名的话，"我取得的一切成就都是因为站在巨人的肩膀上"——巨人就是构建了他的理论根基的科学家。硅大概也能这

---

(1) 史密森尼学会（Smithsonian Institution），美国一系列博物馆和研究机构的联合组织。

样说，活儿都是锗干的，荣耀却全都是硅的。锗被放逐了，重新成为周期表里默默无闻的元素。

其实，这是周期表里元素的普遍命运。大部分元素都默默无闻，就连是谁发现了它们，又是谁把它们编进了周期表都没人记得。有的元素却声名显赫，比如硅，可是虽有盛名，却不一定名副其实。早期研究元素周期表的科学家们有一个共识，特定元素之间的确有相似性。整个周期表系统就是在化学"三素组"（就像现在的碳、硅和锗一样）的基础上诞生的。有的科学家比别人更善于发现微妙的特征——贯穿整个元素周期表的特点，就像人们脸上的酒窝或是鹰钩鼻一样。不久后，一位善于追踪并预测这种相似性的科学家在历史上留下了名字，他就是元素周期表之父，德米特里·门捷列夫。

3. 元素周期表上的科隆群岛 [1]

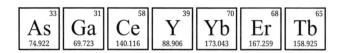

| As 33 74.922 | Ga 31 69.723 | Ce 58 140.116 | Y 39 88.906 | Yb 70 173.043 | Er 68 167.259 | Tb 65 158.925 |

或许可以说，元素周期表的历史就是构建它的众多人物的历史。我们先从历史书中摘出几个名字，比如吉约丹医生，比如查尔斯·庞兹，又或者朱尔斯·莱奥塔尔、艾蒂安·德·希维特。你微笑起来，想着他们会不会真的听见你的呼唤。在元素周期表的先驱中，有一位值得我们奉上特殊的敬意，因为以他命名的灯使得无数异想天开的尝试得以实现，它的意义比实验室里其他任何设备的都大。不过有点儿扫兴的是，严格来说，本生灯并不是德国化学家罗伯特·本生发明的，他只是在19世纪中期改良了设计并推广了它的使用。不过，就算撇开本生灯不谈，罗伯特·本生一辈子打过交道的危险品也够多了。

●罗伯特·本生

---

(1) 科隆群岛是南太平洋上的岛屿，生物种类繁多，被人们称作"独特的活的生物进化博物馆和陈列室"。

砷是本生的初恋。虽然33号元素自古以来就声名赫赫（罗马时期就有刺客把砷涂在无花果上），不过在本生之前，几乎没有哪个遵纪守法的化学家对这玩意儿有太深的了解。本生最开始研究的是二甲砷基，这种化学品的名字来源于希腊语的"恶臭"。本生表示，二甲砷基的确很难闻，会让他产生幻觉，"手脚会产生突然的刺痛，甚至会导致眩晕、失去知觉"。他的舌头上"覆盖了一层黑色的舌苔"。或许是出于自身安全的考虑，不久后他发明了迄今为止对付砷中毒最好的解毒剂，这种化学品是氧化铁的水合物，和铁锈有点儿关系。它会抓住血液里的砷，将它拽出人体。不过，常在河边走，哪能不湿鞋，一次实验中，装着砷的烧杯不慎发生了爆炸，差点儿把本生的右眼珠子给炸出来，这次爆炸让他后半辈子60年中都只能依靠一只眼睛看东西。

事故之后，本生把砷搁到一边，他的热情转移到了自然界的爆炸上。本生热爱一切从地下喷出来的东西，他花了好几年时间调查研究间歇泉和火山，亲手搜集冒出来的蒸汽和沸腾的液体。他甚至在实验室里造出了老忠实泉[1]的仿品，并由此发现了间歇泉内部的压力如何逐渐增加，最终喷发出来。19世纪50年代，本生在海德堡大学重回化学领域，不久后就为自己赢得了科学界不朽的声名。他发明了光谱仪，从此以后科学家们就能利用光线来研究元素了。周期表中的每种元素受热时都会产生狭窄锐利的彩色光带，比如说，氢受热后会产生一条红色、一条黄绿色、一条浅蓝色和一条靛蓝色的光带。如果加热某种未知物质，它产生了这样的特定光线，那你就能肯定该物质中含有氢。这是个重大突破，不必煮沸或用酸溶解，就能看清不明化合物的成分，这在科学史上还是第一次。

为了制造第一台光谱仪，本生和一位学生一起，将一片棱镜放

---

(1) 老忠实泉（Old Faithful），美国黄石国家公园中的间歇泉，因有规律的喷发而得名。

进空雪茄盒来分离光线，又从望远镜上取下两个目镜装在盒子上，以便观察盒子内部，就像万花筒一样。当时，限制光谱仪的唯一因素是怎么找到温度够高的火焰来激发元素。所以本生及时地发明了一种设备，正是这种设备让他成了所有曾经熔化过尺子或是点燃过铅笔的人的英雄。他以本地一位技术人员制造的燃气灯为原型，在上面加装了一个阀门来调节氧气流（如果你还记得本生灯底部给你拨来拨去的小旋钮，那就是它了）。改良后，灯的火焰从低效噼啪作响的橘黄色变成了纯净咝咝作响的蓝色，就像今天你在一个烧得正旺的炉子里能看到的那样。

本生的工作使得元素周期表的构建工作大大加速了。虽然他反对以光谱来归类元素，不过总有比他大胆的科学家。在光谱仪的帮助下，立刻就有新元素被发现了。而且还有很重要的一点，光谱仪能够拨开迷雾，发现藏在未知物质中的已知元素。可靠的鉴别手段让化学家们朝着终极目标迈出了一大步，从更深的层面上了解了物质。不过，科学家们不光是要找到新元素，还得把它们编进家谱里。这里我们就要谈到本生为周期表做出的另一个杰出贡献了——他帮助创建了海德堡的科学王朝。他的学生中，有不少人为周期律的早期工作做出了贡献，其中就有我们要谈到的第二位主角——德米特里·门捷列夫，人们公认是他创造了元素周期表。

●德米特里·门捷列夫

实话实说，就像本生和本生灯一样，元素周期表也并不是门捷列夫单枪匹马发明的。有6个人分别独立地制出了周期表，而且他们的工作全都基于前辈化学家提到过的"化学亲和力"。门捷列夫最初的想法很粗糙，他试图找到一种方法，将元素分成有相似性的小组，并找到某种科学规律，将这些小组纳入一个周期体系，有点儿像是荷马将毫无联系的希腊神话串到一起，写出了《奥德赛》。和其他领域一样，科学界也需要英雄，门捷列夫成为元素周期表故事中的主角，有许多原因。

比如说，他的一生中充满悲剧。门捷列夫生于西伯利亚，家中共有14个孩子，他是最小的一个。1847年，门捷列夫13岁时，他的父亲去世了。为了生计，他的母亲接过了本地的玻璃工厂，管着手下的男人干活，这在当时可是十分大胆。后来工厂因火灾而烧毁，母亲的希望就全落到了头脑敏锐的小儿子身上。她带着门捷列夫，乘坐马车，翻过白雪皑皑的乌拉尔山脉，穿越荒原峭壁，匆匆赶到了1200英里（约1931千米）外的莫斯科，希望把孩子送进一所精英大学——可是这所大学拒绝了门捷列夫，因为他不是本地人。这位顽强的母亲带着儿子又坐上了马车，跑了400英里（约644千米），匆匆赶到了圣彼得堡，这里有门捷列夫亡父的母校。门捷列夫刚刚登记入学，母亲就去世了。

事实证明，门捷列夫是个才华横溢的学生。毕业后，他在巴黎和海德堡继续学习，在海德堡，他短暂地得到过名宿本生的指导（他们俩关系不太好，部分是因为门捷列夫脾气古怪，还有一部分是因为本生臭名昭著的实验室里嘈杂且充满难闻的烟雾）。19世纪60年代，门捷列夫回到圣彼得堡，得到了一个教授的职位，他开始思考元素的本质，这样的思考最终促成了1869年元素周期表的诞生。

当时，许多人都在冥思苦想如何归类、组织元素，甚至已经有人解决了这个问题，虽然还不完善，但他们使用的方法和门捷列夫

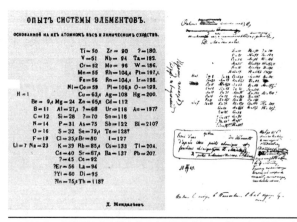

●1869 年，门捷列夫首次发表的元素周期表（左）及其手稿，他将元素按原子量排列，揭示了元素的周期表规律

一样。1865 年，英国一位 30 岁左右的化学家向化学学会介绍了自己的周期表雏形，他的名字叫约翰·纽兰兹。不过一个修辞上的失误毁了他。当时人们还不知道高贵气体（从氦到氡的那列），所以纽兰兹的周期表最上面几行每行只有 7 种元素，他异想天开地把这 7 列比作音阶中的"哆、来、咪、发、嗦、啦、西"。不幸的是，伦敦化学学会不够异想天开，所以他们把纽兰兹的"点唱机化学"奚落了一番。

　　另一位竞争者给门捷列夫带来的威胁就大得多了。尤利乌斯·洛塔尔·迈耶尔是德国人，长着一脸粗犷的白胡子，黑发油光水滑。迈耶尔也曾在海德堡师从本生，手里有正经的专业证书。此外，他还曾发现过血液中的红细胞会将氧气捆绑在血红蛋白上来运输。实际上，迈耶尔与门捷列夫公布周期表的时间几乎相同。1882 年，他们两人因共同发现"周期律"而分享了戴维奖，这个奖很有含金量，几乎相当于后来的诺贝尔奖。（戴维奖是英国的，不过英国人纽兰兹却被这个奖项拒之门外，直到 1887 年他才争取到了自己的戴维奖章。）此后，迈耶尔又做出了很大贡献，声名蒸蒸日上——在他的帮助下，不少当初不被认可的激进理论，后来得以被大众接受——而门捷列夫却越发古怪，他居然拒绝相信原子的存在。（要是他活得更久一些，肯定也会拒绝相信其他看不见的东西，比如电子和辐射。）如果在1880年左右把这两个人拿出来比较，看看谁是更伟大的理论化学家，你很可能会选择迈耶尔。那么，是什么让门捷列夫从同样发现了元素周期表的6位化学家中脱颖而出，获得了更高的历史地位呢？

首先，门捷列夫对元素本质特性的理解更为深刻，同时代的许多化学家甚至根本没有这个意识。许多人认为某种化合物比如氧化汞（一种橘黄色固体）里"包含"着气态的氧和液态金属汞，而门捷列夫却不这么想。恰恰相反，他认为只是组成氧化汞的两种元素的单体形式恰好是气体和金属而已。不变的是每种元素的原子量，门捷列夫认为这是元素的本质特征，这和现代的观点非常接近。

其次，有许多人浅尝辄止地把元素排成行列，但门捷列夫却在实验室里花费了整整一生。元素摸起来、闻起来是什么样，会如何反应，他的了解比别人深刻得多。尤其是金属，这些元素性质模糊，很难放到周期表中合适的位置上。有了这样深刻的了解，门捷列夫才能把已知的全部62种元素都编进他的行行列列里。他还着魔般地修订周期表，甚至曾经把元素名字写在卡片上，在自己办公室里玩某种化学单人纸牌游戏。还有最重要的一点，门捷列夫和迈耶尔的周期表中都留有空白，因为没有哪种已知元素填得进去。不过门捷列夫可没有迈耶尔那么保守，他大胆预测会出现新的元素。"使劲儿找啊，你们这些化学家、地质学家。"他像是在嘲讽，"一定会找到的。"分析每一列最下方的已知元素的特性，门捷列夫甚至预测过隐藏元素的密度和原子量，预言实现时，全世界都为他倾倒。此外，19世纪90年代，科学家们发现了高贵气体，门捷列夫的元素周期表通过了这次决定性的考验，它只增加了一列，就轻而易举地将这些元素纳入了系统。（最初门捷列夫否认高贵气体的存在，不过那时候周期表已经不光是他一个人的了。）

然后就是门捷列夫鲜明的个性了。和同时代的俄罗斯作家陀思妥耶夫斯基一样——为了还赌债，他3周内就写出了一整本小说《赌徒》——门捷列夫也曾为了赶上教科书出版商的交稿期，匆匆拼出了第一份周期表。当时，他已经写完了整本教科书的第一卷，那是一本厚达500页的巨著，可是他才讲了8种元素。拖延了6个星期以后，门捷列夫突发奇想，觉得要介绍元素的信息，最简约的方法是画一张表格。他激动地推掉了给当地奶酪工厂做化学顾问的兼职，着手编写这份表格。教科书出版时，门捷列夫不但预测硅和硼的下方会出现性质相似的新元素来填充表里的空白，他还给这些新元素起了临时的名字。虽然他找了一种神秘的外语来为新元素命名，不过这并未损害他的名誉（一切还不确定的时候，人们总喜欢相信权威），他借用一个梵文词（eka）来表示"超越"之意，分别把这些元素叫作类硅（eka-silicon）、类硼（eka-boron）等。

几年后，门捷列夫已经非常出名了，他和妻子离了婚，又想再娶一个。虽然保守的本地教会告诉他必须得等7年，不过他贿赂了一位牧师，顺利举行了婚礼。从技术上说，他犯了重婚罪，可没人敢逮捕他。当地有个官员向沙皇抱怨此案中的双重标准——为门捷列夫主持婚礼的牧师被剥夺了圣职，沙皇一本正经地回答："我允许门捷列夫拥有两位妻子，因为我只有一个门捷列夫。"不过，沙皇的忍耐也是有限的。1890年，因为同情主张暴力的左倾学生组织，自居无政府主义者的门捷列夫被剥夺职位赶出了大学。

很容易看出历史学家和科学家为什么会倾慕门捷列夫的传奇人生。当然，如果他当时没有制出元素周期表，今天的人们就不会记得他的生平。总的来说，门捷列夫的工作就像是达尔文提出进化论、爱因斯坦创立相对论。他们都不是一个人做完了全部工作，但他们却做出了最大的贡献，而且比其他人做得更为精美。他们洞见了自己研究方向的前景，并以大量证据夯实了自己的发现。和达尔文一样，门捷列夫也因研究工作得罪了不少人。为自己没见过的元素命名的确有点儿独断专横，这激怒了罗伯特·本生的嫡传弟子——他发现了"类铝"，所以他理所当然地认为荣誉和命名权都该属于自己，而不是那个偏激的俄国佬。

类铝（现在叫镓）的发现带来了一个问题：到底是什么推动了科学的进步——理论带给人们观察世界的框架，但最简单的实验也可能推翻最优美的理论。发现镓的实验化学家与理论化学家门捷列夫舌战一番后，找到了自己的答案。1838年，保罗·埃米尔·弗朗索瓦·勒科克·德·布瓦博德兰出生在法国干邑地区的一个酿酒之家。他长得英俊潇洒，一头鬈发，胡须卷曲，喜欢戴时髦的领结。成年后，他搬到巴黎，操作本生的光谱仪。后来，他成了世界上最棒的光谱仪大师。

1875年，勒科克·德·布瓦博德兰从矿物中发现了一种从未见过的色带，凭着丰富的经验，他立刻准确地推断这是一种新元素。他将这种元素命名为镓（gallium），这个名字来自拉丁语，意思是法国（高卢，Gallia）。（阴谋论者指责他其实是偷偷地用自己的名字给元素命名，因为勒科克的意思是公鸡，在拉丁语中拼作gallus。）勒科克想抓住这份荣耀好好品味，所以他着手提纯一份镓样品。花了好几年时间，1878年，这位法国人终于得到了一块又好又纯的镓。镓在室温下呈固态，但它的熔点还不到30℃，这意味着如果你把它握在掌心里（人类体温约为36.7℃），它就会熔化成厚厚的糊状液体，就像水银一样。像这样能让你摸到却不会把手指头烧焦的液态金属可不多。所以，继本生灯之后，镓成了化学界恶作剧的重要道具。其中一个流行的恶作剧是用镓来做汤勺，因为它看起来很像铝，却又很容易化掉。把镓勺和茶一起送到客人桌上，然后你就可以好好看戏了，客人看见格雷伯爵茶"吃掉"了茶具，一定会吓一跳。

勒科克在科学期刊上公布了自己的发现，理所当然地为自己发现了这种多变的金属而自豪。自1869年门捷列夫制出元素周期表以来，这是人们发现的第一种新元素。理论化学家门捷列夫读到了勒科克的发现，就企图横插一脚，他宣称勒科克之所以能发现镓，是因为他先预言了类铝。勒科克干脆利落地回答："不，我做的才是实际的工作。"门捷列夫表示反对，德国佬和俄国佬在科学期刊上唇枪舌剑，就像连载小说里不同的角色在不同的章节中各自独白。勒科克被门捷列夫的喋喋不休激怒了，他宣称有一位法国无名氏早在门捷列夫之前就制出了元素周期表，俄国佬不过是剽窃了别人的创造——这在科学界是很重的罪名，仅次于伪造数据。（门捷列夫从来不乐意分享荣誉，相比之下，19世纪70年代，迈耶尔却在自己的作品中引用过门捷列夫的周期表，在后世的人们看来，就像迈耶尔不过是步了门捷列夫的后尘。）

门捷列夫仔细检查了勒科克关于镓的数据，然后毫无根据地告诉那位实验化学家，他的测量一定有问题，因为镓的密度和质量与门捷列夫的预测不一样。这样的傲慢简直让人目瞪口呆，不过正如科学界的哲人兼历史学家埃里克·思科瑞所说，门捷列夫总是"企图扭曲事物的本性，使之适合自己伟大的哲学框架"。不过门捷列夫也不光会搞破坏，在这件事上他是正确的：不久后勒科克收回了原来的数据，重新发表的实验结果与门捷列夫的预测吻合。还是思科瑞说的，"科学界震惊地发现，理论化学家门捷列夫竟然比亲手发现新元素的化学家更了解这种元素的特性"。一位文学老师曾教过我什么能成就一个好故事——元素周期表的制定就是一个好故事——故事的高潮"出人意料但合情合理"。我猜测，门捷列夫发现周期表的伟大框架时一定非常震惊——但同时也相信它一定是正确的，因为这张表格如此简洁优美。难怪他有时候会因自己感受到的力量而有点儿忘乎所以。

先放下门捷列夫在科学上的"霸气"不提，这场争辩真正的核心是理论和实验谁主谁从。是理论为勒科克带来了灵感，让他发现了新东西，还是说实验提供的是切实的证据，门捷列夫的理论不过恰好吻合了实验数据？在勒科克为周期表中的镓找到证据之前，门捷列夫还不如预言火星上有奶酪。那么法国佬就得再次撤回数据，重新发布吻合门捷列夫预言的新结果。尽管勒科克宣称自己从未见过门捷列夫的表格，但他仍可能从别人那里听说过周期表的内容，又或者是整个科学界都在谈论周期表，间接启发了科学家留意新的元素。正如天才阿尔伯特·爱因斯坦所说，"理论决定了我们能观察到什么"。

归根结底，要厘清理论和实验谁先谁后，谁为推动科学发展做出的贡献更大，几乎是件不可能的事情。尤其是考虑到门捷列夫也做出过不少错误的预测。他真该庆幸的是勒科克这样优秀的科学家先发现了类铝。如果有人揪住了他的小辫子——门捷列夫说过氢之前还有许多元素，他还信誓旦旦地说日晕中有一种叫作"coronium"的特殊元素——那俄国佬可能死无葬身之地。不过正如人们原谅古代占星家那些错误甚至自相矛盾的观测，只记得他们准确预测到了一颗闪亮的彗星，大众也倾向于只记住门捷列夫成功的预测。此外，将历史化繁为简的过程中，人们总倾向于给门捷列夫和迈耶尔这样的人物过高的评价。他们的确搭建了元素周期表的初步框架，使元素得以各居其位，但截止到1869年，所有元素中只有三分之二被发现了，而且接下来的许多年里，就算是最好的周期表里也有某些元素被放在了错误的位置上。

工作的重担压在门捷列夫肩上，他根本无法写出一本现代的教科书来，尤其是考虑到那堆乱七八糟的镧系元素（现在我们把这些元素单独放在周期表下方）。镧系元素从57号元素镧开始，它们到底应该放在周期表里的哪个位置，这个问题直到20世纪仍深深折磨着化学家。埋藏起来的电子使得镧系元素喜欢挤到一块儿，这给研究者带来了额外的困难，要把它们分离开来，简直就像是解开野葛或常春藤纠缠的藤蔓一样。在镧系元素面前，光谱分析也不太好使，因为哪怕科学家探测到了几十种新色带，他们也不知道这到底代表着多少种新元素。就连最敢于预测的门捷列夫也觉得镧系元素太麻烦了，难以揣摩。1869年，人们知道的就只有镧系元素中的老二——铈。不过门捷列夫并没有预测"类铈"什么的，而是老实承认了自己的无奈。在他的表格里，铈后面只留下了一行行丧气的空白。后来在将新的镧系元素填进周期表的时候，他经常搞错这些元素的位置，部分是因为许多"新"元素其实是几种已知元素的混合物。似乎铈就是门捷列夫所知的世界的边界，就像直布罗陀是古代水手的边界一样，一旦越过这条界限，他们就得冒着掉进旋涡或是从地球边缘冲下去的风险。

1869年由门捷列夫制作的早期元素周期表中，铈（Ce）之后的巨大差距表明，门捷列夫和他的同时代人对稀土金属复杂的化学结构知之甚少。

1701年，一个名叫约翰·弗莱德里奇·伯特格尔的年轻人骗来了一群人，在他们面前欣喜若狂地掏出两枚银币，准备给他们变个魔术。他手舞足蹈，给银币施了点儿化学巫术，银币"消失了"，一枚金币突然出现在人们眼前。当地人从没见过比这更有说服力的炼金术，伯特格尔觉得自己一定会声名鹊起——不幸的是，他的确声名鹊起了。

关于伯特格尔的流言终于传到了波兰国王、号称"强力王"的奥古斯特二世的耳朵里。国王逮捕了这位年轻的炼金术士，把他关进了城堡里，让他替王国生产金子，听起来有点儿像是童话里的故事。显而易见，伯特格尔没法满足国王的要求，几次徒劳无功后，这位人畜无害的小骗子发现自己快要被送上绞刑架了。为了挽救自己可怜的脖子，伯特格尔恳求国王宽恕自己。他表示，虽然他不会炼金，却懂得如何制造瓷器。

在当时，这样的宣言简直是天方夜谭。自从13世纪末期马可·波罗从中国回来以后，欧洲贵族就迷上了洁白的中国瓷器，它们如此坚固，指甲刮蹭都不会留下划痕，可是与此同时，它又呈现半透明的奇妙光泽，就像蛋壳一样。帝国的兴衰竟能从他们所用的茶具来判断，还有不少关于瓷器拥有神奇力量的传言。有传言说，用瓷质的杯子喝水就不可能中毒；还有传言说，中国的瓷器多得吓人，中国人用瓷器砌成了一座9层的高塔（这个传言是真的）。几个世纪以来，实力雄厚的欧洲人一直在资助瓷器研究，比如佛罗伦萨的美第奇家族，可最终他们只做出了低劣的仿制品。

伯特格尔很走运，奥古斯特国王手下有个瓷器高手，他的名字叫埃伦弗里德·瓦尔特·冯·契恩豪斯。契恩豪斯此前的工作是对全波兰的土壤进行取样，寻找合适的地点挖掘宝石矿，为王室提供宝石，他刚刚发明了一种特殊的炉子，能够达到约1648℃的高温。利用这个炉子，他能将瓷器熔化，分析它的成分。国王把聪明的伯特格尔派给了契恩豪斯当助手，研究工作从此一日千里。这对搭档发现，中国瓷器的秘诀是一种名叫高岭土的白色黏土和一种长石，在高温下，二者会熔合成玻璃质。他们还发现了同样重要的另一件事情：和大多数陶器不同，瓷器的釉面和黏土必须同时烧制，而不能分步进行。高温下釉质和黏土互相熔合，正是这个步骤赋予了瓷器透亮的外表和坚韧的内在。两人完善了整个工序，然后放心地回到宫廷向国王汇报。奥古斯特慷慨地赏赐了这对搭档，他梦想着瓷器会让他立刻成为欧洲最有影响力的君主，至少在社交上最有影响力。既然取得了这么大的突破，伯特格尔觉得自己一定会得回自由。可不幸的是，国王觉得他现在太有价值了，不能放走，所以反倒把他

●伯特格尔和契恩豪斯方法烧制的瓷器，约1702年

看得更紧了。

不可避免地，瓷器的秘密泄露了出去，伯特格尔和契恩豪斯的秘方传遍了整个欧洲。既然有了基础的化学理论，接下来的半个世纪里，手工匠人即兴发挥，又对工序进行了改良。不久后，人们一旦发现长石马上就地开采，哪怕冰天雪地的斯堪的纳维亚也不例外。在这里，人们更喜欢用瓷质的炉子，因为比起铁炉来，瓷质的炉子能达到更高的温度，保温时间也更长。为了满足欧洲蓬勃发展的制瓷业的需求，1780年，在离斯德哥尔摩十多英里外的于特比岛上，一个长石矿动工了。

于特比的意思是"偏僻的村落"，它看起来就是个典型的瑞典海滨村庄，水面上矗立着红顶的房屋，屋子都有大大的白色百叶窗，宽阔的院子里种着许多枞树。人们乘着渡船在群岛间往返，街道都以矿物和元素的名字命名。

于特比矿场位于岛屿东南角，就像是用勺子把山顶挖去了一块，这里为制瓷业和其他产业提供了优质的矿石。对于科学家来说更有趣的是，这里的矿石能制出富有异国情调的颜料，还能用来给瓷器上釉。今天，我们知道明亮的色彩是镧系元素的馈赠，出于某些地质原因，于特比的矿脉里富含镧系元素。地壳中的稀土元素原本是均匀分布的，就像是有人把整个调料架上的佐料倒进一个碗里，又搅拌了一番。不过金属元素喜欢成群结队地行动，镧系元素尤其如此，所以随着地壳内部熔化的泥土的搅动，它们聚到了一块儿。最后，镧系元素矿脉恰好出现在瑞典附近——当然实际上是地底下。斯堪的纳维亚附近有一条断层，在遥远的过去，板块运动将富含镧系元素的岩石从地底深处刨了出来，这个过程中本生钟爱的热液喷发也帮了一把手。最后一次冰河期中，广袤的斯堪的纳维亚冰川刮去了大陆表层，最终使于特比附近富含镧系元素的岩石暴露出来，人们轻而易举就能开采。

就算合适的经济条件使得在于特比采矿有利可图，优越的地理条件也使采矿在科学上颇有价值，不过要真正发掘出这个地方的财富，还需要合适的社会环境。17世纪晚期，斯堪的纳维亚刚刚走出维京时代，当地的大学甚至还大规模举行猎巫活动，跟他们相比，塞勒姆审巫案[1]简直不值一提。不过到了18世纪，瑞典从政治上征服了斯堪的纳维亚半岛，瑞典启蒙运动又从文化上侵入了这片土地，斯堪的纳维亚人投入了理性主义的怀抱，伟大的科学家开始纷纷涌现。相对于这里的人口基数而言，比例简直高得吓人。其中一位就是生于1760年的化学家约翰·加多林，他的家族中有好几位富有科学头脑的学者（约翰·加多林的父亲是一位物理学兼神学教授，他的祖父更加不可思议，老爷子居然身兼物理教授和主教二职）。

年轻时代，加多林走遍了欧洲大陆——也包括英国，在英国，他参观了瓷器制造商约书亚·韦奇伍德的黏土矿，还为他们提供过帮助——后来他在图尔库定居下来。图尔库这个地方现在属于芬兰，毗邻波罗的海，与斯德哥尔摩隔海相望。在图尔库，加多林成了一位小有名气的地球化学家。业余的地质学家开始从于特比寄给他一些不同寻常的岩石，征求他的意见。加多林发表的文章渐渐引起了科学界的重视，人们开始注意到于特比这个小小的采石场。

虽然加多林手中没有合适的化学工具（也没有相应理论）来把14种镧系元素全部鉴别出来，但他仍在这方面做出了很大贡献。他把寻找新元素当成一种消遣，甚至可以算是种嗜好。等到门捷列夫已近迟暮，那时的化学家们有了更好的工具。他们回头

---

[1] 美国历史上的一起女巫审判案，牵连甚广，先后有20余人被冤杀，数百人遭逮捕或监禁。

去重温加多林对于特比岩石的研究，新元素就像硬币一样哗啦啦掉了出来。为了纪念这些元素的故乡，加多林把即将出现的新元素命名为"yttria"。在他的带领下，化学家们开始在周期表上为于特比树起丰碑。包括镱（ytterbium）、钇（yttrium）、铽（terbium）、铒（erbium）在内的7种元素可以追根溯源到于特比（Ytterby），比世界上其他任何地方都多。趁着字母表里的字母还没用完（"rbium"这种名字感觉可不怎么对劲），化学家们也给另外3种新元素找到了名字：钬（holmium），采用斯德哥尔摩（Stockholm）的后半部分音节；铥（thulium），神话里斯堪的纳维亚的名字；在勒科克的坚持下，加多林（Gadolin）的名字也登上了周期表，属于他的元素是钆（gadolinium）。

总体来说，在于特比发现的7种元素中，有6种是门捷列夫表格里空缺的镧系元素。如果门捷列夫再往西走一小步，穿过芬兰湾与波罗的海，来到这座元素周期表上的科隆群岛，那么他也许就能亲手修订元素周期表，补充铈后面的所有空白，我们看到的历史也就大大不同了。

第二部分

制造原子，破坏原子

4. 原子从哪里来:"我们是群星之子"

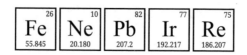

　　元素从哪里来？此前有几百年，科学界公认元素不来自任何地方。是谁（或者说，是哪位神祇）创造了宇宙，他又是为什么要创造宇宙？关于这个问题有许多形而上学的争论，但是人们一致认为，元素的历史和宇宙一样久远。它们不会被创生，也不会被毁灭：元素就是元素。较晚出现的一些理论将这个观点纳入了自己的体系，比如20世纪30年代诞生的大爆炸理论。大爆炸理论提出，140亿年前，宇宙中的所有物质都集中在一个奇点上，我们周围的一切都是从这个点喷发出来的。奇点的形状不像钻石皇冠，不像马口铁罐头，也不像铝箔，不过基本上和这些东西也差不多。（一位科学家计算得出，大爆炸花了10分钟就创造出了所有已知物质，他开玩笑说："创造元素花的时间还没有做一盘烤土豆配鸭子多。"）这也是一个常识——元素的天文渊源得到了公认。

　　接下来的几十年中，围绕大爆炸理论出现了许多争论。1939年，德国和美国的科学家证明，太阳和其他恒星靠氢聚变生成氦来放出热量，这个过程会释放出巨大的能量。小小的原子会产生这么大的能量，简直让人瞠目结舌。有的科学家说，好吧，氢和氦的数量也许会发生很轻微的变化，不过没有证据显示其他元素的数量也会发生变化。不过随着望远镜的不断改良，更多让人挠头的事情出现了。理论上说，大爆炸喷出的元素在各个方向上应该是均匀的，可是观测数据显示，大多数年轻的恒星中只有氢和氦，更老的恒星里却有许多种元素在咕嘟咕嘟冒泡。此外，一些非常不稳定的元素（例如锝）在地球上并不存在，可是在一些"化学组成很奇怪"的星球上，却能找到它们的踪迹。一定有什么东西在不断熔炼元素，让它们产生变化。

20世纪50年代中期，少数敏锐的天文学家意识到，恒星自身就是天堂里的武尔坎[1]。他们并不孤单，1957年，杰佛瑞·伯比奇、玛格丽特·伯比奇、威廉·福勒和弗雷德·霍伊尔共同发表了一篇著名的论文，详细阐述了恒星核合成理论，这篇论文被业内人士简称为 B^2FH。B^2FH 以两个矫揉造作而自相矛盾的句子开头，这两句话引自莎士比亚，讨论天上的星星是否主宰着人类的命运，作为一篇学术论文，这有点儿奇怪。接下来，他们提出，星星的确主宰着人类的命运。论文首先提出，宇宙的最初形态是一大团氢原子浆，里面混有少量氦和锂。然后，氢原子聚集到一起，形成恒星，恒星内部极大的引力和压强使得氢聚变生成氦，正是这个过程点亮了天空中的每一颗星星。不过，这个过程虽然在宇宙学上非常重要，可是从科学的角度来看却十分乏味，因为所有恒星数十亿年来干的事情不过就是批量生产出许多氦而已。B^2FH 提出——这才是该理论的最大贡献——当恒星中的氢烧尽后，真正神奇的事情才会开始。千万年来，恒星像头牛一样躺在空中，反刍着氢，产生的转化远远超过任何一位炼金术士最疯狂的想象。

缺乏氢的恒星为了保持高温，会开始燃烧、聚合核内的氦。有时候氦原子完全聚合到一起，生成偶数元素；有时候质子和中子分道扬镳，生成奇数元素。很快恒星内部就会累积起数量可观的锂、铍、硼，还有至关重要的碳（这些元素只会出现在恒星内部——外层温度较低，在恒星的一生中，外层的主要成分仍是氢）。不幸的是，燃烧氦放出的能量比燃烧氢要少，所以恒星里的氦最多撑上几亿年就会消耗干净。然后一些小的恒星可能就此"死亡"，形成白矮

(1) 武尔坎(Vulcan)，武尔坎努斯的简称，罗马神话里的火神，相传火山是他为众神打造武器的铁匠炉。

星，白矮星的主要成分是熔融的碳。较重的恒星（太阳质量8倍以上）继续挣扎，碳被挤压聚合成另外6种元素，最高原子序数可以到镁，这为它们多赢得了几百万年时间。到这时候，又有一些恒星死去了，不过最大、最热的那些恒星（它们的内部温度高达几十亿摄氏度）还能燃烧新生成的元素，再坚持几百万年。B^2FH历数形形色色的聚变反应，解释了这些过程如何最终创造出铁，这就是元素的演化。根据B^2FH理论，今天的天文学家将从锂到铁的元素统称为"恒星金属"，只要在一颗行星中找到了铁，就不用再去找更小的元素了——一旦有铁生成，周期表中原子序数小于铁的元素也必然会出现。

以此类推，很容易想到在最大的那些恒星中，铁原子很快也会发生聚变，如此层层推进，生成周期表后面的各种元素，直到最后。不过，类推法在这里又遇到了挫折。算一算每次原子聚合放出多少能量，然后你会发现，要生成26个质子的铁，无论如何都会消耗能量。这意味着铁之后的聚变反应不会给急需能量的恒星带来任何好处。铁是恒星一生中最后的辉煌。

●大质量恒星的聚变——洋葱模型（NASA）

那么，最重的那些元素是从哪里来的呢？原子序数从27到92，从钴到铀，它们来自哪里？具有讽刺意味的是，B²FH提出这些元素是在微型大爆炸中直接出现的。大质量恒星（太阳质量的12倍以上）慷慨地将镁和硅之类的元素燃烧殆尽，一个地球日内就会变成铁核。大质量恒星死亡之前的过程极为壮烈。燃尽的恒星突然失去了维持体积所需的能量，在自身的巨大重力下，它开始向内坍缩，几秒内其直径能缩小几千英里。在恒星核内部，质子和电子甚至会被压缩在一起而形成中子（最后恒星核内留下的物质大部分是中子）。坍缩之后便是反弹，恒星再次爆炸，形成超新星。一次爆炸接着另一次爆炸，在一个月的时间里，超新星的直径膨胀几百万英里，放出比10亿颗恒星加起来还亮的光芒。超新星爆发期间，每秒内都有大量粒子以极快的速度频繁碰撞，它们轻而易举地越过了通常意义上的能量势垒，聚合成各种比铁更重的元素。最终留下的许多铁原子核富含中子，这些中子有一部分会重新衰变成质子，由此又产生新的元素。所有自然形成的元素和同位素都是从这种粒子的暴风雪中喷发出来的。

单单在我们的银河系里，就有数亿颗超新星走过了这场生与死的循环。我们的太阳系就是在一次这样的爆炸中诞生的。大约46亿年前，一颗超新星发出的声爆穿过了一片扁平的星际尘埃云。这片尘埃云宽约150亿英里（241亿千米），是由至少两颗早期恒星爆炸遗留下来的。尘埃中的粒子与超新星喷发的物质搅在一起，形成旋涡，就像朝一片很大的池塘里投进石子泛起的涟漪。尘埃云稠密的核心沸腾起来，太阳诞生了（所以太阳实际上是早期恒星回收再生产出来的），行星开始形成。星际中的风——从太阳里吹出来的粒子流——将较轻的元素吹向太阳系边缘，于是出现了最引人注目的行星，也就是我们今天看到的那些气态巨行星。巨行星中气体比例最高的是木星，出于各种原因，木星成了元素的欢乐夏令营，木星上元素存在的形式多种多样，地球上的我们甚至根本无法想象。

明亮的金星，带环的土星，还有满是火星人的红色星球，自古以来，关于它们的传说一直激发着人类的想象力。空中的天体也为元素的名称带来了不少灵感。天王星是在1781年被发现的，科学界兴奋异常，虽然天王星上根本没有铀，可是1789年，一位科学家仍以天王星的名字命名了铀。镎和钚的名字来源也相似。不过所有行星中，木星最近几十年来风头最劲。1994年，苏梅克－莱维9号彗星与木星相撞，这是人类观察到的首例天体撞击。场面十分壮观：21块彗星碎片撞向木星，撞击的火球反弹2000英里（约3219千米）之高。这一幕也引发了公众的关注，不久后，美国航天局的科学家主持在线问答的时候就碰上了一些异想天开的问题。有一个人提问，木星核会不会是一块比地球还大的钻石；还有人问，根据某种"（我）听说过的超维物理学"（这种物理学能实现时间旅行），木星的大红斑会对木星地面造成什么影响。几年后，壮丽的海尔－博普彗星在木星引力的作用下飞向地球，圣迭戈39位"天堂之门"教派信徒集体自杀，因为他们相信，神圣的木星偏转了彗星的方向，这颗彗星掩护着一艘UFO，会将他们送往更高的精神境界。

　　好吧，这种奇怪的信仰没什么好说的。（虽然弗雷德·霍伊尔是B^2FH的作者之一，可是他既不相信进化论，也不相信大爆炸。在BBC的一次广播节目中，他也讽刺过这二者是"奇怪的信仰"。）不过上文中提到的关于钻石的问题却有一点儿事实依据。一些科学家曾经认真讨论过（或者暗地里希望过），木星质量很大，可能真会产生一块巨大的宝石。甚至有人表示，木星上可能会有液态的钻石或是凯迪拉克车那么大的固态钻石。而如果你想找点儿真正稀奇的物质，天文学家相信，木星的磁场变幻无常，这只能解释为木星上有海量黑色液态的"金属氢"。在地球上，科学家们在极力制造出的最极端的条件下才能观察到金属氢的存在，而且它只能存在几纳秒，可是有很多人相信，木星2.7万英里（约4.3万千米）厚的外壳下储藏着大量金属氢。

　　木星内部的元素为什么会以奇怪的形式存在（第二大行星土星内也有元素的奇怪形式，不过没有木星那么严重），这是因为木星处于中间态：它更像是一颗没有完全成形的恒星。在木星的形成过程中，如果再多吸收10倍的物质，它可能就会成为一颗褐矮星，褐矮星的质量勉强只够某些原子产生聚变，释放出能量很低的褐色光线。如果真是这样的话，我们的太阳系里就会出现两颗恒星，形成一个双星系统。（下面我们就会看到，这个想法其实还不算疯狂。）可是事实并非如此，在聚变的门槛面前，木星冷却了下来，不过它仍保持着足够的热量、质量和压力，把内部的原子紧紧挤在一起，在这种情况下，原子的行为与我们在地球上观察到的就不同了。木星内部的原子活动介于化学反应和核反应之间，因此地球这么大的钻石和油乎乎的金属氢都是有可能出现的。

　　因为元素活动特殊，所以木星表面上的天气也非常奇怪。不过，这颗星球上连大红斑都有，出现更让人吃惊的东西倒也不足为怪——大红斑是一股比地球还宽3倍的飓风，它已经肆虐了几个世纪，仍未消失。木星大气层深处的天气也许更为壮丽。星风只能把最轻、最常见的元素吹到木星那么远的地方，所以木星的元素构成应该与真正的恒星类似——90%的氢，10%的氦，可能还有少量其他元素，例如氖。不过，最近的卫星观测结果显示，木星外大气层中的氦只有我们预计的75%，氖则只有预计量的10%。无独有偶，大气层深处却有大量的氦和氖。显而易见，有什么东西将木星大气中的氦和氖从外层驱逐到了内层，科学家们很快就意识到，大概气象图能告诉我们答案。

　　在真正的恒星内部，恒星核内的微型核爆炸抵消了向内的引力。而木星内部没有核熔炉，所以较重的氦和氖不可避免地从外部的气态层向内下降。气体深入木星大气层约四分之一厚度处，这里离液态的金属氢层很近，气压很高，气体分子被挤到一起，变成液态。它们很快就沉淀析出了。

今天，大家都曾见过氦和氖在玻璃管中燃烧，放出明亮的彩光——其实就是霓虹灯。在木星上，这些元素"跳伞"时产生的摩擦力同样会让它们激动万分，闪烁出流星似的光芒。如果气体团够大，下落的速度够快，距离够远，那么如果有人正好漂在液态金属氢层附近，他抬头仰望木星奶油状的橙色天空，也许，我是说也许，能看见有史以来最壮观的灯光秀——无数明亮的深红色光线散落开来，烟花般照亮木星的夜空，科学家们称之为霓虹雨。

在我们的太阳系中，岩石行星（水星、金星、地球和火星）的历史则有所不同，它们的故事更加动人心弦。在太阳系的形成过程中，气态巨行星最先形成，只花了100万年；与此同时，重元素聚集在大体以地球轨道为中心的区域里，像是天空中的一条带子，在这里，它们又静静地等待了100万年。当地球和它的邻居开始旋转形成球状时，这些元素几乎均匀地被卷了进去。正如威廉·布莱克诗中所说，一粒沙中藏宇宙，整个元素周期表都在你掌心。[1] 不过，随着元素不断搅拌，原子开始跟自己的双胞胎兄弟和表亲凑到一起，经过数十亿年的起起落落，每种元素最终形成了大小适中的沉淀物。比如说，密度较大的铁沉到了各行星的核心，直到今天。（为了不被木星抢去风头，水星的液态核心有时候也会释放出铁质的"雪花"，它的形状不是我们熟悉的六角形，而是小小的立方体。）地球上原本可能什么都没有，只有巨大的铀块和铝块（还有其他元素）像浮冰一样四处漂流，可惜出了点儿意外：地球冷却、固化到了一定程度，搅拌过程因此发生了变化。所以今天我们看到，地球上的元素总爱成群结队地出现，而且元素群分布广泛，没有哪个国家能垄断某种资源——除了少数臭

---

(1) 来自威廉·布莱克的《天真的预言》一诗："一沙一世界，一花一天堂。无限掌中置，刹那成永恒。"（徐志摩译）

名昭著的个案以外。

　　与其他恒星系里的行星相比，太阳系里的4颗岩石行星拥有的元素丰度各不相同。大多数恒星系很可能都是由超新星形成的，每个星系中确切的元素比例取决于之前那颗超新星有多少能量来聚合元素，也取决于当时有哪些物质（例如星际尘埃）与超新星产物熔合形成星系。因此，每个恒星系都有自己独特的元素结构。也许你还记得，高中化学课上曾看见元素周期表中的每种元素下方都有一个数字，代表它的原子量——也就是该元素的质子数加上中子数。比如说，碳的原子量是12.011。事实上，这个数只是个平均值。大多数碳原子的原子量都是12，剩下的0.011来自少数原子量为13或14的碳原子。不过，在其他恒星系中，碳的平均质量可能会略高或略低。此外，超新星还会产生许多放射性元素，它们在爆炸后立刻就会开始衰变。除非两个星系同时形成，否则它们基本不可能拥有相同比例的非放射性元素，因为在最初那一刻它们不可能拥有相同比例用于衰变的放射性元素。

　　既然恒星系如此多种多样，它们形成的时间又如此久远，那么理性的人们不免就要问了，科学家最开始是怎么知道地球是怎么形成的呢？总的来说，科学家分析地壳中常见元素、稀有元素的数量和位置，推测这些元素怎样来到现在所在的位置。比如说，20世纪50年代，芝加哥一位研究生做了一系列可以说是过分谨慎的实验，通过铀和常见元素铅推断出了地球的生日。

　　最重的元素都有放射性，这些重元素（尤其是铀）几乎都会衰变成稳定的铅。曼哈顿计划结束后，克莱尔·彼得森（Clair Patterson）成了一位专业的放射化学家，他知道铀的确切衰变率。他还知道，地球上有3种铅，每种铅（或者说铅同位素）的原子量各不相同——分别是204、206和207。3种铅中都有一部分来自最初的超新星，不过，有一部分铅是由铀衰变而来的。关键在于，铀只会衰变成两种铅同位素——206和207。所以，铅-204的含量是不变的，因为没有哪种元素会衰变形成新的铅-204。突破点来了，铅-206、铅-207与铅-204的含量之比以可预测的频率增长，因为铀会不断地衰变成前二者。如果彼得森能找到现在与最初的比值差，那么利用铀的衰变率，他就能反推出地球诞生的时间。

让人扫兴的是，地球诞生时可没人能记录下来原始的铅同位素比例，所以彼得森也不知道该反推到哪一年。不过，围绕这个中心思想，他找到了一条路。显而易见，地球形成时，周围的星际尘埃并没有全部囊括进来，这些尘埃还形成了别的流星、小行星和彗星。这些天体和地球诞生于同样的星际尘埃中，而且它们一直在低温的外太空飘浮，所以，它们简直就是地球原始物质的防腐储存箱。此外，由于铁是恒星核合成金字塔最顶端的元素，所以宇宙中的铁多得简直不成比例。流星是固态铁。好消息来了，从化学上说，铁和铀不会混合，但铁和铅可以混合，所以流星中的铅含量与原始的地球相同，因为流星中没有铀，不会产生新的铅原子。彼得森兴奋地

●星际尘埃，宇宙中众多天体的摇篮（NASA）

在亚利桑那州的代亚布罗峡谷找到了流星碎片，他立刻开始了工作。

不过还有一个更为普遍也更加棘手的问题：工业化。自古以来，人类一直在各种工程项目中使用柔软易成型的铅，比如用于制造市政水管（元素周期表中铅的代号是Pb，这个词与"水管工"源于同一个拉丁词语）。19世纪末20世纪初出现了含铅涂料和含铅"抗爆"汽油，环境中的铅含量直线上升，就像今天二氧化碳含量节节攀升一样。所以一开始时，彼得森对流星的分析受到了很大干扰，他不得不想出更加极端的测量方法——例如用浓硫酸将设备煮沸——来去除星际岩石中人为产生的铅。正如他后来告诉采访者时所说："我的实验室里非常干净，人类头发中的铅都会对它造成污染。"

这样的小心谨慎很快就让他走火入魔了。彼得森甚至开始把周末连载漫画里面的"乒乓"（《花生漫画》中被灰尘呛到的那个角色）看成人类的隐喻，乒乓身上总是脏兮兮的，代表我们周围的铅无孔不入。不过，他对铅的执着的确带来了两大成果。首先，把实验室收拾得够干净以后，他测出地球年龄为45.5亿岁，时至今日这仍是对地球年龄最准确的估测。其次，对铅污染的憎恨让他成了一个活动家。未来的孩子们绝不会再吃到含铅的油漆屑，加油站也不必再在油泵上贴"不含铅"的告示，彼得森是最大的功臣。感谢彼得森做出的抗争，今天，禁用含铅油漆、含铅汽油已经成为大众共识。

彼得森或许已经搞清楚了地球的起源时间，不过我们需要知道的可不光是这一点。水星、金星、火星与地球同时形成，可是除了表面上的一些细节外，它们和地球几乎毫无相似之处。要拼凑出历史的完整细节，科学家们不得不探索元素周期表中一些阴暗的角落。

路易斯·阿尔瓦雷茨是一位物理学家，他的儿子沃尔特则是一位地质学家。1977年，这对父子在意大利研究一处来自恐龙灭绝时代的石灰石沉积。石灰岩的层次看起来很均匀，不过，大约就在大灭绝发生的年代（6500万年前），出现了一层明显的红色黏土，原因不明。同样奇怪的是，这层黏土中铱元素的含量是平均水平的600倍。铱是一种亲铁元素，所以地球上的铱绝大多数都在液态铁构成的地核附近。除此以外，铱唯一常见的来源是太空中富含铁的流星、小行星和彗星——这引发了阿尔瓦雷茨父子的思考。

月球之类的天体上都有古代撞击留下的陨石坑，地球没有任何理由会逃过类似的撞击。如果6500万年前，有一颗巨大（大小和一座大城市差不多）的天体撞击过地球，那么全世界都会弥漫着富含铱的烟尘，就像乒乓球总是满身灰尘一样。漫天的尘埃也许遮蔽了太阳，植物窒息而死，最终，我们似乎看到了一个完美的解释，为什么在那个时间段中，不但恐龙灭绝了，75%的物种、99%的生物也销声匿迹了。阿尔瓦雷茨父子花了不少工夫来说服其他科学家，但不久后，他们就确定了富含铱的岩石层在世界范围内普遍存在，因此，他们彻底打败了另一种猜测，该猜测认为铱层可能来自附近的一颗超新星。等到其他地质学家（他们服务于一家石油公司）在墨西哥尤卡坦半岛发现了一个100多英里（160多千米）宽、12英里（约19千米）深、拥有6500万年历史的陨石坑，含铱小行星灭绝理论似乎最终得到了证实。

不过，还有一个小小的疑问。也许小行星的撞击的确遮蔽了天空，带来了酸雨和浪高1英里（约1.6千米）的海啸，不过就算真是这样，最多几十年后，地球上的一切总会尘埃落定。问题在于，根据化石记录，恐龙的灭绝花了几十万年时间。今天，许多地质学家相信，在尤卡坦撞击事件前后，印度的火山恰好也爆发了，恐龙的灭绝也与此有关。1984年，一些古生物学家提出，恐龙的灭绝不过是个缩影：似乎每隔2600万年左右，地球上就会发生一次大规模的生物灭绝事件。会不会有这样的可能性：恐龙命中注定会灭绝，而小行星的撞击不过是正好赶上了那个时刻？

地质学家还发现了其他富含铱的薄层——它们的地质年代与另

一些灭绝事件吻合。在阿尔瓦雷茨父子的启发下，有人推测地球历史上重大的灭绝事件都是小行星或彗星撞击造成的。路易斯·阿尔瓦雷茨却觉得这套理论不太可靠，因为理论中最重要也最不合理的一点没人能解释清楚——撞击的时间为什么这么有规律。巧合的是，另一种性质模糊的元素改变了阿尔瓦雷茨的看法，它就是铼。

阿尔瓦雷茨的同事理查德·穆勒在《复仇女神星》（Nemesis）中回忆说，20世纪80年代的某一天，阿尔瓦雷茨挥舞着一篇论文冲进了穆勒的办公室，斥责这篇送给他进行同行评议的论文"胡说八道"、哗众取宠。阿尔瓦雷茨已经快气疯了，穆勒却决心要火上浇油。两个人开始像没事就吵架的夫妻一样争执起来。后来穆勒总结说，争论的关键是："宇宙如此广阔，地球不过是小小的一点儿。近距离擦过太阳的小行星撞上地球的可能性只有大约十亿分之一强。真正发生的撞击应该是随机分布的，不可能有固定的时间间隔。小行星凭什么会有规律地定期撞击地球？"

虽然穆勒对这个问题也毫无头绪，不过他仍坚持认为可能有什么东西引发了周期性的撞击。最后，阿尔瓦雷茨受够了无理由的猜测，他叫来穆勒，要求他说明这个到底是怎么回事。据穆勒自述，自己当时肾上腺素分泌过剩，于是灵光一闪，脱口而出，也许太阳有颗伴星，地球绕它运行的速度非常慢，所以我们没能发现它的存在，而且……而且……而且当小行星靠近地球时，这颗伴星的引力会拽着它撞向地球。怎么样？

当时穆勒说的这些或许只是半开玩笑，后来人们给这颗伴星起了个绰号——涅墨西斯（希腊神话中的复仇女神）。不过，这个主意堵住了阿尔瓦雷茨的嘴，因为它解释了一个与铼有关的大问题。你还记得吧，每个恒星系都有自己独特的同位素比例。在富含铱的岩层中，人们同样发现了铼，岩层中两种铼的比例（一种有放射性，另一种没有）与地球本身的相同，因此，阿尔瓦雷茨推断，如果真有带来毁灭的小行星，它们一定来自太阳系内部。如果复仇女神真的每隔2600万年就会露出迷人的微笑，将宇宙岩石掷向地球，那么这些岩石中铼的比例应该也一样。最精彩的是，这个理论解释了恐龙的灭绝为何如此缓慢。既然复仇女神在附近徘徊，那么当时也许有一系列小行星撞向地球，墨西哥的陨石坑不过是其中最大的一颗造成的。结束了恐龙时代的也许不是一次猛烈的撞击，而是成千上万次小小的叮咬。

那天，在穆勒的办公室里，阿尔瓦雷茨意识到周期性的小行星撞击至少的确是有可能的，他的怒火——来得快也去得快——一下子就熄灭了。他满意地放过了穆勒。可是穆勒却不能放过这一闪的灵光，他越琢磨越觉得靠谱。说不定真有一颗复仇女神星？他开始和其他天文学家讨论这个想法，并发表相关论文。穆勒搜集证据，乘胜追击，写出了《复仇女神星》。20世纪80年代中期有几年，这个理论十分流行，虽然木星的质量不足以成为恒星，可是太阳没准真有一位天空中的伙伴。

不幸的是，人们一直没有找到复仇女神星存在的确切证据，不久后就连已有的证据也受到了质疑。如果说原始的单次撞击灭绝论曾经引发了批评家的火力，那么批评家对复仇女神星理论简直就是排队打靶，活像独立战争时期的英军一样。千万年来，天文学家一直在仰望星空，却一直没有发现这颗天体，听起来有点儿不太可能，哪怕复仇女神星正位于离我们最远的地方。而且，已知最近的恒星半人马座阿尔法星离我们有4光年，那么复仇女神要实施天罚，就必须位于地球半光年以内，要偷偷潜到这么近的距离还不被发现，希望就更渺茫了。仍有浪漫主义者坚持在宇宙中的每个角落搜寻复仇女神的踪迹，可是年复一年，并没有新的证据出现，能让我们离她更近一步。

不过，永远不要小瞧人类的想象力。三个事实——看起来有规律的灭绝；铱，暗示着撞击；铼，暗示着撞击的天体来自太阳系内部——使科学家觉得这背后应该有原因，哪怕不是复仇女神，也总有别的。他们追寻着其他可能引发周期性灭绝的原因，不久后就从太阳的运动中发现了一些端倪。

根据哥白尼的日心说，很多人都把太阳看作时空中固定的一点，但实际上，在我们这个螺旋状的银河系里，太阳也在顺势漂流，像旋转木马一样上上下下。有的科学家认为，这样的起伏可能会让太阳运动到离奥尔特云很近的地方。奥尔特云包裹着太阳系，里面有大量飘浮的彗星和太空碎片，这些物质和我们的太阳系源自同一颗超新星。也许每隔2600万年，太阳会攀到顶峰或是沉到谷底，吸引到一些不友善的小天体，它们咆哮着扑向地球。在太阳的引力作用下（或者木星，苏梅克–莱维彗星就是它替我们挡掉的），大多数天体的方向会发生偏转，不过仍会有足够多的碎片逃脱罗网，地球就遭殃了。这套理论还远未经证实，不过如果真的如此，我们骑着的就是宇宙中的死亡木马。至少我们还能感谢铱和铼让我们知道了真相，也许不久后，我们就能避开这样的命运。

从某种意义上说，元素周期表其实和元素的天文历史毫无关系。每颗恒星的实际成分不过是氢和氦，气态巨行星也是如此。氢–氦循环在宇宙学中非常重要，可真正点燃想象力的却不是它。要追寻物质最有趣的细节，比如超新星爆炸，比如碳如何形成生命，我们还是得靠元素周期表。正如哲人兼历史学家埃里克·思科瑞写的："氢和氦以外的其他元素只占整个宇宙的0.04%，从这个角度来看，周期表系统简直微不足道。但我们生活在地球上……这里的各种元素要丰富得多，和宇宙的整体情况大不相同。"

这是大实话，不过后来天体物理学家卡尔·萨根说得更有诗意。如果没有B²FH理论中描述的核熔炉锻造出碳、氧、氮等各种元素，如果没有超新星爆发创造出地球这样热情好客的主人，那生命永远不会诞生。萨根充满感情地说："我们都是群星之子。"

　　不幸的是，"群星之子"的恩泽没有平均地分摊到地球的每个角落。虽然超新星的爆发在各个方向是均匀的，虽然地球形成时经过了大规模的搅拌，但是最终，某些大陆上稀有矿物的蕴藏量还是比其他地方高。有时候这会给科学天才带来灵感，比如在于特比。可是更多的时候，它带来的是贪婪和争夺——尤其是某种默默无名的元素突然有了商业价值或军事价值的时候，或者更糟糕，同时有了双方面的价值。

5. 战争年代的元素

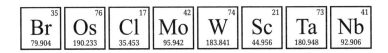

和现代社会的其他东西（民主、哲学、戏剧）一样，化学战争的历史可以追溯到古希腊。公元前5世纪，斯巴达人包围了雅典，他们决定用当时最先进的化学技术——烟——迫使顽强的对手投降。沉默的斯巴达人悄悄在雅典城外堆满了各种有毒的燃料，有木头、沥青，还有刺鼻的硫黄。他们点燃火堆，然后蹲在城墙外面，等着雅典人咳嗽着逃走，抛下毫无防备的家园。虽然这项创举和特洛伊木马一样天才，却遭遇了失败。烟雾笼罩了雅典，但这座城市撑过了臭气弹的袭击，最终赢得了战争。

这次失败像是个预言。接下来的2400年中，化学战断断续续地进步（如果真有进步的话），不过效果一直远不及直接把沸腾的油倒到侵略者头上。直到第一次世界大战，毒气仍没什么战略价值。这并不是说各国没有认识到化学武器的威胁。1899年，除了一个国家以外，世界上所有拥有一定科技实力的国家都签署了《海牙公约》，即禁止在战争中使用化学武器。不过没签公约的美国也有自己的理由：当时化学武器的威力甚至还不如辣椒喷雾，要是各国一边高高兴兴地用机枪屠杀18岁的年轻人，用鱼雷炸毁军舰，让船上的水手沉进漆黑的海里，一边签订什么禁止毒气的公约，这未免有点儿伪善。面对美国的讥笑，其他国家不屑一顾，他们高调地签署了《海牙公约》，然后又迅速地背弃了自己的诺言。

早期化学武器的秘密研制以溴为核心，这种元素简直就是大威力手榴弹。和其他卤素一样，溴的外层有7个电子，它朝思暮想的就是凑齐8个。溴觉得，只要目的正当就可以不择手段，于是它欺凌弱小，抢夺其他元素（比如碳）的电子来凑足自己的8个。溴对眼睛和鼻子的刺激性很大，1910年，军方化学家研制出了一种含溴催泪剂，它的威力甚至能让一个成年男子热泪满面，失去行动能力。

政府没有任何理由忍住不对自己的公民使用催泪剂（《海牙公约》只禁止在战争中使用化学武器），1912年，法国政府在巴黎对付银行抢劫犯的时候使用了溴乙酸乙酯。消息很快传到了邻国，他们理所当然地担心起来。1914年8月，战争爆发了，法国立刻把溴弹扔到了进犯的德国军队头上，不过效果还不如2000年前的斯巴达人。炮弹坠落在刮风的平原上，德国人还没意识到自己受到"攻击"，毒气就被吹散了，完全不痛不痒。不过，准确地说，溴弹只是没有立刻起作用，因为关于这种毒气的传言很快就在战争双方的报纸上闹翻了天。德国人煽风点火——比如说，他们军队里有一位士兵不幸一氧化碳中毒，却责怪说是法国人秘密施放了毒气——好证明他们自己的化学武器计划是正义的。

多亏了一位戴夹鼻眼镜的小胡子秃头化学家，德国的毒气研究很快走到了世界前列。弗里茨·哈伯拥有化学史上最棒的头脑，1900年左右，他研究出了如何将最常见的化学品——空气中的氮——转化成一种工业产品，因此成了当时世界上最著名的科学家之一。虽然氮气在人毫无防备的时候也会导致窒息，不过通常情况下它很温和。事实上，氮温和到了几乎无用的程度。它的重要作用之一是给土壤补充营养：氮元素之于植物相当于维生素C之于人体（猪笼草和捕蝇草捕捉昆虫主要是为了虫子体内的氮）。不过虽然

●弗里茨·哈伯

空气中80%的成分是氮气——我们呼吸的分子中每5个就有4个是氮分子——可是它却很难被土壤吸收，因为氮气几乎不与任何物质反应，也不会"固化"到土壤中。藏量丰富、难以利用、非常重要，氮自然成了有野心的化学家眼中的猎物。

哈伯"捕捉"氮的工序有许多步骤，中间不断有化学物质出现又消失。不过简单地说，他先是把氮加热到几百摄氏度，然后注入一些氢气，再将压力调节到大气压的几百倍，加入关键的催化剂锇，于是——普普通通的空气就变成了氨（NH_3），所有肥料的鼻祖。有了便宜的化肥，今天的农民终于不用光靠堆肥或是粪肥了。光是在第一次世界大战爆发前，哈伯从马尔萨斯式的饥荒[1]中救下的性命可能就有上百万条；而今天，全世界67亿人口有一大半靠着他吃饭，我们仍应对他表示谢意。

上面没有提到的是，哈伯对肥料其实没什么兴趣，虽然有时候他说的不是这样。他追求廉价的氨，真正的目的是要帮德国造出以氮为原料的炸药——1995年，蒂莫西·麦克维用肥料蒸馏制成的炸弹将俄克拉荷马市的政府大楼炸出了一个洞，就是这种东西。悲哀的是，历史上从不缺乏哈伯这样的人——这些小"浮士德"总会将科技上的创新变成杀人如麻的武器。哈伯的故事比别人的更加黑暗，因为他太优秀了。第一次世界大战爆发后，德军领袖希望摧毁敌人的秩序，打破战事僵局，所以他们将哈伯招进了毒气战部门。虽然哈伯想的是靠氨的专利从政府身上大赚一笔，却也暂时没法甩掉其他项目。不久后，别人开始把毒气战部门叫成"哈伯办公室"，这位46岁的犹太人改信了路德教（这对他的职业生涯有好处），军衔也升到了上尉，这次升职让他孩子气地得意了一番。

不过他的家人可不买账。哈伯的所作所为让他和家人的关系降

---

[1]　马尔萨斯曾预言过人口增长超过食物供应，会导致人均食物减少，引发饥荒。

至冰点，反对得最激烈的是他的妻子克拉拉·伊美娃，她的行为也许能替哈伯赎点儿罪。伊美娃才华横溢，在哈伯故乡布雷斯劳（现在叫弗罗茨瓦夫）一所著名的大学里取得了博士学位，是该校第一个女博士。不过，与同时代的玛丽·居里不同，伊美娃从未有过足够的自主权，因为她的丈夫哈伯可不像皮埃尔·居里那么思想开明。表面上看，对于一个有科学野心的人而言，这桩婚事还算不错，不过，哈伯虽然的确很有化学才华，可仍不过是个有缺陷的普通人。正如一位历史学家所说，伊美娃"从没脱下过围裙"，她曾对朋友抱怨："在我们家，弗里茨总把自己放在第一位，我没他那么独断专行，冷酷无情，所以只好做出牺牲。"伊美娃支持哈伯的事业，将他的手稿译成英文，为氮的研究项目提供技术支持，但她拒绝帮助哈伯研制溴毒气。

哈伯几乎没有注意到这件事情。外面有大把年轻的化学家愿意帮他工作，因为德国在化学战中已经落在了讨厌的法国人后面。1915年初，德国人终于有了可以回敬法国的武器。不过，德国人偏要先在没毒气的英军身上试试毒气弹的威力。幸运的是，和上回法国丢毒气弹时一样，风吹散了毒气，英军——他们在附近的战壕里无聊得都要疯了——根本没意识到自己受到了袭击。

不过德军没有气馁，他们决定投入更多资源研制化学武器。不过，有一个问题——讨厌的《海牙公约》，政治领袖不愿意公开（再次）破坏它。解决问题的办法是以一种极端而虚伪的方式诠释《海牙公约》。签订《海牙公约》时，德国曾承诺"放弃使用毒气弹，毒气弹是指唯一目的为释放窒息性气体或有毒气体的炮弹"。于是，德国人聪明又守法地解释说，《海牙公约》可没有禁止过发射同时放出霰弹片和毒气的炮弹。这样的炮弹制造起来颇有难度——将溴压缩汽化后装入炮弹，炮弹撞击后，喷出的液溴会转变为气态，影响炮弹的轨迹——不过德国的军事科技克服了难题，1915

年底，直径15厘米的新炮弹整装待发，里面填充着强催泪剂溴化二甲苯基。德国人把这种炮弹叫作"weisskreuz"，意思是"白色十字架"。这回德国人也没找法国人麻烦，而是转头东进，将18 000枚"白色十字架"扔到了俄国军队头上。然而，这次尝试比上回更惨。俄罗斯的天气太冷了，溴化二甲苯基全冻成了固体。

战绩如此惨淡，哈伯因此放弃了溴，转而看上了溴的化学表亲氯。在元素周期表中，氯在溴的上面，它的味道更刺激，攻击其他元素时也更有侵略性。而且氯的个头更小——氯原子的重量还不到溴原子的一半——所以它攻击起人体细胞来更灵活。氯中毒的人皮肤会变成黄色、绿色和黑色，还会患上白内障，氯中毒而死的人实际上是被淹死的，他们的肺里积满了液体。如果说溴是攻击人体黏膜的步兵方阵，那氯无疑就是闪电战中冲向人体防御系统的坦克，它能对鼻窦和肺部造成严重伤害。

正是因为哈伯，滑稽可笑的溴弹退居幕后，冷酷无情的氯登上了历史舞台。敌军很快就得留神绿十字架（grunkreuz）和蓝十字架（blaukreuz）了。此外还有噩梦般的黄十字架（gelbkreuz），它又名芥子气，会让人全身糜烂。光是科学上的贡献并不能满足哈伯，他满怀热情地亲自指挥了历史上第一次成功的毒气袭击。在伊普尔附近一条泥泞的战壕里，5000名法军还没明白是怎么回事就死伤遍地。哈伯还利用业余时间研究出了一套奇异的生物学规则，用于衡量毒气浓度、暴露时间和死亡率之间的关系，史称"哈伯定律"——这套系统背后的大量数据来自哪里，想想就让人不寒而栗。

毒气项目让克拉拉·伊美娃深感震惊，开始的时候，她质问弗里茨并要求他退出。和往常一样，弗里茨根本没把她的话放在心上。事实上，尽管哈伯曾为自己实验室里因研究事故丧生的同事流泪，看起来似乎并不铁石心肠，可是当他从伊普尔凯旋后，却举办了一场晚宴来庆祝新武器大获成功。更糟糕的是，克拉拉发现丈夫只是

●"一战"期间，士兵佩戴防毒面具以防止被化学武器伤害

为了这场晚宴才回家来，这只不过是暂时的停留，很快他就会回到东部战线，用毒气制造更多杀戮。夫妻俩大吵一架，当天晚上，克拉拉带着弗里茨的军用手枪走进家里的花园，对着自己的胸膛开了一枪。虽然弗里茨确实有些沮丧，但他没有停下脚步。他甚至没有留下来安排葬礼，第二天清晨，弗里茨如期离开了家里。

虽然有哈伯这样强有力的帮手，德国最终还是输掉了那场"要终结一切战争的战争"，背上了战犯的骂名。国际形势的变化对哈伯本人产生的影响则更为复杂。1919年，"一战"的尘埃（或者说毒气）尚未落定，哈伯就获得了1918年空缺的诺贝尔化学奖（战争期间，诺贝尔奖暂缓评选），表彰他发明了用氮制造氨的方法，虽然战争中哈伯的肥料没能保护成千上万的德国人免遭饥荒。一年后，他被指控为国际战犯，是他发起了化学武器军备竞赛，数十万人因此受害，数百万人陷入恐怖之中——他的一生毁誉参半，集天使与恶魔于一体。

此后的事情更糟。战后的德国不得不向同盟国支付巨额赔款，哈伯深感耻辱，他决心靠一己之力付清赔款，于是他花了6年时间试图从海水中提取出黄金，最终却徒劳无功。其他匆匆上马的项目也毫无用处，后面的那些年里，哈伯研制的唯一引人关注的东西是一种杀虫剂（他还曾向苏联毛遂自荐，希望当他们的毒气战顾问）。齐克隆A是哈伯在战前发明的，战后，一家德国公司把哈伯的方程式鼓捣一番，生产出了效果更好的第二代杀虫剂。最后，新政权统治了德国，不过他们的记性不太好，不久后哈伯就因自己的犹太血统被纳粹流放了。1934年，哈伯在去英国寻求庇护的途中去世。与此同时，杀虫剂的使命尚未完结。那几年里，纳粹用毒气迫害了数百万犹太人，其中包括哈伯的亲戚，纳粹用的毒气就是第二代杀虫剂——齐克隆B。

德国之所以赶走哈伯，除了他的犹太血统外，还有一个原因是他已经过时了。"一战"期间，除了研制毒气外，德军开始将目光投向了周期表上的另一些元素，最后，他们选中了两种金属元素——钼和钨，大概是因为用金属棒子敲打敌人比用溴气和氯气烫人更带劲吧。战争再次推动了化学的发展。接下来，"二战"的主角本来是钨，不过从某些方面来说，钼的故事更加有趣。鲜为人知的是，"一战"中离主战场最远的战役不是发生在西伯利亚，也不是在撒哈拉沙漠里和阿拉伯的劳伦斯[1]捉迷藏，而是发生在美国科罗拉多州落基山的一个钼矿里。

"一战"期间，德军最可怕的武器除了毒气便是"大贝莎"，这种超重型攻城炮曾野蛮地撕开法国和比利时的战壕，也把战壕里的士兵吓破了胆。最初造出来的大贝莎重达43吨，必须拆散了才能用牵引车运到阵地上，还要200个人花上6个小时才能装配完成。如此繁重的工作得来的回报是，大贝莎能在短短几秒内就将直径16英寸（约40厘米）、重达2200磅（约1吨）的炮弹发射到9英里（约

---

(1) 阿拉伯的劳伦斯（Lawrence of Arabia），"一战"中英军情报员劳伦斯曾潜入阿拉伯，组织人民对抗德军，他的事迹拍成的同名电影曾获得1962年的奥斯卡最佳影片奖。

14千米）外。不过，大贝莎也有个致命的缺陷。发射的炮弹有1吨重，大贝莎消耗的火药也十分惊人，这些火药会产生大量的热，因此长达20英尺（约6米）的钢制炮筒很容易过热变形。虽然德国人已经限制了每小时只能开几炮，可是打上几天后，大贝莎自己就被炸进了地狱。

著名军火商克虏伯公司为自己的祖国提供武器可从不含糊，他们找到了一种强化金属的方法：加入钼。钼能经受高温，因为它的熔点高达2621.11℃，钢的主要成分是铁，钼的熔点比铁高1000多摄氏度。钼原子比铁原子大，因此它们兴奋得要慢一点儿。钼比铁多60%的电子，所以它能吸收的热量更多，相互之间的连接也更紧密。此外，温度变化时，固体中的原子排列会自然地发生改变（在16章中有这方面的更多内容），这经常会引发悲剧，金属变脆了，很容易断裂报废。在钢里掺入钼可以将铁原子"粘住"，防止它们到处乱跑。（最先发现这一点的并不是德国人。14世纪，日本就曾有一位铸刀大师将钼掺入钢里，打造出了全日本最令人垂涎的武士刀，它的刀锋永远锋利，绝不会被磕出口子。不过，这位日本的武尔坎[1]带着他的秘密死去了，这种方法失传了500年——这个故事告诉我们，高超的技术不一定会传播开来，反而经常失传。）

回到战壕里来，不久后德国人用"钼钢"造出了第二代大炮，炮火不断倾泻到法军和英军头上。可是德国人很快发现，还有一个问题会导致大贝莎停火——他们没有钼的可靠来源，手里的钼已经快用光了。事实上，当时世界上已知产钼的地方只有科罗拉多州落基山的一个矿场，这地方已经破产，快要荒废掉了。

"一战"前，在巴特利特这个地方，有人声称自己发现了看起来像是铅或锡的矿脉。铅和锡每磅至少还能值几分钱，可是钼毫无

---

(1) 西方神话中的火神，是个跛足铁匠，擅长锻造武器。

用处，这个人发现自己连本都赚不回来，于是就把开采权卖给了别人。奥蒂斯·金是内布拉斯加州的一位银行家，身高5英尺5英寸（约1.7米），精力充沛。他以一贯的魄力采用了一种新的采矿技术（此前根本没人愿意操心去发明什么开采钼矿的技术），很快挖出了5800磅纯钼——某种意义上说这些钼毁了他。5800磅将近3吨，相当于全世界年需求量的二分之一强，这意味着他不是冲击了市场，而是干脆把整个市场淹死了。不过退一万步说，金的尝试至少很新鲜，1915年，美国政府在一份矿物学简报中提到了他。

几乎没人留意到这份简报，除了一家巨型国际矿业公司，这家公司总部在德国法兰克福，纽约有他们的美国分部。根据一份当时的账目，德国金属工业集团公司的触手遍及全世界，到处都有他们的冶炼厂、矿场和精炼厂。该公司领导层与弗里茨·哈伯关系紧密，他们一读到钼矿的报道，立刻就行动起来。他们派出了最棒的手下马克斯·肖特前去科罗拉多，打算占领巴特利特山。

肖特——根据描述，他有"一双富有穿透力的眼睛，简直能把人催眠"——一边派人非法占据地盘，一边在法庭上向金提出控诉。矿场本已举步维艰，来自法庭的压力雪上加霜；非法抢夺矿产的人更是不讲道理，他们威胁矿主的妻儿，还在冬天里捣毁了矿场的宿舍，当时外面的气温低至-20℃。金雇了瘸腿的双枪亚当斯来当保镖，这是个亡命之徒，不过德国人的爪牙还是找到了金的头上，他们在一条山路上用刀子和镐拦劫了金，还把他从一处陡峭的悬崖上扔了下去，幸好下面正好有一段雪坡救了他的命。一位矿工回忆说，德国人"竭尽所能地阻挠矿场的工作，只差直接杀人了"。勇敢的工人们开始把自己冒着生命危险挖出来的这种名字拗口的金属叫作"被诅咒的莫莉"。

金隐约知道了德国人要拿钼来做什么，可是整个北美以及整个欧洲，大概只有他这么一个非德国籍的人知道这个秘密。直到1916

年，英军缴获了一批德国武器并将它们熔化，同盟国这才发现了这种奇妙的金属，不过落基山里的争斗还在继续。美国1917年才加入"一战"，所以此前他们没有理由监控德国金属工业集团纽约分支机构的举动，尤其是考虑到这家分支机构的名字叫美国金属公司，马克斯·肖特的"公司"就挂在美国金属公司名下。1918年，政府开始过问此事，美国金属公司宣称自己是矿场的合法主人，因为奥蒂斯·金不堪骚扰，只收4万美元就把矿场卖给了肖特。他们还表示，呃，所有的钼都被运往了德国，这只是个巧合。联邦调查局很快冻结了德国金属工业集团留在美国的存货并取得了巴特利特山的控制权。不幸的是，这些努力都来得太迟，大贝莎仍在德国人手中轰鸣。直到1918年，德国人仍在使用钼钢炮轰击巴黎，射程达到了惊人的75英里（约121千米）。

唯一值得安慰的是，停战后钼的价格跌至冰点，1919年3月，肖特的公司倒闭了。金重操旧业，他说服了亨利·福特在汽车引擎中使用钼钢，因此成了百万富翁。不过"莫莉"的军旅生涯就此结束了。时间流逝，到"二战"时，钼在钢铁生产中的角色就被自己下面的元素钨取代了。

钼的英文为molybdenum，是元素周期表中名字最不好拼的元素之一，而钨则是化学符号最没有识别度的元素之一，代表钨的是一个大大的含义模糊的"W"。"W"是"wolfram"的简写，在德语中这个词就是钨的意思，前面4个字母正好是"wolf"（狼），恰如其分地预告了它在战争中将要扮演的黑暗角色。纳粹德国渴望弄到钨来制造机械和穿甲弹，他们对钨的渴望甚至超过了黄金，纳粹官员高高兴兴地拿黄金去换钨。和他们做生意的又是谁呢？不是意大利，不是日本，不是轴心国的其他同伙，也不是被德军铁蹄踏平的国家，比如波兰或比利时。人们普遍相信，是中立国葡萄牙的钨喂饱了如狼似虎的德国军工厂。

当时的葡萄牙我们很难评价。他们把亚速尔（大西洋上的一片群岛）一个关键的空军基地借给了盟军，而且正如我们在《卡萨布兰卡》里看到的，难民渴望逃到里斯本，因为从里斯本可以安全地飞去英国或美国。可是与此同时，葡萄牙的独裁者安东尼奥·萨拉查允许纳粹的同情者待在自己的政府里，还为轴心国间谍提供掩护。战争期间，他两面讨好，为双方提供了成千上万吨钨。作为一个前经济学教授，萨拉查充分利用本国对钨几乎垄断的优势（占欧洲供应量的90%），赚取了比和平时期高10倍的利润。葡萄牙也许可以辩白说自己和德国早就有长期的贸易关系，而且他们也担心战争会让自己变得一贫如洗。不过，萨拉查从1941年才开始卖出可观数量的钨给德国，这显然是因为他觉得中立的地位让他能够一视同仁地榨取双方的财富。

钨的贸易是这样进行的。德国吸取了钼的经验，对钨的战略地位也十分清楚，入侵波兰和法国之前，德国试图囤积大量的钨。钨是已知最硬的金属之一，在钢里加入钨能造出完美的钻头和锯头。此外，如果用钨来做弹头，哪怕是较小的导弹——所谓的动能穿甲弹——也能击毁坦克。从元素周期表上，我们很容易就能搞明白钨为什么会是更好的金属添加剂。钨和自己上面的钼性质相似，不过它的电子比钼还多，熔点高达3426.67℃。此外，钨原子比钼原子重，所以能更好地固定铁原子。还记得吧，机智的氯曾在毒气战中立下大功，而现在，作为一种金属，钨的可靠性和强度也很迷人。

钨实在太迷人了，所以到1941年，挥霍的纳粹政权就用光了全部钨储备，这件大事甚至惊动了"元首"。希特勒命令手下的部长去弄点儿钨回来，越多越好，只要铁蹄下的法国的火车能装得下。麻烦的是，正如一位历史学家所记载的，这种浅灰色金属可没什么黑市交易，整个贸易过程完全公开透明。钨从葡萄牙运来，途中经过法西斯西班牙，又一个"中立国"。纳粹从犹太人手里抢来的大量黄金——包括从被毒气杀害的犹太人嘴里敲下来的金牙——通过里斯本和瑞士（瞧，又一个不参与任何一方的国家）的银行洗白了。（时间过去50年，里斯本一家大型银行仍坚持说当时他们的高层管理者根本不知道收到的那44吨黄金是黑钱，虽然许多金条上印着纳粹的"卐"字标记。）

就连坚决反对德国的英国也对钨的贸易不闻不问，尽管用钨制成的武器正收割着英国青年的生命。温斯顿·丘吉尔首相私下里说葡萄牙卖钨给德国不过是"小问题"，而且他唯恐这样的评论引发误会，还加了一句，说萨拉查把钨卖给英国公开声明的敌人"很正确"。不过，总有人不肯同流合污。这种赤裸裸的资本主义给德国带来了好处，却激怒了一向秉持自由市场理念的美国。美国官员怎么都理解不了英国为什么不命令或者干脆威胁葡萄牙，迫使他们放弃这种有利可图的所谓中立。美国施加压力很长一段时间后，丘吉尔才终于同意用强硬手段来对付铁腕萨拉查。

在此之前，萨拉查（如果我们暂时把道德放到一边）用暧昧的承诺、秘密协议和拖延战术把轴心国和同盟国玩弄于股掌之间，运钨的火车却一直跑得很欢。1940年，钨的价格是每吨1100美元，1941年就涨到了2万美元，这全是萨拉查的功劳，投机生意爆炒3年，他攫取了1.7亿美元。直到1944年6月7日，所有借口都用光了，萨拉查这才着手彻底禁止卖钨给纳粹——那是诺曼底登陆的第二天，盟军指挥官根本没空（也不屑于）给他点儿颜色看。《乱世佳人》中，瑞德·巴特勒曾说过，只有在帝国建立或毁灭的时候才能赚大钱，我相信萨拉查一定非常赞同这套理论。这场所谓的钨之战，葡萄牙独裁者狰狞地笑到了最后。

钨和钼的利用只是一场序幕，人类很快就迎来了20世纪真正的金属革命。每4种元素中有3种是金属，不过在"二战"之前，除了铁、铝等少数几种外，大多数金属都无所事事，唯一的作用就是填满周期表上的空白。（真的，40年前可写不出这本书来——那会儿根本没这么多可讲的。）不过从1950年左右至今，每种金属都找到了自己的位置。钆很适合用于核共振成像（MRI），铷能产生前所未有的强激光，而钪则像钨一样成了一种金属添加剂，用于生产铝制棒球棒和自行车框架。20世纪80年代，钪曾帮助苏联造出了轻型直升机，传说苏联储存在北极圈内地下的洲际弹道导弹头上也有钪，它能帮助核弹头冲破冰盖。

唉，虽然金属革命确实带来了不少技术进步，但有的元素仍在战争中助纣为虐——不是发生在遥远的过去，而是在刚刚过去的10年中。巧合的是，其中有两种元素正好以希腊神话中两位饱经苦难的人物为名。尼俄伯曾因夸耀自己的七子七女而引来了众神的愤怒——为了惩罚她的傲慢，易怒的奥林匹斯众神杀光了她的全部子女。坦塔罗斯是尼俄伯的父亲，他亲手杀死了自己的儿子并在宫廷宴会上请众人品尝。作为惩罚，他被永远地浸在一条河里，河水淹没到脖子，一根挂满苹果的枝条伸在他的鼻子上面。不过，每当他想吃掉苹果或是喝水的时候，苹果就会从他面前移走，水面也会下降。够不到的苹果和失去孩子的悲痛折磨着坦塔罗斯和尼俄伯，与此同时，以他们为名的元素残害了非洲中部的无数生灵。

你的口袋里现在多半装着钽或铌。和它们元素周期表上的邻居一样，这两种金属密度很大，抗热性能良好，不易生锈，适合储存电力——很适合用来制造小巧的手机。20世纪90年代中期，手机设计师对这两种金属的需求急剧增长，尤其是钽。世界上最大的钽、铌产出国是刚果（金），当时这个国家叫作扎伊尔。刚果（金）位于非洲中部，卢旺达旁边，很多人应该还记得20世纪90年代发生的卢旺达大屠杀。不过应该没人记得，1996年的一天，遭到驱逐的卢旺达胡图族政府逃往刚果寻求庇护。当时看来这不过是卢旺达冲突向西移动了几英里，但现在回顾起来，这无异于将一支火把投入了10年来逐渐堆积起来的种族矛盾的干柴堆。最终，9个国家和200个部族卷入了这场纷争，他们之间各有古老的同盟关系或是悬而未决的矛盾，密集的雨林中，混战爆发了。

不过，如果只有大股军队参加，那刚果冲突可能很快就能平息下来。刚果的面积比阿拉斯加大，人口密度和巴西差不多，但是交通状况比这两个地方都要糟糕，这意味着它并不是一个打持久战的好地方。此外，贫穷的村民没钱出去打仗，除非有现钱拿。现在我们说到关于钽、铌和手机技术的部分了。我没有要责怪谁的意思。战争显然不是手机引发的——而是憎恶与仇恨。不过同样明显的是，资金的流入使得纷争旷日持久地拖了下来。刚果提供了全世界钽、铌供应量的60%，这两种金属共生在一种名为钶钽铁矿的矿石里。随着手机的普及——1991年到2001年，手机销量从零增长到了超过10亿部——西方世界的欲望简直和坦塔罗斯一样饥渴，钶钽铁矿的价格翻了10倍。为手机制造商采购矿石的人既不好奇也不在意矿石到底从哪里来，刚果的矿工也不知道矿石被拿去做了什么，他们只知道，白人花钱买这玩意儿，赚到的钱他们可以拿去支持自己心仪的民兵组织。

奇怪的是，钽和铌引发如此纷争是因为钶钽铁矿的开采实在太没门槛了。曾经一度，狡猾的比利时人控制着刚果的金矿和钻石矿，但没有哪个大型产业集团能垄断钶钽铁矿，开采钶钽铁矿也不需要反铲挖掘机或自卸式卡车。随便哪个平民只要有个好腰板，拿上一把铲子就能从溪流中挖出成磅的矿石（它看起来像是厚厚的泥巴）。花上几小时，农民就能赚到邻居年收入20倍的钞票，所以在利益的驱使下，人们抛弃了农田，拿起了矿铲。刚果本已摇摇欲坠的食品供应陷入混乱，人们开始捕猎大猩猩作为食物，这种动物很快就和非洲野牛一样销声匿迹。不过比起人类的暴行来，大猩猩的消失简直不值一提。资金大量涌入一个无政府状态的国家不是什么好事儿。野蛮的资本主义掌握了话语权，那么所有东西，包括生命都可以待价而沽。戒备森严的巨大"营地"拔地而起，圈禁着被迫卖淫的妇女，大把的赏金扔了出去，引发血腥的杀戮。有一个让人毛骨悚然的传说：为了侮辱敌人，骄傲的胜利者用被害者的内脏拽着尸体，跳舞庆祝胜利。

1998年到2001年，刚果的战争进入了白热化阶段，手机制造商意识到自己正在资助战乱。为自己的声誉着想，他们开始从澳大利亚采购钽和铌，虽然澳洲的价格更贵。刚果稍微平静了一点儿。然而，尽管在2003年，停火协议的正式签署宣布了战争的终结，但刚果东部靠近卢旺达的地区始终没有彻底平静下来。最近，另一种金属锡开始扮演起了战争推动者的角色。2006年，欧盟宣布禁止在消费品中使用含铅焊料，于是许多制造商用锡取代了铅——刚果恰好也有大量的锡。约瑟夫·康拉德曾谴责刚果"毫无廉耻地抢夺资源，玷污人类良心"，直至今天，这个国家也毫无悔改之心。

总而言之，从20世纪90年代中期以来，刚果死于战火的人超过500万，自"二战"以来，这是伤亡人数最多的战争。刚果的战火告诉我们，虽然元素周期表带来过无数振奋人心的元素，但它同时也能使人类天性中最糟糕、最残忍的一面展现出来。

6. 完善周期表……砰的一声

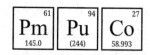

　　超新星播下了太阳系里每一种天然元素的种子，而行星形成时熔融状态下的搅拌确保了这些元素均匀地分布在岩石和土壤中，但是光靠这些过程可没法告诉我们地球上元素的具体分布。超新星最初生成的许多元素已经销声匿迹，因为它们的原子核太脆弱了，很难在自然条件下保存下来。这样的不稳定性让科学家大感惊讶，也在元素周期表上留下了无法解释的空白——和门捷列夫时代不同，现在的科学家不管怎么努力就是没法找到这些元素。最后，当科学家们终于发现了一片新天地，开始自己创造元素的时候，才终于填上了这些空白，也正是在那时，他们才发现这些元素的不稳定性背后潜藏着巨大的危险。原子的制造和破坏让我们知道了原子内部粒子联系的紧密程度超出任何人的想象。

　　故事的开头，让我们回到"一战"爆发前的英国曼彻斯特大学。当时的曼彻斯特优秀科学家云集，其中包括他们的实验室主任欧内斯特·卢瑟福[1]。当时最被看重的学生大概是亨利·莫塞莱。莫塞莱的父亲是一位博物学者，深受查尔斯·达尔文的赞赏。与父亲不同，莫塞莱选择投身物理学。莫塞莱对待实验工作就像为临终之人守夜一样，他可以在实验室里连续工作15个小时，中间只吃一点点水果沙拉和奶酪，仿佛此后再也没有时间干完所有想干的事情似的。和许

---

[1]　欧内斯特·卢瑟福（Ernest Rutherford，1871—1937），英国物理学家、化学家，1908年度诺贝尔化学奖获得者。卢瑟福被公认为20世纪最伟大的实验物理学家，在放射性和原子结构等方面都做出了重大的贡献。他还是最先研究核物理的人，被称为近代原子核物理学之父。

●欧内斯特·卢瑟福，留着标志性的"海象胡"

多天才一样，莫塞莱脾气有点儿古怪，他顽固而保守，明确表示过曼彻斯特的外国人"肮脏的香水味"令人作呕。

不过年轻的莫塞莱才华横溢，足以弥补其他的一切。尽管卢瑟福对他的工作不屑一顾，觉得是浪费时间，可莫塞莱却热衷于用电子束轰击元素，开展研究。他找来了达尔文的孙子（一位物理学家）和他搭档，1913年，他们开始有系统地探查金以下的每种已知元素。正如我们今天知道的，电子束击中原子时会将原子里的电子轰击出来，留下一个洞。电子被原子核吸引，是因为电子和质子电性相反，将电子从原子中分离出来需要很强的力。自然界厌恶真空，所以其他原子蜂拥而来填补空缺，混乱中原子互相撞击，释放出高能X射线。莫塞莱激动地发现了产生的X射线波长与原子核质子数、元素原子序数（元素在周期表中的位置）之间的数学关系。

因为门捷列夫的周期表是在1869年发表的，所以它经历了不少变迁。门捷列夫最初的周期表是横着排列的，后来在别人的建议下才转过来90度。接下来的40年中，化学家们继续对周期表修修补补，增加新的纵列，重新安排元素的位置。与此同时，异常的现象开始轻叩心扉，让人怀疑自己是不是真正地理解了周期表。大多数元素在表中都是按照质量增长排序的，根据这个标准，镍应该排在钴的前面。可是如果按照它们的性质来排列——那么钴就应该在类钴元素上面，镍在类镍元素上面——化学家们就得把它们的位置交换一下。没人知道为什么会是这样，而讨厌的事情还不止这一件。为了绕开这个问题，科学家们创造了原子序数，这个数字只用于表示元素在周期表中的位置，可是没人知道它真正意味着什么。

年仅25岁的莫塞莱解决了这个难题，他把化学问题变成了物理问题。我们必须知道一件事，当时没多少科学家相信原子核的存在。卢瑟福两年前刚刚提出这样的想法，即存在致密、明显带正电的原子核。1913年，它的存在尚未被证实，对于科学家来说，这个想法过于前卫，难以接受。莫塞莱的研究提供了最初的证据。正如卢瑟福的另一位门徒尼尔斯·玻尔回忆说："今天我们不能理解为什么会出现那样的情况，但当时没人把（卢瑟福的研究）当真……莫塞莱改变了这个局面。"因为莫塞莱将元素在周期表中的位置与它的物理特性联系了起来，原子核的正电荷数等于它的原子序数，而且他的实验任何人都可以复现。这证明了元素的排列并非毫无规律，而是根据原子的内部结构依序上升的。钴和镍这样反常的位置突然能讲得通了，因为镍虽然较轻，却拥有更多质子，因此正电荷更多，所以必须列在钴的后面。如果说门捷列夫等人发现了元素的魔方，那莫塞莱解开了这个魔方。莫塞莱之后，科学家们再无必要为看似不合理的情况编造各种解释。

此外，莫塞莱的原子枪像光谱仪一样让周期表变得更加整洁，它剔除了不实的"新元素"，将混乱的放射性元素分门别类，排列整齐。不过，莫塞莱的指尖也摸到了周期表里仅存的4处空白——43号元素、61号元素、72号元素和75号元素。（1913年，比金重的元素还十分珍贵，很难找到适合实验的样品。如果莫塞莱当初能搞到样品，那他还会发现85号、87号和91号元素也是空白。）

不幸的是，当时化学家和物理学家互相怀疑，甚至有一些杰出的化学家怀疑莫塞莱是否真的做出了他所宣称的那么重大的发现。法国的若尔日·于尔班向这位激进分子提出了挑战，他带给莫塞莱一份样品，里面是于特比式的稀土元素混合物。于尔班研究稀土化学已有20年，鉴别样品里的4种元素花费了他数月之久，所以他希望这能难住（或者说羞辱）莫塞莱。两人初次会面后仅一个小时，莫塞莱就给了于尔班正确、完整的元素列表。曾让门捷列夫深感挫败的稀土元素现在变得容易鉴别了。

不过鉴别它们的并不是莫塞莱本人。虽然莫塞莱是核科学的先驱，可是正如普罗米修斯的命运一样，神祇惩罚了这个为后代照亮黑暗的年轻人。"一战"爆发时，莫塞莱加入了英国军队（虽然军方曾劝阻过他），1915年，他参加了命中注定的加里波利之战。一天，土耳其军队突袭英军战线，深入八个方阵后方，战斗演变成了拿刀子、石头和牙齿搏斗的街头斗殴。在这场野蛮的混战中，27岁的莫塞莱陨落了。这场战争中，几位英国诗人也倒在了战场上，越发显出战争给人类带来的只有空虚。这场战争意在终结一切战争，却亲手葬送了亨利·莫塞莱。一位莫塞莱的同行唾弃它终将成为"历史上最丑恶、最不可挽回的罪行之一"。

那些最负盛名的科学家能够献给莫塞莱的最大敬意便是找出所有他曾指出的空缺的元素。的确，莫塞莱极大地启发了元素追寻者。一夜之间，他们就清楚地知道了该追寻什么，元素游猎突然变得流行起来，甚至是过于流行了。很快人们就为谁第一个发现了铪、铼和锝而争执不休。20世纪30年代，有研究小组在实验室里创造出了新元素，填补了85号和87号的空白。到1940年，只剩下一个自然元素尚未被发现，科学家们最后的奖杯——61号元素。

不过，奇怪的是，全世界只有少数几个研究组在寻找61号元素。1942年，意大利物理学家埃米利奥·塞格雷领导的小组试图人工制造出61号元素，而且很可能已经成功了，不过他们尝试了几次都没能把它分离出来，于是宣布放弃。直到7年后，来自田纳西州橡树岭国家实验室的3位科学家在费城的一次科学会议上站了起来，宣布他们对一些废铀矿进行了筛选，发现了61号元素。化学走过了几百年历程，元素周期表上的最后一个空白终于被填上了。

不过，这次宣告并没有重新激发人们的太多热情。三人组表示他们两年前就发现了61号元素，却迟迟没有发布，因为他们的精力都被铀占据了——那才是他们真正的研究方向。媒体对此的报道也不温不火。《纽约时报》上，发现缺失元素的头条和一种很值得怀疑的采矿技术挤在一起，该技术保证可以在100年内连续开采石油。《时代》杂志则把这条消息放在大会圆满结束的新闻后面，还嘲笑这种元素"没什么好的"。然后，3位科学家宣布，他们计划将这种元素命名为钷。20世纪早期发现的元素名字都光彩照人，或者至少有解释的意味，可钷（promethium）——这个名字来自希腊神话里的巨人、因盗火传给人类而受罚被秃鹰啄食肝脏的普罗米修斯（Prometheus）——带来的却是严厉冷酷的感觉，甚至有点儿负罪感。

　　那么，从莫塞莱的时代到61号元素的发现，中间到底发生了什么？为什么在前一个时代，追寻元素的工作如此重要以至于同行将莫塞莱之死称作不可挽回的罪行，而后来它却连报纸上的寥寥几行都差点儿占不上？是的，钷确实没什么用，但在所有人中科学家总会为无用的发现而欢呼。元素周期表的完成具有划时代的意义，耗费数百万工时的研究终于达到了高潮。并不是人们厌倦了寻找新元素——大家仍在你追我赶，冷战期间苏美科学家之间因此爆发了不少争执——而是核科学的天性与宏大改变了局面。人类见过世面了，夹在周期表中间的元素钷再也不能像重元素钚或铀那样让他们欢欣鼓舞，更没法与这二者的后代原子弹相提并论。

　　1939年的一个清晨，加州大学伯克利分校一位年轻的物理学家在学生活动中心的充气理发椅上坐了下来，打算剪个头发。谁知道那天他们聊了些什么——也许是该死的希特勒，也许是扬基队会不会连续第四次拿下世界大赛⁽¹⁾冠军。无论如何，路易斯·阿尔瓦雷茨（当时他还没因为恐龙灭绝理论而扬名）一边聊天，一边翻着《旧金山纪事报》，无意中他发现了一篇报道，内容是奥托·哈恩在德国做的裂变实验——铀原子的裂变。一位朋友回忆说，阿尔瓦雷茨"连头发都没剪完"，他一把扯下剪发的围裙，一路冲回实验室，抓起盖革计数器，直奔放射性铀。顶着剪了一半的头发，阿尔瓦雷茨大声呼喊所有能听到他声音的人来看看，哈恩发现了什么。

这幕情景的确有些好笑，不过阿尔瓦雷茨的奔忙反映了核科学当时的情况。科学家们已经在缓慢但稳定地加深对原子核的理解，不断积累这样那样的小知识——然后，出现了一个划时代的发现，他们发现自己正站在疯狂的边缘。

莫塞莱为原子科学和核科学打下了坚实的基础，20世纪20年代，许多天才涌入了这个领域。不过，事实证明，收获远比期望的更难。莫塞莱要对这样的混乱间接地负部分责任。他的研究证明了铅-204和铅-206这样的同位素拥有相同的净正电荷数，但原子量却不同。在那个人们只知道质子和电子的时代，科学家们自然只能想到一定是原子核中带正电荷的质子像"吃豆子"游戏那样吞掉了带负电荷的电子，这让他们陷入了苦恼。此外，要理解亚原子粒子的行为，科学家们不得不创造出一整套全新的数学工具——量子力学，而如何利用它来解释原子行为，哪怕是简单的孤立氢原子，也花了科学家几年时间。

与此同时，科学家们也在探索相关的放射活动领域，这门科学研究原子核如何分裂。按照以前的观念，每种原子都能流失或窃得电子，但是玛丽·居里和欧内斯特·卢瑟福等天才认识到，某些罕见的元素也能像霰弹一样炸开，改变自己的原子核。卢瑟福做出的重

---

(1) 世界大赛(World Series),美国职业棒球大联盟的年度总冠军赛,从1903年开始举行。

大贡献是把所有"弹片"归入了几种普遍的类别，他按照希腊字母表将它们分别称为 α 衰变、β 衰变和 γ 衰变。γ 衰变最简单也最致命，它也是今天各种核噩梦的源头。放射性活动的其他类型包括从一种元素到另一种的转变，在20世纪20年代，这个转变过程给科学家带来了不少烦恼。每种元素都有特定的放射性，但 α 衰变和 β 衰变总是隐藏得很深，让科学家备感困扰，同时同位素带来的挫败感也日渐增长。"吃豆子"模式行不通，一些冒失鬼提出，只有一条路可以解决新同位素质量增加的问题，那就是抛弃元素周期表。

科学界额头上拍的一巴掌——恍然大悟的时刻——发生在1932年，卢瑟福的另一位学生詹姆斯·查德威克发现了电中性的中子，它不改变原子电量却可以增加原子质量。加上莫塞莱洞悉了原子序数的奥秘，原子（至少是单个孤立原子）突然变得容易理解了。中子的发现意味着铅-204和铅-206都还是铅——它们的原子核带有相同的正电荷数，处于周期表的同一个格子里——虽然它们的原子量不同。放射活动突然也变得容易理解了。β 衰变是中子到质子的转变，反之亦然——质子数发生了变化，因此 β 衰变会使原子变成另一种元素。α 衰变同样会使元素发生变化，而且是核层面最戏剧性的变化——两个质子和两个中子被释放掉了。

接下来的几年中，中子不再只是理论上的工具。首先，它提供了一种探索原子内部的理想方法，因为科学家可以用中子轰击原子，但不会带来电性的改变，如果用带电粒子轰击就不行了。中子也能帮助科学家诱发一种新的放射活动。元素，尤其是较轻的元素，总倾向于让质子数和中子数大致保持1∶1。如果一个原子含有过多中子，它就会分裂，释放出能量和超额中子。如果附近的原子吸收了这些中子，就会变得不稳定，从而吐出更多中子，这个过程叫作链式反应。大约在1933年的一天清晨，一位名叫里奥·西拉德的物理学家站在伦敦的一盏交通灯前，突发奇想，产生了原子核链式反应的主意。1934年，他获得了此项专利，早在1936年，他就着手尝试在一些轻元素中制造出链式反应，不过失败了。

不过，让我们注意一下日期。关于电子、质子和中子的基本理解刚刚成形，旧世界的政治秩序就轰然崩塌。等到阿尔瓦雷茨穿着理发围裙读到铀裂变报道的时候，整个欧洲已经陷入了战火。

与此同时，曾经温文尔雅地搜寻元素的那个旧世界也一去不返了。发现原子内部的新天地后，科学家开始明白过来，元素周期表上那些不明元素之所以还未被发现，是因为它们的性质太不稳定了。即使早期地球上曾经存在大量的这些元素，那它们也早已分崩离析。这顺利地解释了元素周期表上的空白，不过同时也暴露了该理论尚未完善的地方。对不稳定元素的探索不久后就引导科学家发现了原子核裂变及中子链式反应。一旦他们了解到原子可以分裂——科学家同时了解了这件事情的科学含义与政治含义——仅仅为了展示炫耀而搜集新元素立刻就沦为业余爱好者的小嗜好，就像19世纪靠画图来研究的落后生物学与今天的分子生物学相比一样。所以，在1939年这个年份，世界大战正打得一塌糊涂，每个人头上都悬着一颗原子弹，没有哪个科学家再费神去寻找钷，直到10年以后。

不过，虽然科学家对核裂变炸弹出现的可能性非常紧张，但要把这个主意变成现实仍有很多工作要做。今天也许没多少人还记得，但当时的人们，尤其是军事专家，认为原子弹最乐观地看也是个远期计划。"二战"期间，军方领袖一如既往地渴望把科学家拉下水，而科学家也不负所托，利用技术手段（例如提供更好的钢材）把战争变得更加残酷。不过，如果不是美国政府凝聚政治力量，将数十亿美元投资到迄今为止最理论化也最不切实际的领域（而他们现在只会不掏钱就想要更厉害更快捷的武器）——亚原子科技，那么两朵蘑菇云不会拔地而起，战争也不会由此终结。尽管如此，如何用可控的方式分裂原子仍超出了当时的科学水平，曼哈顿计划不得不采取了一套全新的科研策略——蒙特卡罗方法，它颠覆了人们心中"科研"的老概念。

如前所述，分析孤立原子时量子力学发挥得不错，1940年，科学家知道了吸入中子会使原子"反胃"，于是原子会发生爆炸，可能释放出更多中子。追踪一个给定中子的路径很容易，不比追踪连击的台球难。不过启动链式反应需要上兆亿中子，它们以不同的速度朝各个方向运动。科学家们为单个孤立粒子建立的理论工具不适用于这种情况。而且，铀和钚昂贵又危险，显然也不能直接用于实验。

不过，曼哈顿计划的科学家接到命令，必须找出制造炸弹到底需要多少钚和铀：如果太少了，炸弹就会噼噼乱响一阵然后变成哑弹；而如果太多，炸弹倒是也会顺利爆炸，可战争就会长年累月地拖延下去，因为这两种元素都非常复杂，难以提纯（对于钚来说是先合成再提纯）。于是，为了交差，一些实用主义的科学家决定抛弃传统的理论法和实验法，他们率先开辟了第三条道路。

首先，他们随机选出钚堆（或铀堆）里中子运动的某个方向和某个速度，其他参数也是随机数，比如可用的钚的总量、中子在被吸收前就逸出钚堆的概率，甚至钚堆的几何形状。请注意，选取随机特定数据意味着科学家放弃了计算的普适性，因为每次计算的结果只适用于少数中子，但中子模型实际上有许多个。理论科学家讨厌放弃具有普适性的结果，但他们别无选择。

然后，屋子里坐满了拿铅笔的青年妇女（其中很多是科学家的妻子，她们受雇来帮忙，因为她们在洛斯阿拉莫斯[1]都无聊坏了），她们领到一张写着随机数的纸，然后开始计算（有时候她们根本不知道这些数是什么意思）中子如何与钚原子发生碰撞，它是否会被吞噬，过程中如果有中子释放出来，会是多少，接下来又会释放出

(1)　洛斯阿拉莫斯是美国曼哈顿计划的执行地。

多少中子，诸如此类。数百位妇女，每一位都在流水线上做出窄窄的一条计算，然后科学家将计算结果汇总。历史学家乔治·戴森描述说，这个过程就像是"用数字来制造炸弹，一个中子接下一个中子，一纳秒接下一纳秒……（这种方法）通过随机事件取样获得统计上的无限逼近……争分夺秒截取一系列有代表性的切片，以此找出哪种粒子组态将引发热核反应，用其他方法根本不可能计算得出结果"。

有时候某些组态的钚堆经过计算能引发核反应，这被视作成功的一例。计算全部完成后，这位妇女又会接到下一组数据，周而复始。一组，一组，又一组。铆钉工罗茜[1]也许成了"二战"期间妇女被雇用权的文化标志，但如果没有这些妇女亲手算出长长的数据表格，曼哈顿计划就不可能成功。她们后来能够为人所知，多亏了计算机的出现。

不过这种方法为何如此不同？从本质上说，科学家将每次计算当作一次实验，为钚和铀炸弹搜集虚拟的实验数据。他们抛弃了过于谨小慎微、互相印证的理论和实验工作，采用了另一种方法，历史学家直率地将之描述为"打乱秩序……从理论和实验领域借用来虚拟现实，然后把借来的东西融合起来，用得出的结果在常用方法的地图上立刻标出一块无人到过却又无所不在的模糊地带"。

当然，这样的计算最多能符合科学家最初列出的方程，不过这里他们交了点儿好运。量子层面上粒子的活动符合统计学规律，而量子的机制尽管有些离奇、反直觉，却是迄今为止发现的最精确的科学理论。此外，曼哈顿计划进行期间，计算得出的精确值给科学家带来了强大的信心——1945年年中，在新墨西哥进行的"三位一体"核试验获得成功，证明了这样的自信确实有所依据。几周后，广岛上空的铀弹和长崎上空的钚弹干净利落地完成了任务，证明了

---

(1) 铆钉工罗茜（Rosie the Riveter），美国文化象征，代表"二战"期间600万进入制造业工厂工作的女性。

这种基于计算的非常规方法科学上的精确性。

精诚一心的曼哈顿计划结束后，科学家们离开与世隔绝的新墨西哥，四散回到家里，开始反思自己到底干了什么（有人为此自豪，有人却不）。很多人高高兴兴地忘掉了自己在计算室里花费的时光。不过另一些人却念念不忘自己学到的东西，斯塔尼斯拉夫·乌拉姆就是其中的一位。乌拉姆是一位波兰难民，他在新墨西哥的时候花了不少时间玩纸牌，1946年的某一天，他在玩单人纸牌游戏的时候突发奇想，想搞清任意一局获胜的概率。唯一能比纸牌更让乌拉姆入迷的就是琐碎的计算，于是他开始在纸上列概率方程。很快问题就越来越复杂，乌拉姆识时务地放弃了。他觉得还是玩上100局，记录下来赢了多少场，这样的方法更好，够简单。

大多数人，甚至大多数科学家都不会想到这一点，但乌拉姆的100局纸牌刚玩了一半，他就意识到自己的方法从根本上说与科学家们在洛斯阿拉莫斯制造核弹时做的"试验"相同（二者之间的联系很抽象，不过纸牌的顺序和布局类似随机给定的参数，而"计算"就是玩牌）。不久后，乌拉姆和同样爱好计算的朋友约翰·冯·诺伊曼谈起了这件事情，冯·诺伊曼也是欧洲难民，曾为曼哈顿计划工作。乌拉姆和冯·诺伊曼意识到，如果他们能将这种方法推而广之，应用到其他有大量随机变量的情况中，那将是一种非常强力的工具。这样一来，不需要具体分析每一种复杂情况，每一只蝴蝶如何扇动翅膀，只要定义这属于哪种问题，选择合适的随机初始参数，然后咔嚓咔嚓，结果就出来了。与实验不同，结果是不确定的。不过只要计算量够大，他们就对得出的概率有很大自信。

乌拉姆和冯·诺伊曼正好知道，美国工程师正在费城研发"埃尼阿克"（ENIAC）之类的第一代电子计算机。曼哈顿计划中的"计算机"最终采用了手工的打孔卡片系统完成计算，而永不疲劳的埃尼阿克更能胜任乌拉姆和冯·诺伊曼预想中枯燥的重复性计算工作。

从历史的角度来看，概率论的根源可以追溯到贵族的赌场里，不过"蒙特卡罗"这个外号因何而来，没人知道。虽然乌拉姆喜欢吹嘘说这个名字是为了纪念他的一位叔叔，此人经常借钱去赌博，玩的是"地中海公国著名的随机整数发生器（从0到36）"[1]。

无论如何，蒙特卡罗方法迅速流行起来。它摈弃了昂贵的实验，对高质量的蒙特卡罗模拟器的需求推动了早期计算机的发展，计算机变得更快、更高效。反过来说，廉价计算工具的出现也意味着蒙特卡罗式的实验、模拟和模型开始延伸进化学、天文学、物理学等领域，更不用说工程学和股票市场分析。今天，仅仅两代之后，蒙特卡罗方法（以多样的形式）牢牢控制着某些领域，许多年轻科学家甚至没有意识到自己已经彻底离开了传统的理论或实验科学的道路。总而言之，一种临时应急的测量方法——把钚原子和铀原子当成算盘珠子来计算原子核链式反应——成为科研中不可或缺的工具。它不但征服了科学界，还落地生根，与其他方法水乳交融地结合到了一起。

不过，在1949年，这种改变尚未发生。早期，乌拉姆的蒙特卡罗方法主要用于下一代核武器的研制工作。冯·诺伊曼、乌拉姆和同僚会出现在装有计算机的健身房里，神神秘秘地要求运行一些程序，从午夜0点跑到天亮就好。他们在夜深人静中试图研发的武器便是"氢弹"，这种多级式炸弹的威力比第一代核弹大上千倍。氢弹采用钚和铀在液态超重氢中激发类似恒星内部的聚变反应，如果没有电子计算机，整个复杂的反应过程就永远不可能从军方的秘密报告变成发射井里实实在在的武器。历史学家乔治·戴森恰如其分地总结了那10年中技术发展的历程，"计算机带来了炸弹，炸弹又带来了计算机"。

---

[1] 指轮盘赌。

氢弹到底该怎么设计，科学家为此弹精竭虑，1952年，他们终于想出了一个绝妙的主意。那年，太平洋埃内韦塔克环礁的一座岛屿在一次氢弹试验中被抹去了，我们再次看到了蒙特卡罗方法天才却又残忍的一面。不过，在此之前，军事科学家已经在酝酿比氢弹更糟糕的东西了。

原子弹有两种类型。如果一个疯子只想看看成千上万的人死于非命，所有建筑被夷为平地，那他可以继续用传统的单级裂变炸弹。裂变原子弹的制造很容易，巨大的闪爆应该可以满足这个疯子想看大场面的愿望，还有不少赠品，譬如地面上会形成龙卷风，墙壁上会留下受害者烧焦的轮廓。不过如果这个疯子很有耐心，想来点儿阴招，如果他想在每口井里撒尿，每块田地里撒下盐巴，那他会选择用钴-60制成的脏弹。

传统核弹靠热量杀人，脏弹靠的则是 γ 辐射——充满杀机的 γ 射线。γ 射线来自极强的放射性活动，会对人体造成严重灼伤，还会深入骨髓，侵蚀白细胞中的染色体。白细胞受到攻击后，人体可能立即死亡，也可能产生恶性肿瘤，还可能恶性增生，最后就像得了巨人症的人一样变得畸形，失去对抗感染的能力。所有核弹都会产生辐射，但脏弹的杀伤力几乎全部来自辐射。

对于某些炸弹来说，引发地方性白血病也是小菜一碟。1950年，曼哈顿计划中另一位欧洲难民里奥·西拉德——这位物理学家后来痛悔自己在1933年想出了可自我持续的原子核链式反应这个主意——明智冷静地计算出，如果在每平方英里土地上撒下十分之一盎司（约2.8克）钴-60，产生的 γ 射线就足以抹去全部人类，遮蔽太阳的云层曾让恐龙灭绝，今天的核武器可以做到同样的事情。他设计的装置带有多级弹头，用钴-59制成的壳包裹。钚的裂变反应将引发氢聚变，反应一旦开始，钴壳和其他东西显然立刻就会被抹去。不过在原子层面的反应发生之前，钴壳会一直保护内部的装置。聚变发生后，钴原子吸收裂变和聚变释放的中子，这一步叫"撒盐"。撒盐过程将稳定的钴-59转化为不稳定的钴-60，然后钴-60像灰尘般飘散开来。

有很多元素会放出γ射线，不过钴有点儿与众不同。对付常规的第一代核弹，人们可以在地下掩体里安心等待，因为这种核弹的放射尘会立刻释放出γ射线，然后就没什么危害了。1945年被轰炸后，广岛和长崎勉强还算可以居住。其他吸收了多余中子的元素就像是酒吧里再来一杯的酒鬼——他们总有一天会喝到吐，不过不会吐上很长时间。这种情况下，最初的爆炸之后，辐射水平不会再升得很高。

钴弹中庸得有点儿过分了，这个反例告诉我们有时候中庸的是最糟糕的。钴-60原子会像小地雷一样埋在土里。部分原子会立即衰变，放出的射线足以逼得你必须逃离，但5年之后，仍有半数钴原子带有放射性。它会稳定地释放出γ射线脉冲，这意味着你不可能等上一会儿就好了，又不能忍着。整块区域恢复正常需要花费一辈子的时间，实际上这使得钴弹不太像是一种战争中的武器，因为军队即便征服了敌人，也没法占据这块领土。不过，只想把所到之处烧成焦土的疯子大概不会有这方面的困扰。

为了良心的安宁，西拉德希望他的脏弹——第一种"末日武器"——永远不要被制造出来，也的确没有哪个国家（至少据公众所知）尝试过制造脏弹。事实上，西拉德召唤出这个魔鬼是为了告诉人们核战争到底有多么疯狂，但人们注意到的却是脏弹。比如说，在电影《奇爱博士》中，苏联就有钴弹。在西拉德之前，核武器的确可怕，但还没到带来世界末日的程度。他谦逊地提议说，希望人们能够更了解核武器，最终放弃它。这太难了。钚元素被发现后不久，苏联也有了核弹。不久后，美国和苏联达成了MAD（相互确保毁灭）准则，这个准则虽然不那么让人放心，不过名字倒是恰如其分——它的核心思想是，无论结果如何，一旦核战爆发，没有谁会是赢家。作为一种准则，MAD虽然有点儿蠢，但的确阻止了人们将核武器作为战略武器而部署的行动。核大战没有爆发，紧张的国际局势陷入僵局，冷战来了——这场冷战对我们的社会影响如此深远，就连单纯的元素周期表都没能逃离它的阴影。

7. 在冷战中扩展周期表

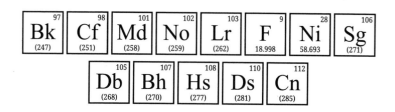

1950年，一则有趣的消息出现在《纽约客》的八卦栏目《城事》中：

　　今时今日，新元素的出现总是带给人们惊喜，如果还不是三天两头的惊吓的话。加州大学伯克利分校的科学家发现了97号和98号元素，并将它们分别命名为锫和锎……这样的名字让我们恍然大悟，他们实在太缺乏公关方面的远见了……毫无疑问，加州忙碌的科学家们总有一天还会发现一两种新元素，可他们……已经永远失去了在元素周期表上名垂千古的机会，他们完全可以将这些元素命名为钛（97）、锷（98）、铜（99）和锷（100）。[1]

为了不落下风，伯克利以格伦·西博格和阿伯特·吉奥索为首的科学家们回应说，他们取的名字其实很有远见，因为"如果我们把97和98号元素叫作'钛'和'锷'了，那万一有位纽约客发现了99和100号元素，起个名字叫'钅牛''钓'可怎么办"。

---

[1] 这是一个字谜笑话，锫的英文为berkelium，源于"伯克利"，锎（californium）则源于"加里福利亚"，专栏作者开玩笑说科学家完全可以把周期表上连续的4种元素拼成"伯克利加州大学"（University of California at Berkeley），钛英文为universitium，锷英文为ofium，都是专栏作者杜撰的元素名。后文的钅牛为newium，钓为yorkium。

《纽约客》回答："我们已经建了个实验室找'铢''钓'了！不过目前为止找到的还只有这两个名字。"

唇枪舌剑说得有趣，对于伯克利的科学家来说，那也的确是段有趣的岁月。从亿万年前超新星创造出太阳系里的一切以后，他们第一次创造出了全新的元素。真见鬼，他们干得比超新星还棒，自然界共有92种元素，他们却搞出了新的。没人（至少他们中没有哪个）能预见到创造的过程到底多么艰难，不久后就连给新元素起名字都变得艰难起来——这一切都是冷战造成的。

据说格伦·西博格是有史以来《名人录》中条目最长的人：著名的伯克利教务长；诺贝尔化学奖获得者；太平洋十校运动联盟共同创始人；肯尼迪、约翰逊、尼克松、卡特、里根、布什（乔治·H. W. 布什）等多位总统的顾问，负责提供原子能和核武器竞赛方面的咨询意见；曼哈顿计划领导者……不过，西博格的第一个重大科学发现，那个推动了他走向更多辉煌的发现，却完全是撞大运。

1940年，西博格的同事兼好友埃德温·麦克米伦创造出了第一种铀之后的元素，从此声名鹊起。麦克米伦将这种元素命名为镎，源于海王星（Neptune），因为铀的名字来自天王星。麦克米伦渴望再进一步，他认识到93号元素非常不稳定，也许会再抛弃一个电子，衰变成94号元素。麦克米伦热情地投入了寻找下一种元素的工作，他经常和年轻的西博格——西博格当时28岁，骨瘦如柴，他生于密歇根，在一个说瑞典语的移民社区里长大——交流工作进展，他们连在健身房里冲凉时都在讨论技术问题。

不过在1940年，除了新元素，还有许多别的事儿要干。美国决定加入"二战"，共同对付轴心国（虽然当时只是秘密参战），于是政府立即开始网罗科学明星研究雷达之类的军事项目，麦克米伦也受到了征募。当时的西博格还没那么出名，所以没被挑走，他发现自己孤零零地留在了伯克利，身边是麦克米伦的实验设备，脑子里也装满了麦克米伦已经计划好的研究步骤。西博格觉得一举成名的机会大概就这一次了，于是他和一位同事一起，匆匆忙忙地攒了点儿93号元素样品。他们让镎产生衰变，然后除去多余的镎，提纯放射性样品，最后只留下一点点成品。他们用一种强力的化学药剂将剩下的样品原子中的电子一个个除去，最后这种原子的带电量（+7）超过了任何一种已知元素，它必然是94号元素。94号元素一出现就显得十分特别。科学家们继续向太阳系边缘迈进——同时他们相信这是能够人工合成出来的最后一种元素——将它命名为钚[1]。

西博格一举成名，1942年，他应征前往芝加哥，为曼哈顿计划的一个分支项目工作。去芝加哥的时候，他带着学生一起，同行的还有一位技术人员，某种程度上说这是个超级管家，他的名字叫阿伯特·吉奥索。吉奥索的性格和西博格恰恰相反。照片里的西博格永远穿着西装，哪怕在实验室里也不例外，可吉奥索一穿上正装就浑身难受，他觉得穿个开襟毛衣再把衬衣第一颗扣子解开要舒服得多。吉奥索戴着厚厚的黑框眼镜，头发梳得油亮，鼻子和下巴突出，有点儿像尼克松。和西博格不一样的还有，吉奥索对保守的当权派火气很大（他肯定不会喜欢被比作尼克松）。吉奥索一生中最高学位只有学士，因为他有点儿孩子气，不想强迫自己继续上学。不过这丝毫没有影响到他的自傲，他跟着西博格去芝加哥是因为厌倦了在伯克利没完没了地给放射性探测器接线。不过，他一到地头，西博格立刻给他找了活儿干——给放射性探测器接线。

虽然性格如此大相径庭，不过这两个人却很合得来。战后他们一起返回伯克利（他们都很喜欢这所学校），开始制造重元素，用《纽约客》的话来形容，"希望有惊喜，而不是三天两头的惊吓"。曾

---

[1] 钚的名字来自冥王星Pluto。

有作家把19世纪发现新元素的化学家比作高明的猎手，他们每捕获一种不为人知的元素都会让热爱化学的大众激动不已。按照这种讨人喜欢的描述，吉奥索和西博格就是握着口径最大猎象枪的最高明的猎手，他们是化学界的欧内斯特·海明威与西奥多·罗斯福[1]——他们发现的元素比谁都多，将元素周期表扩展了差不多六分之一。

西博格和吉奥索的合作始于1946年，他们二人和同事一起，开始用放射性粒子轰击脆弱的钚。这回他们用的不是中子束，而是 α 粒子，这种粒子由两个质子和两个中子组成。作为一种带电粒子，α 粒子很容易被鼻子前面的"兔子"——带有相反电性的装置——吸引，所以比起顽固的中子来，它更容易达到高速。此外，使用 α 粒子轰击钚，伯克利小组轰一次就得到了两种新元素，因为96号元素（钚有94个质子，加上2个就是96）会释放出一个质子，衰变成95号元素。

作为95号和96号元素的发现者，西博格-吉奥索小组获得了为它们命名的权利（这个非正式的传统不久后引发了一场混战）。他们选择了"镅"（来自"美国"）和锔（来自"玛丽·居里"）。西博格一反平日的古板，他发布新元素的地方不是科学期刊，而是儿童广播节目《宝贝问答》。一个早熟的小家伙问西博格先生最近有没有（哈哈）发现什么新元素，西博格回答，还真有，而且他向在家听广播的孩子们提出建议，让他们告诉老师把旧的元素周期表扔掉。"根据我后来收到的小听众来信，"西博格在自传中回忆说，"他们的老师相当多疑。"

伯克利小组继续用 α 粒子轰击元素，正如前面所说的，1949年，他们发现了锫和锎。科学家们很为这两个名字骄傲，也希望得到一点儿鼓励，于是他们在庆祝时拨通了伯克利市长办公室的电话。

---

[1] 著名作家海明威和美国总统老罗斯福都以爱好打猎闻名。

办公室里的工作人员听完后打了个哈欠——无论是工作人员还是市长本人都不觉得元素周期表有什么大不了的。这座城市的麻木让吉奥索感到沮丧。在遭受市长的冷遇之前，他就曾提议将97号元素命名为锫，化学符号为Bm，因为这个元素太难发现了，简直是个"臭家伙"[1]。不过在此之后，想到这个国家所有调皮的孩子都会在学校里看见伯克利以"Bm"的形式出现在元素周期表上然后哈哈大笑，吉奥索大概会很开心（不幸的是，他的提议被否决了，锫的符号最终被确定为Bk）。

加州大学伯克利分校的科学家们没有被市长的冷淡吓退，他们继续在元素周期表上增加更多内容，为学校印制表格的商人肯定非常开心，因为又可以换掉过时的周期表了。1952年，研究组在氢弹试验后有放射性的珊瑚中发现了99号和100号元素——锿和镄。不过，他们辉煌的巅峰是101号元素的诞生。

随着质子数的增加，元素越来越脆弱，所以科学家很难制造出足够大的样品，能做成靶子用 α 粒子轰击。如果要用锿（99号元素）制造101号元素，跳过中间的100号元素，那么要搞到哪怕是刚够开始考虑这件事情的锿，也需要轰击3年的钚。而整个过程是货真价实的鲁布·戈登堡式机器[2]，这才只是第一步。每一次尝试制造101号元素，科学家都要把几乎看不见的一点点锿放在金箔上，然后用 α 粒子轰击。然后，必须将被激发的金箔溶解掉，因为它的放射性会干扰对新元素的探测。此前寻找新元素的实验中，到了这一步以后，科学家就把样品倒入试管，观察哪些东西会与它反应，寻找周期表上性质与此相似的元素。不过，对于101号元素来说，科学家们手里没有足够用来实验的原子。因此，研究组不得不采用"追认"

---

(1) 英文中"排便"拼作 bowel movement，可简写为 bm。
(2) 鲁布·戈登堡（Rube Goldberg）是20世纪中叶美国著名漫画家，经常画复杂步骤得出简单结果的设备，譬如经过十多道齿轮、杠杆最终敲碎一个鸡蛋。

的方法来鉴别，观察每个原子崩裂后剩下了什么东西——就像将爆炸后的车辆残骸拼凑起来。

这种法医式的方式确实可行——可是用 α 粒子轰击这一步只有一个实验室能做，而探测工作只有另一个实验室能做，二者之间相距好几英里。所以，每次实验，在金箔溶解时，吉奥索就在他的大众车外边等着，发动机点火，随时准备将样品送去另一个实验室里。这一步总是在午夜进行，因为如果遇上了交通堵塞，那样品可能就会在吉奥索开车过去的途中发生放射性衰变，所有努力就打了水漂。抵达第二个实验室后，吉奥索冲上楼梯，在把样品送进最新式的探测器之前，还得对它进行一次快速的提纯，这台探测器也是吉奥索亲手接的线——现在他为这些探测器感到骄傲了，因为它们是全世界最精密的重元素实验室里最关键的设备。

研究小组锲而不舍地工作，1955年2月的一天晚上，他们的努力得到了回报。吉奥索仿佛对此有所预感，他提前把放射性探测器的电线接到了整幢大楼的火警上，当它终于找到一个正在爆炸的101号原子时，警铃大作。当天晚上火警又拉响了16次，每响一次，聚在一起的小组成员就欢呼一次。黎明时分，所有人都满身疲惫却又满心欢喜地回家了。可是吉奥索忘记了把火警上的电线拆掉，所以第二天早上，落在后面的101号原子最后一次敲响警铃时，大楼里的人都吓了一跳。

研究组所在的城市、州和国家都已登上了元素周期表，所以这次他们建议以德米特里·门捷列夫的名字来命名101号元素——钔。从科学的角度来说，这顺理成章，可是从外交的角度来说，在冷战期间纪念一位俄国科学家实在有点儿大胆，而且也不被大众所理解（至少美国民众不太理解，据说苏联领袖赫鲁晓夫倒是很喜欢这个名字）。不过，西博格、吉奥索和同事们希望让人们看到，科学的地位远超卑微的政治，而且在当时，为什么不呢？他们有资本这么大方。

西博格很快就要离开伯克利进入肯尼迪的卡米洛特宫[1]，在阿伯特·吉奥索的指引下，伯克利实验室仍将一路高歌向前。当时，他们的实验室将世界上所有核实验室远远甩在后面，别人只有替他们复验数据的份儿。只有一次，瑞士的另一家实验室宣布自己抢在伯克利之前创造了102号元素，可是伯克利很快粉碎了这个宣告。恰恰相反，伯克利实验室在20世纪60年代发现了102号元素锘（以阿尔弗雷德·诺贝尔命名。诺贝尔发明了炸药，诺贝尔奖也是他创立的），还有103号元素铹（以伯克利放射性实验室的创建者兼主任欧内斯特·劳伦斯命名）。

接下来，1964年，出现了第二次斯普特尼克危机[2]。

一些俄罗斯人相信他们自己的创世神话。故事是这样的，遥远

●劳伦斯（右）和同事在粒子加速器前

---

(1) 卡米洛特宫（Camelot），传说中英国亚瑟王的王宫，后来被比作美国总统肯尼迪的决策圈。

(2) 斯普特尼克（Sputnik）是苏联发射的第一颗人造卫星的名字，也是人类首次发射成功的人造卫星。1957年，冷战正酣，苏联抢先发射卫星在美国国内引发了一系列连锁反应。

的过去，上帝在地面上行走，怀抱着所有矿物，以保证它们在地面上均匀分布。开始时，一切正常。钽放在这里，铀放在那里，井井有条。可是上帝走到西伯利亚的时候，手指冻僵了，于是所有金属都掉到了地上。上帝的手冻坏了，没法再把它们捡起来，所以他厌恶地留下这摊东西离开了。俄罗斯人自夸说，这个故事解释了俄罗斯的矿产为何如此丰富。

虽然俄罗斯矿产的确富饶，但周期表上完全没用的元素他们只有两种——钌和铯，比起瑞典、德国和法国来实在是少得可怜。除了门捷列夫，俄罗斯的顶尖科学家也同样屈指可数，至少比起欧洲平均水平来不值一提。出于各种原因——沙皇的残暴统治，农业为主的经济，糟糕的教育，严酷的天气——俄罗斯就是没能哺育出与自己的面积和地位相匹配的科学天才。他们就连最基本的科技都一塌糊涂，例如历法。直到20世纪初，俄罗斯仍在使用尤里乌斯·恺撒时代的占星家制定的历法，这套历法系统不准，所以他们的日期比欧洲现代公历晚了好几周。这样的延迟解释了1917年弗拉基米尔·列宁领导的"十月革命"为何实际发生在11月。

革命成功了，俄罗斯发生了翻天覆地的变化，苏维埃政府相信在新的制度下人人平等，科学家将享有优先权。在列宁的领导下，科学家埋头工作，绝不会受到政治的干扰，在国家的全力支持下，一些世界级的科学家涌现出来。让科学家心情愉快固然重要，项目经费也是很重要的激励手段。在苏联，哪怕是中等的科学家也有充足的资金，国外同行由此希望（这样的希望又让他们深信不疑）总会有一个强大的政府意识到他们的重要性。甚至在20世纪50年代初麦卡锡主义盛行的美国，科学家们仍经常深情凝望着苏联，因为那里的科学家有充足的物质资源。

事实上，有一些组织（例如1958年成立的右翼组织约翰·伯奇协会）觉得苏联人一定是在利用科学搞阴谋。他们强烈批评在自来水中加氟化物（氟离子）来预防龋齿的措施。和碘盐一样，氟化水是有史以来最廉价、最有效的公众健康措施之一，它使得许多人能和自己的牙齿一起走到生命的终点，这在历史上还是头一回。不过对于伯奇分子来说，在水里加氟和性教育以及其他"肮脏的阴谋"一样，都是为了控制美国人的头脑，它们是一座装满哈哈镜的房子，会把本地负责自来水的官员和健康教师统统引向克里姆林宫。大部分美国科学家怀着憎恶的心情看着约翰·伯奇协会反科学的大肆宣传，与此相比，给苏联戴上"亲科学"的桂冠似乎理所应当。

不过，在欣欣向荣的表象之下，苏联的科学正在走进危机。1929年，约瑟夫·斯大林成为苏联的领导人，他对科学的看法很古怪。斯大林将科学划分为"资产阶级科学"和"无产阶级科学"，然后惩罚钻研"资产阶级科学"的人。几十年中，苏联的农业科研项目都由被称为"赤脚科学家"的特罗菲姆·李森科领导。斯大林简直是爱上了李森科，因为后者公开反对所有生物包括庄稼都会从父母身上继承特征和基因的说法。李森科宣称只有正确的社会环境才最重要（甚至对于庄稼来说也是这样），所以苏维埃环境比资本主义环境更有利于猪的生长。他还尽己所能，宣布基于基因的生物学是"非法的"，并逮捕或处决一切异议者。不知道为什么，李森科主义没能让粮食增产，集体主义农庄里数百万被迫采用了他的法子的农民只得忍饥挨饿。饥荒中，一位杰出的英国遗传学者悲观地说，李森科"对遗传学和植物生理学的基本规则一窍不通……和他说话就像是跟一个连乘法表都看不懂的人讲微积分"。

与此同时，大批科学家被集中起来，强迫性地为政府工作。许多科学家被送往一家臭名昭著的镍工厂兼监狱，那个地方在西伯利亚的诺里尔斯克，气温经常掉到-62℃。诺里尔斯克最初是一个镍矿，可是这地方永远弥漫着柴油机喷出的硫黄味儿。科学家在这里劳作，被迫提炼一系列有毒金属，包括砷、铅和镉。这里污染遍地，天空污浊，雪有时候是粉红色，有时候是蓝色，取决于上面正在催着要哪种重金属。如果哪种金属都要，那雪就是黑色的（黑色的雪直至今天仍偶尔出现）。最让人毛骨悚然的是，据报道，直到现在，有毒的镍熔炉方圆30英里（约48千米）内仍没有一棵树能长大。俄罗斯人有自己的黑色幽默，当地有个笑话，说诺里尔斯克的乞丐都不跟人讨硬币，他们只要接一杯雨水，把水蒸发掉，杯子里剩下的金属就能卖钱。先不谈笑话，几乎整整一代的苏联科学家将生命浪掷在了诺里尔斯克，为祖国工业提取镍和其他金属。

斯大林不相信一些违反直觉的科学，比如量子力学和相对论。直至1949年，他还在考虑清算一些物理学家，因为他们不肯抛弃量子力学和相对论。而且，和其他科学领域不同，斯大林从来就没有认真考虑过要净化物理学。因为物理学和武器研究有所重叠，而且物理学从不在人类本性这种问题上发表意见，所以这个时期的物理学家逃脱了生物学家、心理学家和经济学家在当时受到的待遇。

苏联的核武器项目的领头人是核科学家格奥尔基·弗廖罗夫。在他最著名的照片中，弗廖罗夫看起来像个滑稽剧演员：他的脸上挂着假笑，从前额到头顶都光秃秃的，有点儿超重，眉毛像毛毛虫一样，系着一条丑陋的条纹领带——像是那种会在翻领里别一枝喷湿的康乃馨的人。

这副傻相很好地掩护了他的心机。1942年，弗廖罗夫注意到，虽然近年来德国和美国科学家在铀裂变领域取得了巨大的进展，但科学期刊却不再继续刊登这方面的文章了。他由此推断裂变研究已经成了国家机密——这只可能意味着一件事情。弗廖罗夫给斯大林写了一封信，告诉对方他的疑虑，内容和爱因斯坦写给富兰克林·罗斯福建议启动曼哈顿计划那封著名的信件如出一辙。斯大林恍然大悟，意识到此事的重要性，他召集数十位物理学家，启动了苏联自己的原子弹计划。不过"约大叔"[1]并未让弗廖罗夫参与到项目中，同时永远记住了他的贡献。

今时今日，我们很容易带着恶意去评价弗廖罗夫，给他贴上"李森科二号"的标签。如果弗廖罗夫当初保持沉默，那在1945年8月以前，斯大林也许一直都不会知道核弹这回事。弗廖罗夫的例子也许能为俄罗斯缺乏科学天才的境况做出另一种可能的解释：他们的文化鼓励谄媚，而谄媚与科学格格不入。（在门捷列夫那个时代，1878年，一位俄罗斯地质学家将一种含有62号元素的矿石命名为钐，这个名字来自他的上司萨玛斯基上校——一个微不足道的矿务官员，这种元素轻而易举地夺得了周期表上名字来源最卑微的桂冠。）

不过弗廖罗夫的案例其实不那么黑白分明。在那之前，他见过了许多同行的生命无意义地浪掷。1942年，29岁的弗廖罗夫胸怀远大的科学抱负，而且他很清楚自己的野心。身处当时的环境之中，他明白爬上去的唯一希望是靠政治。弗廖罗夫的那封信确实起了作用。1949年，苏联自己的核弹试爆成功，斯大林及继任者兴奋不已，于是在时隔8年之后，官方赐给了弗廖罗夫同志一个属于他自己的实验室。实验室位于杜布纳市，离莫斯科有8英里（约13千米），远离政治的干扰。对于这个年轻人来说，他做的事情或许在道德上有所争议，但仍是可以理解的。

在杜布纳，弗廖罗夫明智地选择了"黑板科学"——他的研究方向十分体面，可是却十分深奥，难以向外行解释清楚；与此同时，也不太可能会惹到那些思想狭隘一心扑在意识形态上的人。到了20世纪60年代，多亏了伯克利实验室，寻找新元素的工作已经从数个世纪以来的样子——那时候你必须在各种未知岩石中翻查，把手搞得脏兮兮的——变成了一种理论化的追求，元素只"存在"于由计

---

(1) 因为斯大林的名字叫约瑟夫，所以美国人调侃地称他为约大叔（Papa Joe）。

算机控制的放射性探测器的输出结果中（或者是火警铃声中）。人们甚至不再用 α 粒子轰击重元素了，因为重元素存在的时间非常短，根本来不及这么做。

取而代之的是，科学家们开始挖掘元素周期表更深处的秘密，试图把一些较轻的元素聚合起来。表面上看，这些研究项目完全就是数学计算。比如说102号元素，理论上说可以用镁（12号）和钍（90号）或是钒（23号）和金（79号）来合成。不过，可以黏合起来的组合很少，所以科学家不得不投入大量时间，计算哪对元素值得投入金钱和精力。弗廖罗夫和同事们工作得很卖力，他们借鉴了伯克利实验室的技术。20世纪50年代末，苏联终于摆脱了物理学一潭死水的局面，一大半都是弗廖罗夫的功劳。西博格和吉奥索领导的伯克利实验室抢先找到了101、102和103号元素，不过1964年，也就是第一次斯普特尼克危机7年之后，杜布纳小组宣布他们首次制造出了104号元素。

让我们回到锆和钢的故乡。伯克利小组大吃一惊，然后便是愤怒，他们的自尊受到了伤害。伯克利小组检查了苏联的实验结果，然后不出所料，他们指责苏联的实验结果很不成熟，漏洞百出。与此同时，伯克利人开始自己动手试制104号元素——研究小组由吉奥索领导，西博格担任顾问，1969年，他们成功了。不过到那时候，杜布纳人已经拿下了105号元素。伯克利人再次迎头直追，他们坚持说苏联的数据一定不对——这样的侮辱无异于一颗燃烧弹。1974年，两个小组都制出了106号元素，前后相差仅几个月，到这时候，给钌起名那会儿两国之间摈弃隔阂的氛围早已烟消云散。

为了给取得的成果敲砖钉脚，两个小组都开始给"自己的"元素起名字。名单十分沉闷冗长，不过有趣的是，杜布纳小组效仿锆的先例，将一种元素命名为𨧀。伯克利小组则把奥托·哈恩的名字给了105号元素，又在吉奥索的坚持下用格伦·西博格——一位仍在世的人——的名字命名106号元素，这"不合法"，但美国人选择了用这种方式刺激对手。纵观世界，元素命名之争开始出现在学术期刊上，印制元素周期表的厂家也被搞得无所适从。

让人吃惊的是，这样的争论一直延续到了20世纪90年代，好像还嫌不够乱似的，联邦德国的一个小组在美苏之间横插一脚，宣布了自己给这些元素起的名字。最后，权威组织国际理论化学与应用化学联合会（International Union of Pure and Applied Chemistry，IUPAC）不得不插手仲裁。

IUPAC派出了9位科学家，他们在各个实验室里待了几周，查看原始数据，顺便听这些人互相指责，含沙射影。然后9位科学家组成的审理委员会再回来碰头讨论了几周，最后，他们宣布，冷战中的老对头必须携起手来，共享发现元素的荣耀。这个所罗门式[1]的解决方案谁都不满意：一种元素只能叫一个名字，周期表里的格子才是真正的奖品。

1995年，9位智者终于宣布了104—109号元素的临时官方名称。杜布纳和达姆施塔特（联邦德国研究组所在地）很满意这个折中方案，但伯克利小组发现名单上的镭不见了，于是勃然大怒。他们召开了新闻发布会，大致表达了这样的观点："你们下地狱去吧！我们美国人自己叫自己的。"一个强势的美国化学组织全力支持伯克利，他们出版的学术期刊声望卓著，全世界的化学家都很希望在上面发表文章。于是情况发生了逆转，九人委员会妥协了。1996年，最终版的名单出炉了，不管你喜不喜欢，里面的106号元素被命名为镭（来自西博格的名字），还有其他现在出现在周期表里的正式名称：钅卢（104），钅钅（105），钅波（107），钅黑（108）和钅麦（109）。斗争胜利后，出于公关上的远见（《纽约客》曾嘲笑过他们缺乏这样

---

(1) 意指和稀泥。

的远见），伯克利小组让脸上长满老年斑的西博格站在一张巨大的元素周期表旁边，虬曲的手指基本上算是指着表上的镭，然后拍了一张照片。这场元素之争开始于32年前，延续的时间比冷战还长，西博格脸上甜蜜的笑容宣告了它的终结。3年后，西博格去世了。

但这样的故事还未彻底结束。20世纪90年代，伯克利锐气不再，落到了俄罗斯和德国同行的后面。德国人的成就尤其引人注目，1994年到1996年，仅仅两年间，他们以惊人的效率陆续创造了110号元素鐽（Ds），名字来自他们的故乡；111号元素铖（Rg），得名于伟大的德国科学家威廉·伦琴。2009年6月，最后一个填入周期表里的112号元素鎶（Cn）也是德国人找到的。德国人的成功无疑解释了伯克利为什么会坚持捍卫自己过去的荣光，因为他们的未来不容乐观。不过，伯克利不甘寂寞，1996年，他们从德国挖来

●在与苏联和联邦德国科学家争吵了几十年后，心满意足但身体虚弱的西博格指着与他同名的106号元素，这是唯一一个以活着的人命名的元素（NRC）

了年轻的保加利亚人维克托·尼诺夫——此人曾参与过110号元素和112号元素的研究工作——好让曾经辉煌过的伯克利项目重整旗鼓。尼诺夫的到来甚至惊动了半退休的阿伯特·吉奥索（"尼诺夫和我年轻时候差不多。"——吉奥索喜欢这么说），不久后伯克利实验室的前景又变得乐观起来。

为了重现往日的光荣，1999年，尼诺夫小组着手进行一个有争议的实验，实验指导方针是一位波兰理论物理学家提出的，他计算得出，用氪（36号元素）轰击铅（82号元素）也许能制造出118号元素。很多人说这完全是一派胡言，但尼诺夫决定完成这个实验，以此征服美国，正如他曾征服过德国一样。到这时候，创造元素已经不再是赌博式的碰运气，而是一种经年累月烧钱的活计，但氪实验出人意料地成功了。科学家们开玩笑说："维克托肯定是直接跟上帝谈好了。"最棒的是，118号元素立刻发生了衰变，放出一个α粒子，然后变成了116号元素，又一种新元素，完全就是一箭双雕！流言很快就在伯克利的校园里传开了，研究组大概会用老阿伯特·吉奥索的名字来命名118号元素——"锆"。

不过，俄国人和德国人试图复现实验，验证伯克利的结果，但他们没发现118号元素，只有氪和铅。也许他们是故意的，所以伯克利小组自己重新试了一遍。但经过几个月的检查，他们也一无所获。这太奇怪了，于是伯克利方面的管理机构插手进来，他们复查了118号元素的原始数据档案，发现了蹊跷：根本没有数据。完全没有任何118号元素存在的证据，然后在后面的一轮数据分析中，"结果"突然就从0和1的混沌中蹦了出来。所有迹象都表明维克托·尼诺夫——他控制着最重要的放射性探测器，对应的计算机软件也在他掌握中——在数据档案中插入了伪造的阳性结果，然后冒充成真的。人们从来没有预见到用这种高深的方式扩展元素周期表还会有这样的危险——既然元素只存在于计算机里，那只要黑掉计算机，就能愚弄整个世界。

简直是奇耻大辱，伯克利撤销了对118号元素的声明。尼诺夫被炒了鱿鱼，伯克利实验室的预算也遭到了大幅削减，元气大伤。直到今天，尼诺夫仍否认自己伪造了数据——但是他曾待过的德国实验室复验了他以前的实验，检查了老的数据档案之后，德国人也撤销了尼诺夫的部分（虽然不是全部）发现，这简直就是宣判了他的罪行。还有更糟的，美国科学家沦落到跑去杜布纳研究重元素。2006年，杜布纳的国际研究小组宣布，他们用1019个钙原子轰击锎靶，得到了3个118号元素的原子。当然，这次宣告也受到了质疑，不过如果他们能通过考验——没有任何理由让人觉得他们通不过——这个发现将彻底抹杀周期表上出现"锆"的可能性。因为是俄国人的实验室找到了118号元素，那就是俄国人说了算，据说他们比较喜欢"铁"[(1)]这个名字。

---

(1) 铁（flyorium），来源于弗廖罗夫（Flyorov）。

第三部分

周期之惑：疑难初现

8. 从物理学到生物学

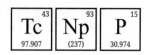

在格伦·西博格和阿伯特·吉奥索的引领下，对未知元素的追寻上升到了更精密的层面，但在开拓周期表新天地的道路上，他们却并不孤单。事实上，1960年，《时代》杂志将15位美国科学家评选为"年度人物"时，他们青睐的重量级科学家不是西博格也不是吉奥索，而是年代更早的一位元素匠人。他曾逮住了整个周期表上最狡猾也最难捉摸的元素，那时候西博格还在学校里念研究生，他便是埃米利奥·塞格雷。

●埃米利奥·塞格雷

为了体现未来主义风范，当期《时代》杂志封面上画了一个小小的、搏动的红色原子核。原子核周围围绕的不是电子，而是15张大头照，照片里的人看起来朴素而拘谨，这样的气质对于偷偷嘲笑过学校年鉴上老师照片的人来说都很熟悉。入选的科学家里有遗传学家、天文学家、激光技术先驱、癌症研究者，还有爱嫉妒的半导体科学家兼未来的优生学家威廉·肖克利（即便是在这期杂志上，肖克利也按捺不住，大谈他的人种理论）。虽然照片看起来有点儿像班级集体照，但这期杂志可谓群星云集，《时代》杂志正是借此炫耀美国一跃成为国际科学界的霸主。在诺贝尔奖创立后的前40年里，到1940年为止，美国科学家15次获得诺贝尔奖；而在接下来的20年里，他们获得了42次诺贝尔奖。

塞格雷——他是一位犹太侨民，他的出现也反映了"二战"难民给美国科学界带来的巨大助力——当时55岁，在《时代》遴选的15位科学家中算是年长的。他的照片出现在封面左上角，右下方是另一位和他年纪差不多的科学家——59岁的莱纳斯·鲍林。塞格雷和鲍林改变了元素周期表化学，他们两人虽然不算密友，却经常交流，畅谈两人都感兴趣的话题。塞格雷曾写信给鲍林，就放射性铍的实验征求意见；不久后鲍林也询问过塞格雷87号元素（钫）的临时名称，因为塞格雷是87号元素的共同发现者，而鲍林正在给《大英百科全书》写一篇关于元素周期表的文章，将会提及这种元素。

●莱纳斯·鲍林

119

更重要的是，他们曾有机会——确切地说，是本该——在大学里共事。1922年，来自俄勒冈州的鲍林刚刚踏入化学界，满腔热血，他写信给加州大学伯克利分校的吉尔伯特·刘易斯（就是那位总是拿不到诺贝尔奖的化学家）询问他们研究生院的情况，奇怪的是，刘易斯没有回信。于是鲍林去了加州理工学院，成了那里的明星学生，后来又在加州理工任教直至1981年。后来伯克利那边才发现他们弄丢了鲍林的信，要是刘易斯当初看到了那封信，他肯定会让鲍林入学，那么——根据刘易斯挽留优秀的研究生当教师的政策——鲍林肯定就一辈子都待在伯克利了。

后来，塞格雷也曾有机会去加州理工工作。1938年，贝尼托·墨索里尼投效希特勒，开始解雇全意大利所有犹太教授，所以塞格雷离开欧洲，加入了犹太难民的行列。屋漏偏逢连夜雨，他在伯克利的遭遇也十分尴尬。被意大利那边解雇时，塞格雷正在伯克利放射性实验室做学术访问，这个实验室和伯克利的化学学院一样赫赫有名。一夜之间，塞格雷就无家可归了，也被吓坏了，他只得恳求放射性实验室主任帮自己找个全职工作。主任满口答应下来，不过只肯给很低的薪水。他的算盘没打错，塞格雷别无选择，不得不接受60%的降薪幅度。原来他一个月能赚相当可观的300美元，现在主任只给116美元。塞格雷委曲求全接受了这份工作，然后从意大利把家人接了过来，虽然他不知道自己怎么才能养活全家。

塞格雷克服了别人的轻忽，接下来的几十年中，他和鲍林（尤其是鲍林）成了各自领域内的传奇，直至今天，他们仍是最伟大的科学家，虽然绝大多数行外人根本没听说过他们的名字。不过，没多少人记得他们俩之间还有这么个联系——《时代》完全没有提到这件事——鲍林和塞格雷曾犯下科学史上最重大的两个错误，提到这样的失误，他们俩的名字将永远被放到一起。

今时今日，科学上的错误不一定会带来糟糕的结果。硫化橡胶、特富龙和盘尼西林都是错误的产物。卡米洛·高尔基不小心把铒弄到了脑组织上，结果发现了铒染色法，人类从此能用肉眼观察到神经细胞的细节。就连彻头彻脑的谎话——16世纪，学者兼准化学家帕拉塞尔苏斯宣称水银、盐和硫黄是宇宙中的基本元素——也曾引领炼金术士离开提炼黄金的歧路，走向真正的化学分析。纵观历史，无心之失与彻底的错误推动科学进步的案例比比皆是。

但鲍林和塞格雷犯下的却不是这种错误。他们的错误属于"你假装没看见吧""别告诉教务长"那一类。话又说回来，他们俩的研究领域虽然都基于单原子，却非常复杂，实际上超越了化学的层面，进入了诠释原子系统行为的领域。但是，如果他们对自己亲手诠释的元素周期表研究得再深入一点点，大概就能避免错误的出现。

说到错误，43号元素大概是史上被"首次发现"次数最多的元素，它是元素世界里的"尼斯湖怪兽"。

1828年，一位德国化学家宣布自己发现了新元素"polinium"和"pluranium"，他认为43号元素肯定是其中之一。不过事实证明这两种"新元素"都是不纯净的铱。1846年，另一个德国人发现了"ilmenium"，但它实际上是铌。接下来的那年，又有人发现了"pelopium"，其实也是铌。1869年，43号元素的追随者们终于得到了一点儿好消息，门捷列夫制定了元素周期表，42号和44号之间留下了诱人的空白。不过，门捷列夫的研究成果虽然是好东西，却引发了一些不好的苗头，人们开始带着预设的结论去寻找元素。果然，8年后，门捷列夫的一位同胞把"davyium"填进了43号格子，虽然这种物质的质量比预计值重了一半，而且后来被发现是3种元素的混合物。1896年，赶在新世纪的曙光出现之前，人们终于发现了"lucium"——其实它是钇。

新世纪也没带来好运气。1909年，小川正孝发现了"nipponium"，他用祖国的名字为它命名（日语中"日本"拼作"Nippon"）。所有虚报消息的"43号元素"最终都被证实是被污染的样品或是已经被发现的微量元素，小川发现的的确是一种新元素——不过不是他所宣告的那种。他太急于找到43号元素了，忽略了周期表上的其他空白，结果没人能证实他的发现，他只得羞愧地撤销了宣告。直到2004年，一位日本同胞复查了小川的数据，确认当时小川提纯出来的是75号元素铼，当时这种元素也还没被发现，但小川却与它擦肩而过。小川是该高兴（因为他好歹真的发现了点东西，虽然知道的时候已经太迟了）还是该更加气恼？乐观主义者和悲观主义者自然会有不同的看法。

75号元素是在1925年由3位德国化学家明确提出的，他们便是沃尔特·诺达克、艾达·诺达克夫妇和奥托·伯格。3位德国化学家用莱茵河的名字将新元素命名为铼，同时他们又一次宣布了43号元素的发现，并以普鲁士的一个地名将它命名为"钙"。鉴于这样的民族主义曾在10年前毁灭了欧洲，其他科学家没给这些日耳曼人什么好脸色看，侵略分子的名字也遭遇了白眼——莱茵河与马祖里都是"一战"中德国打过胜仗的地方。整个欧洲大陆都行动起来，质疑德国人的发现。铼的数据看起来很可靠，所以科学家的火力都集中到了不那么可靠的"钙"身上。现代一些学者认为，德国人可能真的发现了43号元素，但三人组的论文里有些粗疏的错误，比如说他们估测的提纯出来的"钙"的数量比实际值高出好几千倍。结果，已经被43号元素搞成了惊弓之鸟的科学家们宣布德国三人组的发现不成立。

直到1937年，两个意大利人终于提纯出了43号元素。提纯过程中，埃米利奥·塞格雷和卡罗·佩里尔借鉴了核物理学的新成果。43号元素的行踪如此诡秘，是因为早在数百万年前，地壳里的几乎所有43号元素都已经衰变成了42号元素钼。所以意大利人抛弃了从成吨的矿石中筛选新元素的方法（伯格和诺达克夫妇就是这么做的），转而利用一个对此毫无知觉的美国同行的成果制造出了43号元素。

几年前，这位美国同行——欧内斯特·劳伦斯（他曾说过德国三人组宣布发现43号元素"简直是痴心妄想"）——发明了回旋加速器，一种粒子加速装置，用于大量制造放射性元素。比起创造新元素来，劳伦斯更感兴趣的是创造已知元素的同位素，不过1937年，塞格雷访问美国时恰好拜访了劳伦斯的实验室，他听说回旋加速器有时候会用到钼——塞格雷体内的盖革计数器立刻疯狂地跳动起来。他谨慎地要求看看加速器产生的废料，几周后，应塞格雷之请，劳伦斯高高兴兴地把一些用过的钼条装在信封里寄去了意大利。塞格雷的直觉是对的：他和佩里尔在这些钼条上发现了痕量的43号元素，填补了元素周期表上最令人气馁的空白。

自然，德国化学家没有放弃自己对"钨"的宣称。沃尔特·诺达克甚至前去意大利拜访了塞格雷，两人大吵一架。沃尔特到访的时候身穿有"卐"字标记的准军装，威胁意味十足。小个子塞格雷本来就是个暴脾气，当然不会买账，当时他还面临着另外的政治压力。塞格雷所在的巴勒莫大学的官员要求他将新元素命名为"panormium"，源自巴勒莫的拉丁名。也许是因为民族主义的"钨"的遭遇让他们更小心了，最终塞格雷和佩里尔选择了"锝"这个名字，源于希腊语中的"人造"。这个名字虽然不怎么漂亮，却很合适，因为锝是第一种人工合成的元素。可是锝没能让塞格雷出名，1938年，他打算去伯克利劳伦斯手下做一次跨国学术访问。

没有任何证据显示劳伦斯对塞格雷在"钼事件"上耍的花招心怀不满，但后来压低塞格雷薪水的人正是劳伦斯。事实上，劳伦斯无意中提到过，能够每个月省下184美元来花在设备（譬如他心爱的回旋加速器）上实在是太开心了。啊哦，那位意大利人肯定不这么想。这也进一步证明了劳伦斯虽然省钱有道，领导研究工作也是把好手，却很不擅长和人打交道。对他独断专行的风格敬而远之的天才科学家和他招募来的几乎一样多。甚至劳伦斯的狂热支持者格伦·西博格也曾说过，当时最重大的科学发现——人工放射性活动和核裂变——本应出现在劳伦斯那个令人钦羡的、世界著名的放射性实验室里，而不是被欧洲人抢走。西博格痛悔说，丢掉这两个发现简直是"奇耻大辱"。

不过，对于裂变，塞格雷和劳伦斯大概可以算同病相怜。1934年，塞格雷在意大利传奇物理学家恩里科·费米[1]的实验室里担任首席助手。那一年，费米向全世界宣布（后来证明是错误的），他用中子轰击铀样品，"发现"了93号元素和其他超铀元素。很长时间以来，费米在科学界一直以头脑敏捷著称，不过这一回，仓促的判断却害了他。事实上，他错过了比超铀元素重要得多的发现：他诱发了铀的裂变反应，比别人早许多年，但是他自己却没有意识到。1939年，两位德国科学家否决了费米的实验结果，整个费米实验室都惊呆了——费米已经因为那次实验拿到诺贝尔奖了。塞格雷对此尤其沮丧，因为他的小组已经成了分析、鉴别93号元素的权威。更糟糕的是，塞格雷立刻想起来，1934年他（和实验室里其他人）曾读到过一篇讨论核裂变可能性的论文，当时他驳斥那篇论文毫无根据，胡思乱想——论文的作者，非常不幸，正是艾达·诺达克。

塞格雷——他后来成了一位著名的科学史学家（顺便说一句，还成了一位著名的野蘑菇发现者）——在两本书中提到过痛失裂变的事儿，两次他都简明扼要地写道："裂变……从我们手里溜走了，虽然艾达·诺达克发来的论文本该让我们警觉起来，那篇论文中，她

---

(1) 恩里科·费米（Enrico Fermi, 1901—1954），意大利裔美国物理学家，1938年诺贝尔物理学奖获得者。他首创了 β 衰变的定量理论，负责设计建造了世界首座自持续链式裂变核反应堆，发展了量子理论。

明确提出了这样的可能性……我们为何如此盲目，原因仍不清楚。"［作为一个历史爱好者，他也许也注意到了，离裂变的发现仅有一步之遥的那两个人——诺达克和伊雷娜·约里奥-居里（玛丽·居里的女儿）以及最终发现了裂变的莉斯·麦特纳都是女性。］

不幸的是，塞格雷并没有真正吸取超铀元素事件的教训，不久后，他就迎来了自己的奇耻大辱。1940年左右，科学家提出铀左右相邻的两种元素可能是过渡金属。根据他们的计算，90号元素应该位于第4列，而第一种非自然出现的元素93号元素应该位于第7列，铼的下方。不过正如今天我们在周期表里看到的，铀的邻居并不是过渡金属，它们位于稀土元素下方，元素周期表的底部，化学反应中的性质也与稀土相似，而不是铼。当时的化学家为何如此盲目，原因十分清楚：尽管他们对元素周期表非常敬畏，对待周期律却不够认真。他们认为稀土元素是周期表中的特例，那种黏黏糊糊的奇特性质独一无二。但是他们显然错了：铀和其他把电子埋在f层里的元素与稀土元素十分相似。因此，这些元素必然会在同样的位置从主表格里跳下去，在化学反应中，它们的表现也与稀土元素相似。很简单吧？至少事后来看很简单。核裂变的爆炸性发现过去一年后，一位同行沿着塞格雷的道路走了下去，他决心再次尝试寻找93号元素。于是，他把铀放进了回旋加速器，用粒子束轰击。这位同行相信（出于上面那些原因）新元素的性质与铼相似，于是他向塞格雷求助，因为塞格雷发现了铼，他肯定比谁都了解铼的化学性质。热心的元素猎手塞格雷对样品进行了化验，然后他犯下了和才思敏捷的导师费米一样的错误。塞格雷表示，这些样品的性质类似稀土，不像是铼的重元素表亲。于是他断言，这只是一次很普通的裂变，然后匆匆写下了一篇论文，标题十分悲观：《对超铀元素的不成功的搜寻》。

不过，虽然塞格雷已经丢下了这件事儿，这位同行——他的名字叫埃德温·麦克米伦——却疑窦丛生。所有元素都有独特的放射性特征，但塞格雷的"稀土元素"和其他稀土的放射性特征并不相同，这讲不通。经过缜密的推理，麦克米伦意识到，也许样品和稀土性质相似，是因为它们是稀土的化学表亲，而且同样不在主表格中。于是，他和搭档把塞格雷抛到一边，重新做了轰击实验和化学实验，然后他们立刻发现了自然界中的第一种禁忌元素——镎。绝妙的讽刺，不言自明。在费米的领导下，塞格雷曾错误地把核裂变产物当成了超铀元素。"显然没吸取教训，"格伦·西博格回忆说，"塞格雷又吃了回不小心的亏。"这回他正好又搞反了，马马虎虎地把超铀元素镎当成了裂变产物。

作为一个科学家，塞格雷肯定对自己的错误万分恼怒，不过作为一个科学史学家，他也许会欣赏接下来发生的事情。1951年，麦克米伦因为这次发现获得了诺贝尔化学奖，可瑞典科学院已经为93号元素给费米发过一次奖了。瑞典人选择的不是承认错误，而是只表彰麦克米伦发现了"超铀元素的化学性质"（注意重点）。不过，既然的确是从不犯错、周到谨慎的化学性质带领麦克米伦发现了真相，那么这样的措辞也许算不上侮辱。

如果说塞格雷对自己的强项过于自信，那么沿着5号州际公路一路向前，南加州的天才莱纳斯·鲍林比起他来有过之而无不及。

1925年，鲍林获得博士学位后就接受了德国一个为期18个月的研究员职位，当时德国是科学世界的中心（就像今天全世界科学家都用英语交流，那时候说德语也是司空见惯）。可是，年仅20多岁的鲍林不久后就用自己从欧洲学来的量子力学将美国的化学送上了世界巅峰，也把自己送上了《时代》杂志的封面。

简而言之，鲍林发现了量子力学如何作用于化学键：它决定着化学键的强度、长度和角度，或者说，几乎一切。他是化学界的达·芬奇——正如达·芬奇对人体绘画的贡献一样，鲍林第一次揭示了化学的解剖细节。化学从根本上说研究的是原子之间键的形成和破坏，所以鲍林单枪匹马地就完成了这个沉闷学科的现代化。一位同行说鲍林证明了"化学能够被理解，而非死记硬背"（注意重点），对于这样的盛赞，鲍林当之无愧。

成功之后，鲍林继续和基础化学打交道。不久后，他发现了雪花为什么是六角形的：因为冰的结构是六角形的。与此同时，鲍林的研究显然意在超越界限分明的物理学和化学。比如说，他的一个项目发现了镰刀型细胞贫血症为什么会致死：患者红细胞中畸形的血红蛋白无法抓紧氧气。关于血红蛋白的发现引来了人们的关注，因为这是历史上首次有人将疾病追踪到了分子病变的层面，这项研究也改变了医生对医学的看法。1948年，鲍林因流感卧病在床，他决定揭示蛋白质如何形成长筒状阿尔法螺旋，由此掀起了分子生物学的革命。蛋白质的功能主要取决于它的形状，鲍林首次揭示了蛋白质中独立的片段是怎么"知道"自己合适的形状的。

在上面这些项目中，鲍林真正的兴趣（除了显而易见的医学上的好处）在于揭示小小的、不说话的原子自组合成更大的结构时，新特性是如何神奇地出现的。真正迷人的是，部件的特性常常和整体特性毫不相关。如果不是亲眼见到，你永远想不到独立的碳原子、氧原子和氮原子能凑到一起，变成氨基酸这么有用的东西；你也绝不会想到，生命赖以生存的全部蛋白质都是由氨基酸折叠组合而成的。对原子生态系统的研究在创造新元素的基础上又迈进了一大步，进入了更为精密成熟的层面。不过这样的大跨步也为误解和错误留出了更多空间。长期来看，鲍林轻而易举就发现了阿尔法螺旋，其实非常讽刺：若是他没有错过另一种螺旋分子——DNA，那他肯定会成为史上最伟大的5位科学家之一。

和其他许多人一样，在1952年之前，鲍林对DNA毫无兴趣，虽然1869年瑞士生物学家弗雷德里希·米歇尔（Friedrich Miescher）就发现了DNA。米歇尔将酒精和猪的胃液倒在浸透脓液的绷带上（当地医院很高兴地为他提供了绷带），绷带被逐渐溶解，只剩下一种黏腻的灰色物质，它便是DNA。实验刚刚成功，米歇尔立刻自顾自地宣布，脱氧核糖核酸在生物学中一定十分重要。不幸的是，化学分析显示DNA中磷的含量很高。在那时候，蛋白质是生化学中人们唯一感兴趣的部分，而蛋白质是不含磷的，所以DNA被看作一种退化残余，分子中的阑尾。

直到1952年，一次戏剧性的病毒实验终于扭转了这样的偏见。病毒会抓到细胞，然后把自己的遗传信息注入细胞中，和蚊子干的刚好相反，但是人们不知道这些遗传信息是由DNA还是由蛋白质携带的。DNA中富含磷，蛋白质中则富含硫，于是两位遗传学家分别用放射性示踪元素标记了病毒DNA中的磷和蛋白质中的硫，然后测试被病毒侵蚀的细胞。他们发现，放射性磷被注入了细胞中并传递下去，而含有硫的蛋白质却没有出现。所以，蛋白质不可能是遗传信息的携带者，DNA才是。

可是DNA是什么？科学家对此所知不多。DNA呈长绞股状，每一股都有一条由磷和糖组合而成的脊梁骨。核酸从绞股上凸出来，就像是脊椎上的小疙瘩。不过绞股的形状以及它们怎样连接起来，还是个秘密——非常重要的秘密。正如鲍林在血红蛋白和阿尔法螺旋的实验中所揭示的，细胞的形状与它的性质关系十分密切。不久后，DNA的形状就成了分子生物学中最耗费时间精力的问题。

而鲍林觉得只有自己的聪明才智才能解决这个问题，其他许多人也是这样认为的。这并不是，或者说并不仅仅是出于傲慢：在此之前，还没人能打败他。所以1952年，鲍林带着一支铅笔、一把计算尺还有模糊的二手数据坐在了加州的书桌前，打算破解DNA之谜。开始，他错误地认为庞大的核酸位于每股外侧，于是，他将磷和糖组成的脊椎朝分子中心方向旋转。根据手头的错误数据，鲍林还推测DNA应该是三股螺旋结构。因为这个数据来自死去的干DNA，它的缠绕方式和湿的活DNA不同，这种奇怪的缠绕方式使得分子看起来比它原本的样子扭得更厉害，像是绕着自己转了三圈一样。不过从纸面上的结果来看，似乎也说得通。

一切进展顺利，直到鲍林找了一个研究生来复查自己的计算结果。学生答应了，不久后他就恨不得把自己也打成一个结了，到底自己错在哪儿，鲍林又对在哪儿呢？最后，这位研究生告诉鲍林，出于元素学上的原因，磷酸分子的位置就是不对。虽然中性原子在化学中非常重要，但有经验的化学家通常都不会以中性的角度思考原子，因为自然界中许多元素是以离子——带电原子——的形式存在的，尤其是在生物学领域。的确，根据鲍林参与发现的规则，DNA中的磷原子总是带有一个负电荷，因此会彼此相斥。如果不解决这个问题，就没法把三根磷酸股扭到DNA核心里。

研究生解释了这么一通，但鲍林毕竟是鲍林，他彬彬有礼地忽视了学生的意见。如果他本来就不打算听取意见，那他为什么要找人来为自己复查？没人知道其中的原因，但鲍林为何忽视这条意见，原因倒是十分清楚。他想要的是科学优先权——他希望其他所有关于DNA的观点都不过是对他的鹦鹉学舌。所以，和平时的谨小慎微截然相反，鲍林假定分子结构上的细节自然能找到解决方案，于是在1953年初，他匆匆忙忙地发表了论文，提出了三股的DNA分子结构。

与此同时，在大西洋的另一边，剑桥大学两位笨笨的研究生在发表之前就看到了鲍林的论文，他们仔细研读了这篇论文。莱纳斯·鲍林的儿子彼得和詹姆斯·沃森、弗朗西斯·克里克同在一间实验室工作，出于礼节，他把父亲的论文给了同事看。两个默默无闻的学生拼命想解决DNA问题，好为自己的职业生涯增光添彩，他们

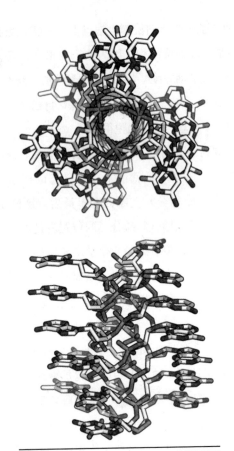

●莱纳斯·鲍林在1953年提出的DNA的推测模型

被鲍林的论文惊得目瞪口呆：一年前他们曾创建出相同的模型——然后羞愧地否决掉了，因为一位同事指出三股螺旋结构简直是粗制滥造，这位同事便是罗莎琳·富兰克林。

不过，罗莎琳·富兰克林在批评二人的时候也泄露了一个秘密。她主攻的是X射线晶体学，这门学科能让人看到分子的形状。那一年的早些时候，富兰克林化验过章鱼精子的湿DNA并计算得出DNA是双股结构的。鲍林在德国工作时也学习过晶体学，如果他看到了富兰克林的数据，也许早就解决DNA的问题了（鲍林手里的干DNA数据也是用X射线晶体分析的方法得到的）。不过，作为一个心直口快的自由主义者，鲍林的护照早就被美国国务院的麦卡锡分子吊销了，于是1952年他没能去英国参加一个重要的会议，如果他去了，也许会听说富兰克林的研究工作。跟富兰克林不同，沃森和克里克可不会把数据跟竞争对手分享。恰恰相反，他们忍受了富兰克林的羞辱，拉下自尊，开始跟着她的思路走。不久后，沃森和克里克就在鲍林的论文里看见自己犯过的错误统统重现了。

两人把疑虑暂时抛到脑后，跑去问自己的导师威廉·布拉格。布拉格多年前曾获得过诺贝尔奖，近年来却因在重要的发现上——像阿尔法螺旋形状这种发现——追不上那位光辉夺目又（用一位历史学家的话来形容）"爱吃醋爱出风头"的对手鲍林而烦恼。沃森和克里克搞出了丢人的三股DNA结构后，布拉格不许他们再研究DNA。

●沃森和克里克，1953年摄于卡文迪许实验室

(A. BARRINGTON BROWN, © GONVILLE & CAIUS COLLEGE/
COLOURED BY SCIENCE PHOTO LIBRARY)

不过两个学生给他看了鲍林的弥天大错，又保证说一定会秘密进行研究，布拉格看到了打败鲍林的机会，于是他命令两个学生继续研究DNA。

首先，克里克狡猾地给鲍林写了封信，询问磷核怎么能保持完整——根据鲍林的理论，这完全不可能。这让鲍林陷入了琐碎的计算中。虽然彼得·鲍林警告过父亲这两个人快要赶上来了，可莱纳斯仍坚信自己的三股模型最终会被证明是正确的，很快就会出结果了。沃森和克里克心里明白，鲍林虽然固执却并不愚蠢，他很快就会发现自己的错误，于是拼命想法子。他们俩从没亲手做过实验，只是对别人的数据做出漂亮的解释。1953年，他们终于从另一位科学家那儿找到了失落的线索。

那个人告诉他们，DNA中4种核酸（用A、C、T和G代指）的比例总是成对的。这就是说，如果一份DNA样品中有36%的A，那么就一定有36%的T，C和G也是一样。于是，沃森和克里克意识到，在DNA内部，A和T、C和G一定是成对的。（讽刺的是，多年前一次乘船度假的时候，这位科学家同样也告诉过鲍林。鲍林在假期中被大嗓门的同事打扰了很不高兴，于是根本就当成了耳旁风。）奇迹再次出现了，两对核酸严丝合缝地凑到了一起，就像拼图一样。这解释了DNA的结构为什么如此紧密，这样的紧密性使得鲍林把磷

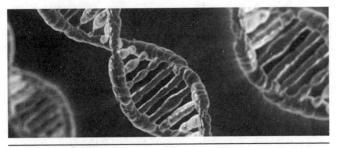

●DNA 的双螺旋结构

放在里面的主要依据完全失去了合理性。当鲍林还在和自己的模型挣扎的时候，沃森和克里克却把模型翻了个个儿，于是带负电荷的磷离子就不会接触到了。最终，他们得到了一种像是扭曲的梯子一样的结构——著名的双螺旋。一切圆满解决了，在鲍林回过神儿来之前，沃森和克里克在1953年4月25日的《自然》杂志上发布了双螺旋模型。

把DNA结构搞成了三股，又把磷离子放在了里面，面对来自公众的羞辱，鲍林作何反应？丢掉了20世纪最伟大的生物学发现，更重要的是输给了对手布拉格的实验室，他作何反应？鲍林的自尊令人惊叹。如果你我处于同样境地，一定会希望自己也有这样的自尊。鲍林承认了自己的错误，也承认了失败，1953年年底，他甚至大方地邀请沃森和克里克来参加自己组织的一次专业会议。作为一个颇负名望的科学家，鲍林有资本落落大方；他早早地站到了双螺旋的这边，也证明了他的确气量宽宏。

1953年之后，鲍林和塞格雷的日子都好过了很多。1955年，塞格雷和另一位伯克利科学家欧文·张伯伦共同发现了反质子。反质子是普通质子的镜像：它们电性相反，在时间的维度上运动方向大概相反，最吓人的是，如果反质子与"正"物质（譬如你或者我）接触，就会发生湮灭。1928年，科学家预测了反物质的存在。不久后，1932年，人们迅速而轻易地发现了反电子（或正电子），它是反物质的一种类型。不过，反质子便是粒子物理学中的铘，飘忽不定，难以捉摸。塞格雷奋斗多年，经历无数次空欢喜和暧昧的承诺，终于逮住了它，这无疑是对坚持不懈的奖赏。这也就是为什么4年后人们忘记了他曾出过的丑，颁给了他诺贝尔物理学奖。颁奖礼上，他借用了埃德温·麦克米伦的白背心，真算得上相得益彰。

丢掉DNA之后，鲍林拿到了一项安慰奖：1954年，他独享了迟来的诺贝尔化学奖。此后，鲍林的研究工作延伸到了许多新领域，这很符合他的个性。鲍林长期被感冒困扰，于是他开始拿自己做实验，服用大剂量的维生素。不管起作用的到底是不是维生素，但这种做法看起来对他的确有效，于是他兴奋地告诉了别人。最后，诺贝尔奖得主鲍林的现身说法引发了保健品热潮，到今天仍盛行不衰，维生素C可以治疗感冒就是他提出的，这一点在科学上尚有争议。（对不起！）此外，鲍林——他曾拒绝参加曼哈顿计划——成了世界上最重要的反核武活动家，他参加抗议活动，出版书籍，有一本书叫《别打仗了！》(*No More War!*)。1962年，他意外地再次获得了诺贝尔奖，这回是诺贝尔和平奖，于是他成了唯一一个两次独享诺贝尔奖的人。不过，那一年在斯德哥尔摩的讲台上和他站在一起的倒还有两个人，那两个人便是生理学及医学奖获得者：詹姆斯·沃森和弗朗西斯·克里克。

9. 毒药协会：“哎哟喂”

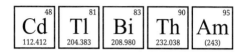

鲍林认识到，最困难的地方在于生物学的规则比化学的要复杂得多。从化学上说，哪怕把氨基酸胡乱鼓捣一番，得到的结果也总是差不多，虽然有点儿乱，但分子好歹是完整的。生物的蛋白质则复杂得多，也脆弱得多。蛋白质承担不了那样的压力，热、酸或是最糟糕的情况，某些捣乱的元素，都会让它失去活性。最流氓的元素可以在活细胞身上找到无数可以攻击的弱点，它们惯用的手法是假扮成生物所需的矿物质和微量营养素。这些元素消灭生命的凌厉手段——它们待的地方有个绰号，“毒药协会”——向我们展现了元素周期表最黑暗的一面。

镉是毒药协会里最轻的元素，它的恶名源自日本中部的一处古矿场。早在公元710年，矿工们就开始从神冈矿场中开采贵金属了。接下来的几个世纪里，各位幕府将军（后来是商业资本家）为了神冈山地的所有权你争我斗，矿场里源源不断地产出黄金、铅、银和铜。直到矿场开张1200年后，矿工们开始在这里生产镉，正是这种金属让神冈矿场恶名远播，同时引发了日本的“痛痛病”事件。

1904—1905年的日俄战争和10年后的“一战”极大地刺激了日本对金属的需求，其中包括锌。锌可以用于制造盔甲、飞机，也能用来生产弹药。在元素周期表中，镉位于锌的下方，这两种元素经常在地壳里伴生在一起。为了提纯神冈挖出的锌矿，矿工们很可能用类似烘焙咖啡的方法来加热锌矿并用酸渗滤，好除去里面的镉。根据当时的环保条例，他们把剩下的含镉废料排放到了溪流里或是留在了地面上，于是镉渗入了地下水。

现如今没人会考虑把镉扔掉，因为它可以用来制造电池和计算机零件的防腐壳，挺值钱的。镉在颜料、鞣皮药剂和焊锡中的应用也有很长历史。在20世纪，人们甚至在杯子上镶嵌闪亮的镉片并引为时髦。不过现在，人们不再抛弃镉的主要原因是它的医学含义相当可怕。制造商不再在时髦的大啤酒杯上装饰镉片，因为每年都有成百上千的顾客因此患病。酸性的果汁，譬如柠檬汁，会溶解杯壁上的镉。2001年9月11日的恐怖袭击之后，曾在袭击现场工作的救援人员中出现了呼吸系统疾病，一些医生立刻怀疑是镉，因为世贸大厦倒塌时，成千上万的电子设备化为灰烬。虽然这次他们没有猜对，但是这反映了医疗系统的官员对48号元素有多么敏感。

悲哀的是，这样的敏感来自一个世纪前神冈矿场的教训。1912年，当地医生发现本地的稻农中出现了可怕的新疾病。农民弯腰驼背地来看医生，说身上的骨头到处都很痛。患者中女性比例很高，每50个病例中有49个是女性。他们通常还会出现肾衰竭的症状，骨骼变得松软，日常劳动就会导致骨折。医生为一个女孩诊脉的时候竟然把她的手腕弄折了。神秘的疾病暴发于20世纪30年代至40年代，即军国主义统治日本期间。虽然那个地方并没有真正打过仗，但由于提炼锌产生的废矿石和废料不断地被倾倒在大山里，神冈矿场附近的人民遭受了和"二战"战场中的人民一样的苦楚。疾病悄悄地从一个村子蔓延到另一个村子，人们开始把它叫作"痛痛病"或是"哎哟喂病"，因为受害者会发出这样的呻吟。

直到战争结束，1946年，当地一位医生才开始研究"痛痛病"，他的名字叫萩野升。开始，萩野升怀疑病因是营养不良，后来他发现这不成立，于是他的注意力转到了矿场里，因为高科技、西方化的采矿方式与当地农民原先的田园生活格格不入。在一位公共健康教授的帮助下，萩野绘制了一幅"痛痛病"的流行病学地图。他也画了一张水文地图，标示出神通川——这条河流流经矿场，灌溉着数英里内的农田——的储水位置。两张图叠起来一看，储水区域和"痛痛病"发病区域几乎完全吻合。萩野对当地的庄稼进行了化验，他发现地里长出来的稻米简直就是吸收镉的海绵。

很快，辛苦的研究工作换来了镉的病理学解释。锌是人体必需的矿物质，镉会潜入人体取代锌的位置，就像它们在地下总是和锌混在一起一样，于是人体就不能获得足够的锌了。镉有时候也会赶走体内的硫和钙，这解释了它为什么会影响人体骨骼。不幸的是，镉比较笨，没法完成其他元素的生物学任务；更不幸的是，镉一旦进入人体，就没法被代谢出来。萩野最初猜测的营养不良也对这种疾病有所影响。当地饮食结构中稻米占的比例很大，稻米中缺乏人体必需的一些营养素，所以农民普遍缺乏某些矿物质。镉巧妙地假扮成这些矿物质，人体细胞饥不择食地把镉吸收到了自己的器官中，导致身体里的镉含量更高。

1961年，萩野公开了自己的研究成果。可以预见，或许也可以理解，二井矿业冶炼公司尽职尽责，合法地否认自己做了错事（他们不过是买下了应该对此负责的公司而已）。可耻的是，三井公司还试图破坏萩野的结论。当地成立了一个医学委员会来调查"痛痛病"，三井公司使出浑身解数把萩野排除在委员会名单之外，虽然他是研究这种病的世界级专家。萩野通过长崎新发现的"痛痛病"案例得出了最终结论，事实的确和他推测的一样。调查委员会成立时的目的虽然是反对萩野，但良心受到折磨的委员们最终承认了镉也许真是"痛痛病"的罪魁祸首。政府方面的国家级医学委员会本就倾向于相信萩野的证据，所以他们一听见这边委员会软弱无力的结论，立刻判定"痛痛病"的确是镉引发的。1972年，矿业公司开始向178位幸存者支付赔偿，幸存者要求的年赔偿金额加起来超过23亿日元。13年后，48号元素的阴影仍在日本人心头挥之不去，当时最新的《哥斯拉》续集电影中，日本军队用来杀死哥斯拉的武器便是用镉做弹头的导弹。考虑到哥斯拉是在氢弹爆炸中诞生的，镉对它到底有没有用其实很值得怀疑。

不过，20世纪日本因元素而带来的疾病不止"痛痛病"一种。整个20世纪，日本还出现了三次工业污染损害农民健康的事件（两次是汞，一次是二氧化硫和二氧化氮）。这些事件和"痛痛病"一起并称为日本四大公害病。此外，1945年美国在这个小岛上扔下了一颗铀弹、一颗钚弹，成千上万的人受到核辐射污染。但神冈无声的浩劫出现在其他几次污染灾难之前，只不过对于当地人来说，这场浩劫是有声音的，那是患者的呻吟："痛，痛。"

可怕的是，周期表上还有比镉的毒性更强的元素。镉位于汞的上方，是一种神经毒素，而汞右边的几种元素才是周期表里最可怕的江洋大盗——铊、铅和钋——它们是毒药协会的核心。

有毒元素都在周期表东南角扎堆，部分出于巧合，不过也有其物理和化学原因。如果你吞下了纯钠或纯钾，那它们一和身体里的细胞接触立刻就会爆炸，因为它们能和水反应。可是钾和钠都非常活跃，所以自然界中它们都不会以单质的危险形式存在。毒药协会里的元素却很狡猾，在被排出之前，它们会深深潜伏在身体里面。此外，这些元素（和许多重金属一样）可以随机应变，抛弃数目不等的电子。比如说，钾通常只以K^+的形式参与化学反应，但铊却可以变成Tl^+或是Tl^{3+}。因此，铊可以模仿多种元素，偷偷占据它们在多种生化反应中的位置。

这就是为什么81号元素铊被看作周期表上最致命的元素。动物细胞通过特殊的渠道吸入钾离子，铊也通过同样的途径进入身体，通常是从皮肤渗入的。一旦进入人体，铊立刻就会抛下伪装，干扰蛋白质中关键氨基酸的合成，破坏其复杂的折叠结构，让它们变成一堆废物。和镉不一样，铊不会乖乖待在骨骼或肾脏里，而是会像个蒙古骑兵一样东游西荡，每个游荡的铊原子都会带来巨大的破坏。

所以，铊成了毒药之王，它是为那些几乎能从下毒中获得美学愉悦的人而生的。20世纪60年代，英国出了一个臭名昭彰的小伙子，他的名字叫葛拉罕·弗雷德里克·杨。杨读了一些耸人听闻的连环杀人案，然后开始在自己家里实践，往家人的茶杯和炖锅里放铊。不久后，他就被送进了精神病院，不可思议的是，后来他又被放了出来，然后他又给7个人下了毒，其中有一系列大人物。不过只死了3个，因为杨为了延长他们的痛苦，下毒剂量不足以致死。

杨的受害者在历史上并不孤单。铊的辉煌战绩令人毛骨悚然，经常被用来毒杀间谍、孤儿和身家丰厚的姨婆。不过与其回顾这些黑历史，我们不如来看看81号元素唯一客串的一幕喜剧（虽然也很吓人）。在为古巴问题而烦恼的那些年里，美国中央情报局（CIA）曾密谋用一种掺入了铊的爽身粉把毒下到某位领导人的袜子上。有件事情让CIA的间谍尤其兴奋：毒药会导致这位领导人身上的毛发脱落，包括他那著名的大胡子，间谍们希望这能让他在死掉之前就失去革命同志的尊敬。可惜这个计划最终没有实施，原因不明。

铊、镉和其他相关元素会有这样强的毒性，还有一个原因是它们会存留极长的时间。我可不是光说它们会在身体里积累起来，就像镉那样。这些元素和氧一样，倾向于形成稳定、近球形的原子核，所以不会发生放射性衰变。因此，每种都在地壳里还有不少的存留。比如说，最重的永久性稳定元素铅待在82号格子里，82是一个幻数；它的邻居是最重的基本稳定的元素铋，待在83号格子里。

铋在毒药协会里是个出人意料的角色，这种古怪的元素值得我们细细玩味。先普及点儿小知识：虽然铋是一种偏白色的金属，带一点儿桃红色光泽，但它燃烧时的火焰是蓝色的，产生的烟雾则是黄色。与镉和铅一样，铋广泛应用于涂料和染料的生产，在一种名为"龙蛋"的烟花里，它经常作为"铅丹"的代用品。你可以用周期表中的元素组合创造出无数种化学品，但其中只有极少数在冻结时会膨胀，铋就是其中一种。我们也许意识不到这到底有多离奇，因为普普通通的冰也会膨胀，它会浮在湖面上，鱼儿在下面游来游去。如果有铋形成的湖泊，它也会这样——不过在元素周期表中这样的性质几乎是独一无二的，因为通常来说固体比液体更紧密。此外，"铋冰"也许非常美丽。许多矿物学家和元素爱好者都会把铋摆在桌子上当作装饰品或是小摆设，因为它会形成骸晶，像是彩虹色的楼梯一样。刚刚冻结的铋看起来也许会像是M.C.埃舍尔[1]画作的彩色真实版本。

科学家们也一直利用铋来探索放射性物质的深层结构。几十年来，科学家们一直无法解决一个十分矛盾的问题：是否会有某些元素可以一直存留到时间尽头？2003年，法国科学家把纯铋放进精巧的护罩里，排除一切可能的外部影响，然后接上探测器，试图测出铋的半衰期。半衰期是指样品衰变到剩下原来的一半所消耗的时间，它是研究放射性元素的一个常用参数。如果100磅某种放射性元素经过3.141 59年后，正好剩下来50磅，那么它的半衰期就是3.141 59年；再过3.141 59年，会剩下来25磅。根据该理论，铋的半衰期应该是2×10^{19}年，比宇宙的年纪还要长得多。（把宇宙的年龄来个平方，大概就和这个数差不多了——不过就算有这么长的时间，对于一个给定的铋原子来说，它消失的概率仍只有50%。）某种程度上说，法国人做的实验是现实版的《等待戈多》[2]。不过惊人的是，它成功了。法国科学家搜集了足够的铋，然后以极大的耐心见证了一些铋原子发生衰变。实验结果证明了铋并不是最重的稳定原子，它只是活得足够长，所以大概会是最后灭绝的那种元素。

---

(1) M.C.埃舍尔（M. C. Escher），荷兰版画家，以绘画中的数学性闻名，他的作品中可以看到对分形、对称、双曲几何和多面体等数学概念的形象表达。
(2) 《等待戈多》（En attendant Godot），著名荒诞派戏剧，由萨缪尔·贝克特创作，讲述了剧中两人在散漫地等待戈多到来的故事，因而人们常用"贝克特式"来表示茫然、漫长、无尽期待、徒劳失落之类的意思。

（目前，日本正在进行一项贝克特式的实验，试图确定是否所有物质最终都会分崩离析。一些科学家计算得出质子几乎是绝对稳定的，它的半衰期至少有 10^{23} 年，而质子是所有元素的基石。几百位顽强的科学家在矿井深处挖出了一个巨大的地下湖，里面灌满了处于极端静止状态的超纯水，湖边围绕着一圈十分灵敏的传感器，用于监视是否有质子会发生裂变。虽然人们普遍对此不抱希望，但对于神冈矿场来说，这样的用途至少比以前要好多了。）

不过，是时候告诉你关于铋的全部真相了。技术上说，它具有放射性，没错，它在元素周期表上的位置也暗示了83号元素对你应该是有害的。它和砷、锑位于同一列中，潜伏在毒性最强的重金属中间。然而，铋实际上很温和，它甚至能作药用：医生处方里会开出铋来缓解溃疡，热乎乎的粉红色次水杨酸铋[1]里的"铋"也是指它。（如果有人饮用了被镉污染的柠檬汁而引发腹泻，用来解毒的通常也是铋。）总而言之，铋大概是周期表上位置最不合理的元素。它的表现大概会让那些希望在周期表里找到绝对连贯性的化学家和物理学家相当懊恼。真的，铋又一次告诉我们，如果你知道该往哪儿看，那周期表里满是出人意表的精彩故事。

从某种程度上说，与其把铋当成反常的怪胎，不如把它看作"高贵金属"。爱好和平的高贵气体隔开了周期表中两组暴烈——但暴烈的方式不同——的元素，温和的铋也标出了毒药协会里两组不同毒素之间的界限，一种是上面讨论的传统的会引发呕吐和剧烈疼痛的毒素，而另一种，则是下面将要谈到的能把一切烧焦的放射性毒素。

钋藏在铋的后面，它是核年代的毒药之王。与镉相似，钋也会造成脱发。2006年11月，前克格勃间谍亚历山大·利特维年科在伦敦的一家餐馆里食用了被加入钋的寿司而中毒，震惊了世界。钋

---

[1]　次水杨酸铋是一种治疗胃病和消化系统疾病的药物，美国出售的次水杨酸铋通常是瓶装的粉红色液体。

的右边是氡（我们暂时跳过中间的极稀有元素砹），作为一种高贵气体，无色无味的氡不与任何东西发生反应；不过作为一种重元素，氡会沉进肺里，替代空气的位置，然后释放出致命的放射性粒子，最终引发肺癌——这只是毒药协会摧残人体的另一种方式。

的确，放射性活动统治着元素周期表的底部。它扮演的角色和八电子规则在顶层元素中扮演的角色相同：重元素几乎所有有用的特性都取决于其放射性活动的速度和方式。要清楚地解释这一点，也许最好看看一位美国人的故事，和葛拉罕·弗雷德里克·杨一样，这个年轻人迷上了危险元素。不过，大卫·哈恩并不是个反社会分子，他的青春期悲剧源于帮助他人的热望。大卫是个狂热的少年，期望只手解决能源问题，帮助人们摆脱对石油的严重依赖。于是，20世纪90年代中期，这位16岁的底特律少年发疯一样想拿一枚雄鹰童子军奖章，秘密地在妈妈后院的盆栽棚里搭建了一个核反应堆。

大卫从小就对元素很有兴趣，最开始是受到了一本书的影响，这本书名为《化学实验宝典》，跟20世纪50年代的老式教育电影一样严肃到了无趣的程度。大卫对化学的兴趣非常浓厚，他女朋友的母亲甚至因此禁止他和家里参加聚会的客人交谈，他的失礼之处就像是满嘴含着食物跟人说话一样，不过这样的失礼是精神层面的——他会突然说出大家正在吃的食物里面的化学品，让大家大倒胃口。不过，大卫的爱好并不仅仅停留在理论层面。和许多小化学家一样，普通的化学实验套装很快就没法满足大卫了，他开始摆弄那些足以把卧室和地毯统统炸进地狱的暴烈元素。不久后，他就被妈妈赶进了地下室，然后是后院的棚子里，这个地方很适合他。但是，和许多初露头角的科学家不同，大卫的化学能力好像没什么长进。一次童子军集会前，大卫做实验时不小心把一种鞣皮药剂溅到了脸上，结果皮肤被染成了橙色。还有一次，他试图用螺丝刀把容器里的纯钾捣紧（这个主意真是糟透了，只有门外汉才会这么干），结果引发了爆炸。一个月后，眼科医生还在清理溅进他眼睛里的塑料碎片。

这次爆炸之后，大卫闹出的事故也不少，不过也得为他说句话，他手上的项目越来越复杂了，比如说核反应堆。为了启动项目，他用上了自己零碎捡来的少得可怜的核物理知识。这些知识不是从学校里学来的（他在学校里的成绩是中等，或许算得上差），他要了个小花招：大卫写信给政府相关部门，谎称自己是一位教授，想给学生设计几个实验，政府官员相信了这位16岁的"哈恩教授"，热情地给他寄了一份专业的核能知识小册子。

大卫从这本小册子里学到了不少东西，包括三种主要的核反应类型——聚变、裂变和放射性衰变。氢聚变是恒星能量的来源，也是最强大、效率最高的反应，但地球上的核能领域却很少用到聚变，因为我们很难复制出点燃聚变所需的温度和压力。于是，大卫转而利用铀的裂变和中子放射性活动，后者是裂变的副产品。铀这样的重元素很难把带正电荷的质子束缚在自己小小的原子核里，因为同电性的粒子互相排斥，所以它们会把中子塞进原子核作为缓冲。重原子裂变成两个大小差不多的轻原子，轻原子需要的缓冲物就少了，所以多余的中子会被释放出去。有时候这些中子会被附近的重原子吸收，然后这些重原子变得不稳定，释放出更多中子，形成链式反应。如果是制造炸弹，那放任反应自然发生就行了。但如果要造的是反应堆，那就需要对它进行控制，因为你希望裂变反应细水长流，长期进行。大卫面临的最大技术障碍是，铀原子裂变并放出中子后，产生的轻原子是稳定的，因此无法无限催动链式反应。所以，传统的反应堆会因缺乏燃料而慢慢耗尽。

意识到这一点以后——他最初是想靠原子能拿到奖章，但现在他已经离这个最初目标很遥远了，大卫决定制造一种"增殖反应堆"，将几种放射性同位素巧妙地混合在一起，这种反应堆就能自己生产燃料。反应堆最初的能源来自钍-233，钍-233很容易发生裂变（233意味着这种铀有141个中子和92个质子，注意多出来的中子）。不过铀外面会有一层比它轻一点儿的元素——钍-232。裂变发生后，钍会吸收一个中子，变成钍-233。然后，不稳定的钍-233发生β衰变，释放出一个电子，因为自然界中电性总是平衡的，所以释放电子的同时，钍也会把一个中子转变成带正电的质子。多了一个质子，钍就变成了周期表里的下一个元素——镤-233。镤-233也不稳定，它又释放出一个电子，变成铀-233，于是我们回到了循环的起点。简直就是变魔术，把元素混合在一起，让它们以正确的方式发生放射性活动，我们就得到了更多的燃料。

大卫鼓捣这个项目都是在周末，因为父母离婚后，他只有一部分时间和妈妈住在一起。出于安全考虑，他搞了一条牙医用的铅围裙来保护身体器官，每次在后院的棚屋里工作几小时后，他总是把当时穿的衣服和鞋子都扔掉（后来，大卫的母亲和继父承认发现过他把好好的衣服扔掉，当时他们觉得很奇怪。不过他们觉得儿子比自己聪明，他肯定知道自己在干什么）。

计划的第一步大概是搞到钍-232。钍的化合物熔点极高，所以受热时会发出很亮的光芒。它们太危险，不适合用作家庭照明，不过在工业领域尤其是在矿井里，钍灯很常见。钍灯里发光的不是灯丝，而是名为白炽罩的一张小网，大卫从一个批发商那订购了几百张备用的白炽罩，根本没人过问。然后，他的化学水平终于提高了，他用喷灯持续加热，将这些白炽罩制成了钍尘。接下来用锂处理钍尘，锂是他用剪线钳拆开电池搞到的，价值1000美元。活跃的锂和钍尘一起在本生灯上加热，提取出了钍，于是大卫的反应堆核心有了件不错的外套。

不幸的是，或者说幸运的是，虽然大卫对放射性化学还算有所了解，却栽在了物理学上。首先，他需要用铀-235照射钍，将钍转化为铀-233。于是，大卫在庞蒂克车的仪表板上装了个盖革计数器（这种设备探测到辐射的时候会发出"嘀嘀"的声音），然后开着车在密歇根乡下转悠，就像真能在小树林里撞见一块有铀的热点似的。不过铀通常以铀-238的形式存在，这种同位素的放射性很弱。（铀-235和铀-238的化学性质完全相同，事实上，如何分离这二者以提高矿石质量是曼哈顿计划的主要成果之一。）后来，大卫终于从一个粗心的捷克供应商那儿搞到了一些铀矿石，不过悲剧再次发生了，这是普通非浓缩的铀，不是不稳定的那种。最后，大卫放弃了这种方法，转而制造了一把"中子枪"来照射钍、点燃铀-233，不过这把枪不太成功。

后来，一些耸人听闻的报道暗示说大卫几乎成功地在那个棚子里造出了反应堆。但实事求是地说，真相与此相去甚远。传奇核物理学家阿伯特·吉奥索曾评价说，大卫手里的可裂变材料最多只有真正反应堆需要的兆亿分之一。他的确搜集了一些危险材料，而且考虑到他在这些材料面前的暴露时间，也许他的寿命会因此缩短。可是这些都很简单。要利用放射性活动毒死自己有很多办法，但驾驭这些元素的方法却寥寥无几，你必须找到恰当的时机，进行合理的操控，才能得到点儿有用的东西。

不过，警察发现了大卫的计划，他们可不敢掉以轻心。一天深夜，警察发现大卫在一辆停好的车附近晃悠，他们觉得这个朋克小子肯定是想偷轮胎。于是警察抓住了他，也搜了他的庞蒂克车，大卫好心而愚蠢地警告警察说车里装满了放射性材料。结果，除了放射性材料外，警察还在车里找到了几瓶奇怪的粉末，于是他们带走了大卫并对他进行讯问。大卫聪明地绝口不提盆栽棚里的"热"设备，虽然大多数设备已经被他拆掉了，因为他担心进展太快，没准会发生爆炸。联邦机构为谁该为此事件负责争执不休——以前可没人试过非法利用核能来拯救世界——案子拖了好几个月。与此同时，大卫的妈妈担心自己的房子会被宣判不能居住，于是一天晚上，她溜进了实验棚，把里面的几乎所有东西都扔掉了。几个月后，公务员们终于穿着防护设备，冲过邻居的后院，对棚子进行彻底搜查。虽然那位母亲已经清理过一次了，但剩下的罐子和工具表现出的辐射仍超出背景值上千倍。

因为他并无恶意（也因为那会儿"9·11"还没发生），所以大卫并未受到太多追究。不过，他的确为自己的未来和父母发生过争吵，高中毕业后，他加入了海军，迫不及待地想去核潜艇上工作。鉴于他的辉煌过去，海军方面好像别无选择只得接收他入伍，不过他们没让大卫去搞核反应堆，而是派他去擦洗甲板。对于大卫来说非常不幸的是，他一直没有机会在受控、受监督的设备上搞科研，不然的话，他的热情和初萌的才华也许会（谁知道呢）得出点儿有益的结果。

核能童子军的故事结局很悲伤。退伍后大卫回到乡下老家，过上了游手好闲的日子。沉寂几年后，2007年，大卫被警察逮捕了，因为他修改了（实际上是偷走了）自己公寓里的烟雾探测器。鉴于他的前科，这显然是个危险的信号，因为烟雾探测器里有放射性元素镅。镅可以稳定地产生 α 粒子，这些粒子被导入探测器内的电流中，烟雾会吸收 α 粒子，所以一旦烟雾超标，电流就会中断，探测器就会发出尖锐的警报声。大卫曾用镅来制造他那把粗糙的中子枪，因为 α 粒子可以将特定元素中的中子轰出来。的确，他早就被逮到过一次，那时候他还是个童子军，偷了夏令营里的烟雾探测器，那回他被赶出了夏令营。

2007年，他的大头照被泄露给了媒体，大卫天真无邪的脸上长满了红疱，就像是得了很厉害的痤疮又拼命挤得流血了似的。不过31岁的男性一般不会得痤疮，所以他显然是重操旧业，又开始搞核试验了。化学再次愚弄了大卫·哈恩，他从来就没意识到，原来元素周期表里满是陷阱。这个糟糕的例子告诉我们，虽然周期表底部的重元素不像毒药协会里的元素那样有直接的毒性，但它们却能迂回曲折地毁掉你的一生。

10. 带两个元素，早上打电话叫醒我

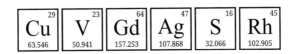

元素周期表的脾气有点儿反复无常，大多数元素都比毒药协会里那些明火执仗的流氓复杂。默默无名的元素默默地在身体里干下点儿勾当——通常是坏事儿，不过有时候是好事儿。某种元素在某种情况下是有毒的，可是换一种情况，它也许就是救命良药；在医生的诊疗室里，元素代谢的异常变化也是种特殊的提示。元素与药物的相互作用甚至可能告诉我们，周期表里无意识的各种元素是如何组合创造出生命的。

●17世纪欧洲贵族的银质餐具

元素被当作良药的历史可以追溯到很久很久以前。据说，罗马官员的身体比下面的人好，是因为他们用银盘用餐。虽然银币在荒郊野外没什么用处，但美国早期很多拓荒家庭都会准备至少一枚不错的银币，他们驾着科内斯托加式篷车在荒野上驰骋的时候，就把银币藏在牛奶罐里——不是为了安全，而是为了防止牛奶变质。著名天文学家第谷·布拉赫出身贵族，1564年，他醉酒后在一间光线昏暗的宴会厅里跟人决斗，结果被削掉了鼻梁，据说他订购了一

个银鼻梁来替换。这种金属很时髦，更重要的是，它可以防止感染。唯一的缺点是，银的金属光泽太明显了，于是第谷不得不随身带上粉盒，随时随地往假鼻子上扑粉。

后来，好奇的考古学家挖出了第谷的遗体，发现其颅骨正面有一层绿壳——这意味着第谷的假鼻子很可能不是银的，而是更便宜的铜（又或者他的鼻子可以根据参加的宴会层次不同随时更换，就像耳环一样）。不管是银还是铜，都能说得通。虽然长期以来这两种金属都被当作不可信的民间偏方，但现代科学证实了它们的确有防腐作用。银太贵了，不适合日常使用，但根据公共安全规程，铜管如今已成为建筑内构的标准配件。铜进入公共健康领域始于1976年，那时候美国200周年国庆刚刚过去，费城一间旅馆里暴发了瘟疫。那个7月，一种前所未见的细菌偷偷钻进了旅馆空调系统潮湿的管道里，它们悄悄繁殖，然后和凉爽的空气一起透过出风口一拥而出。短短几天内，旅馆里的几百个人都得了"流感"，34人丧生。那周旅馆的会议中心租给了老兵组织美国退伍军人协会，虽然受害人不全是协会成员，但这种病仍被称为"军团病"。

在此之后，法律强制规定建筑物必须采用更清洁的空气循环和用水系统，而铜已被证明是改善基础设施最简单廉价的材料。如果某种细菌、真菌或藻类钻进了铜质物品，它们就会吸入破坏其新陈代谢的铜原子（但人体细胞不受影响）。微生物被噎住了，几小时后就会死去。比起木材或塑料来，这种效应——微动力效应，或称"自消毒"效应——使得金属更不易滋生微生物，也解释了公共场合为什么会有黄铜的门把手和金属栏杆。也是出于这个原因，美国境内保存良好的硬币大多数含铜量接近90%或是镀了一层铜（例如1分的硬币）。空调系统里的铜管也能自行清理掉内部腐烂的微生物。

夸张一点儿说，23号元素钒也是微生物杀手，而且它还会对男性产生奇妙的副作用：钒是有史以来最好的杀精剂。大多数杀精剂的工作原理是溶解精子外包裹的脂肪膜，然后把精子屠戮得干干净净。不幸的是，所有细胞都有脂肪膜，所以杀精剂经常会刺激到阴道内壁，使得妇女易受真菌感染。这可不好玩。钒跳过了麻烦的溶解步骤，它直接破坏精子尾巴上的曲轴，尾巴断掉了，精子就像单桨小船一样原地打起了转。

不过，市场上并没有用钒制成的杀精剂，因为——这也是医学界的老生常谈——知道某种元素或药物能在试管里表现出让人满意的特性，并不意味着你也知道怎么控制、利用这些特性创造出适合人类使用的安全的药物。虽然钒效力很强，但它对人体新陈代谢的影响仍不明朗。此外，它还会使血液里的葡萄糖水平发生神奇的升降。所以，虽然钒有微弱毒性，但网上依然有人把钒水当成治糖尿病的"灵丹"卖，（据某些网站称）这些富含钒的矿泉水来自富士山。

其他一些元素也成了有效的药物，比如现在还没什么用处的钆就有成为癌症杀手的潜力。钆的价值来自其原子内部富含未配对的电子。虽然这些电子很想和自己的原子或其他原子结合，但实际上它们还是远远地各自为政。还记得吧，电子分层分布，层内又分轨，每条轨道上可以容纳2个电子。奇怪的是，电子填充轨道的方式像是公交车上的乘客找座位：每个电子都喜欢自己占一条轨道，直到其他电子不得不挤进来和它配对。电子不得不和别人配成对的时候也很挑剔，它们总是和"自旋"方向相反的同类坐在一起，自旋方向和电子磁场有关。电子、自旋、磁性，这几个词儿放在一起似乎有点儿奇怪，但所有旋转的带电粒子都有永久磁场，像是微型的地球一样。两个自旋方向相反的电子配成对，它们的磁场就相互抵消了。

钆位于稀土行中间，拥有的单个电子数量最多。体内有这么多不成对、未抵消的电子，所以钆的磁性比其他元素强得多——非常适合用于磁共振成像（MRI）。MRI仪器的工作原理是这样的：用强磁体使身体组织发生轻微的磁化，然后关掉磁场，身体组织就会放松下来，重新恢复随机的朝向，这时候对于磁场来说，这些组织变成隐形的了；但一小部分磁性强的地方要花更长的时间才能放松下来，例如钆，于是MRI仪器就能检测出这样的区别。所以，在肿瘤靶剂中加入钆——肿瘤靶剂是指搜索肿瘤并只能黏附在肿瘤上的化学药剂，医生就能更轻松地从MRI扫描中发现肿瘤。总的来说，钆能使肿瘤和正常组织之间的反差变得更加鲜明，根据仪器不同，肿瘤看起来会像是灰色组织海洋里的一个白色小岛，或是像明亮的白色天空中的一团乌云。

更好的是，钆也许不只是能用于诊断肿瘤，也许它还能为医生提供一条新路，用强辐射消灭肿瘤。体内有大量不成对的电子使得钆能吸收许多中子，普通的身体组织没法很好地吸收中子。吸收中子会给钆带来放射性，它爆炸时会撕碎周围的组织。一般来说，在人体内引爆一颗超微型核弹不是什么好事，但如果医生能诱使肿瘤吸收钆，那敌人的敌人就变成了我们的朋友。作为赠品，钆还能抑制修复DNA的蛋白质，于是肿瘤细胞无法重建被撕碎的染色体。每个患过癌症的人都能证明，比起化学疗法和普通的放射疗法来，一次集中的钆爆将会是巨大的进步，因为前两种疗法在杀死癌细胞的同时也会消灭周围的一切。化疗和放疗更像是汽油弹。有朝一日，钆也许能让肿瘤学家们无须开刀就能完成外科手术。

这并不是说64号元素就是起死回生的"灵丹"。原子在人体内有自己的运动方式，和其他身体不会经常用到的元素一样，钆也有副作用。在某些不能通过自身代谢将钆排出体外的患者身上，钆会引发肾脏问题，也有患者称钆会让肌肉发生像是早期尸僵似的僵硬，皮肤也会像兽皮一样硬化，还有病例显示钆可能带来呼吸困难。鉴于以上表现，互联网上有不少人声称钆（通常来自MRI仪器）毁了他们的健康。

其实，互联网是个有趣的地方，在那里可以搜集到对尚未定性的药用元素的各种言论。实际上，几乎每一种无毒的元素（有时候连有毒元素都有），互联网上都有人当成保健品卖。也许并非巧合，你也能在互联网上找到许多案例，总有主营人身损害案的律师事务所打算指控某人让当事人暴露在某种元素中，涉案元素几乎囊括了整个周期表。到目前为止，健康专家的意见似乎比律师的传播得更远更广泛，元素药物（例如润喉糖里的锌）越来越流行，尤其是那些早有民间偏方流传的元素大受欢迎。一个世纪以来，人们渐渐用处方药取代了偏方，不过人们对西药的信心开始消退，这使得某些人又开始相信银之类的土方"药物"。

从表面上看，用银治病似乎有科学道理，因为它和铜一样有自消毒效应。它和铜之间的区别是，身体吸收了银，皮肤就会永久变成蓝色。真正发生的时候绝对比听起来更糟糕。其实说是"蓝色"并不确切，人们听到这个词儿的时候脑子里就会浮现出动人的电子蓝，但实际上，这种蓝色是一种可怕的灰蓝色，更像是变成僵尸的蓝精灵。

幸亏银中毒不会致命，也不会造成内脏损伤。20世纪初，甚至有个人亲身为我们展现了怪物秀里的"蓝人"真实版，他为了治疗梅毒服用了过量的硝酸银（结果没用）。我们这个时代也有"蓝人"，作为一位生存主义者兼狂热的自由党党员，来自蒙大拿州的斯坦·琼斯擅长软硬兼施，虽然他的肤色是惊人的蓝色，却于2002年和2006年两次参加了美国参议院竞选。值得表扬的是，面对媒体的刁难琼斯总是坦然自嘲。别人问他，如果街上有大人小孩对他指指点点，他会怎么说，琼斯一本正经地回答："我只要告诉他们我是在尝试万圣节的扮相就好了。"

琼斯也欣然解释了他为什么会跟银中毒扯上关系。1995年，琼斯一时糊涂听信了某些阴谋论，迷上了计算机千年虫危机，他尤其担心天启降临之日会出现抗生素短缺。于是他决定，应该让自己的免疫系统做好准备。于是，他开始私自在后院里蒸馏重金属。他把9伏电池用银线连接起来，然后浸入水桶——这种方式连对银最虔诚的死硬派都不会推荐，因为这么强的电流会使过多的银离子溶解到桶里。琼斯虔诚地喝了4年半这样的"珍酿"，直到2000年1月，千年虫谣言终于不攻自破。

银溶液完全没用，虽然在两次竞选期间为此饱受嘲弄，但琼斯仍不后悔。当然，琼斯参加竞选不是为了警醒食品药品监督管理局，这个部分的管理风格十分自由化，以元素为噱头的保健品除非会严重危害健康或是做出完全不可能实现的承诺，他们才会介入。2002年落选后，琼斯告诉一家全国性杂志："过量服用（银）是我的不对，但我仍相信银是世界上最好的抗生素……如果美国遭到生化袭击，或者我自己得了什么病，我肯定会马上再去服用银。保住性命比大红大紫重要多了。"

尽管斯坦·琼斯如此推崇，但现代最好的药物都不是单个元素，而是复杂的化合物。不过，在现代药物史上，一些想不到的元素扮演了出人意料的角色。这段历史与一些鲜为人知的英雄科学家大有关系，例如格哈德·多马克，但故事是从路易·巴斯德开始的。巴斯德发现了生物分子的偏手性，这种奇妙的特性暗示着生物最深层的本质。

你习惯用右手，但实际上你不是右撇子，而是"左撇子"，够奇怪的吧？你身体里每种蛋白质里的每种氨基酸都是左旋的，事实上，有史以来几乎所有生命体中的所有蛋白质都是"左撇子"。如果天体生物学家在流星或是木星的卫星上发现了微生物，那么几乎可以肯定，他们要化验的第一个项目就是蛋白质的手性。如果蛋白质是左手性的，那也许是受到了来自地球的污染；如果是右手性的，那就肯定是外星生命。

●路易・巴斯德

巴斯德之所以会注意到手性，因为他最开始是一位化学家，研究普通的生命碎片。1849年，26岁的巴斯德受一家葡萄酒厂之托开始研究酒石酸，这是酿酒时产出的一种无害的废料。葡萄种子和酵母菌的尸体腐败形成酒石酸，它们在酒桶里沉淀下来，形成晶体。酵母产生的酒石酸有种奇怪的特性，如果将它溶解在水里，用一束光线垂直照射溶液，那么光线会产生右旋（顺时针旋转），就像拨转盘一样。但人工制造的工业酒石酸却不是这样，如果用光来照射，光会直直地穿过去。巴斯德想找出其中的原因。

他认为这样的现象与化学性质无关，因为两种酒石酸在化学反应中的表现相同，其元素构成也一样。但他用放大镜仔细研究晶体的时候，终于发现了区别。来自酵母的酒石酸晶体都朝一个方向旋转，就像是一个个握紧的左拳。而工业酒石酸则两种方向都有，有左旋的，也有右旋的。巴斯德被迷住了，他开始干一项单调得不可思议的工作：用镊子把这些盐粒大小的晶体分成左右两堆。然后，巴斯德把两堆晶体分别溶解在水中，用光线照射。正如他所预料的，与酵母晶体相似的那杯溶液使光线产生了右旋，而镜像晶体使光线左旋，二者产生的旋转角度相同。

巴斯德向自己的导师让·巴蒂斯特·比奥提起了实验结果，比奥曾首次发现过某些化合物会使光线偏转。老人要求巴斯德演示给他看——然后他就被实验的简洁优美深深震撼了，险些情绪失控。本质上，巴斯德证明了酒石酸有两种完全等同但互为镜像的类型。更重要的是，后来巴斯德扩展了这一理论，他揭示了生命分子极强地倾向于同一单手性。

后来，巴斯德承认这一杰出成就确实有点儿碰运气。和大多数分子不同，酒石酸的手性很容易分辨。此外，虽然别人可能的确想不到手性和光线转向之间的关系，但巴斯德有比奥，这位导师指导了他做出旋光性实验。最具偶然性的是，天气也很配合。准备人造酒石酸的时候，巴斯德曾将它放在窗台上冷却，这种酸只有在26.11℃下才会分成左旋和右旋两种晶体，如果当时再暖和一些，那巴斯德永远不会发现手性的秘密。不过，巴斯德明白自己的成功只有一部分来自运气，正如他自己说的："机会只会垂青有准备的头脑。"

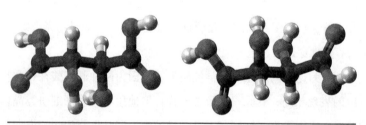

●酒石酸分子模型

巴斯德的娴熟技艺足以让自己的一生"好运"不断。他成功演示了一个天才的实验（虽然他不是第一个做这个实验的人），把肉汤装在无菌密封的烧瓶里，确凿无疑地证明了空气中没有"赋予生命的元素",也没有能从无生命的物质中召唤出生命的灵体。就算生命很神秘,它也是由周期表里的元素构建起来的。巴斯德还创立了巴氏灭菌法,以加热牛奶的方式消灭传染病菌。当时最广为人知的是,他用自己的狂犬病疫苗救了一个小男孩的命。因为这种疫苗,他成了全国的英雄。有了这样的名望,巴斯德在巴黎郊外创建了一个以自己的名字命名的研究所,进一步研究革命性的疾病微生物理论。

也许并非巧合,20世纪30年代,巴斯德研究所里一些报复心切的科学家研究出了第一种实验室内制出的药物如何起效——不过又将这个重任转交于巴斯德事业的继承者格哈德·多马克,多马克是他那个时代最伟大的微生物学家。

1935年12月初,多马克的女儿希尔德加德在德国伍珀塔尔的家里摔下了楼梯,手里还拿着一根缝纫针。针在她手上刺穿了一个孔,然后在体内折断了。医生取出了碎片,但几天后希尔德加德开始衰弱起来,她发起了高烧,整条胳膊也出现了严重的链球菌感染。随着女儿的病情加重,多马克也深受折磨,日渐憔悴,因为这样的感染常常让人送命。一旦细菌开始成倍增长,没有哪种已知药物能阻挡它们的贪婪。

不过,有一种药可以——或者说,一种即将出现的药。实际上它是多马克悄悄在实验室里测试的一种工业用红色染料。1932年12月20日,多马克给一窝老鼠注射了10倍致死剂量的链球菌,对另一窝老鼠他也如法炮制。不过90分钟后,他给第二窝老鼠注射了那种工业染料——百浪多息。圣诞节前夜,多马克偷偷回到实验室里看了一眼。直到那一天,他还是一个无名的化学家。第二组的所有老鼠都活着,第一组的都死了。

在为希尔德加德守夜的时候,多马克面前还不光是这一件事。百浪多息——它是一种环状有机分子,里边有一个硫原子,这有点儿不同寻常——的性质仍不明朗。当时的德国人相信(虽然有点儿怪）染料会把微生物体内的重要器官染成错误的颜色，从而杀死微生物。不过虽然百浪多息的确杀死了老鼠体内的微生物，但它对试管里的细菌没什么影响，细菌在红色染料里高兴地游来游去。没人知道这是为什么，正是因为内中原理没人知道，所以欧洲无数医生攻击德国人的"化学疗法"治疗感染的效果不如手术。就连多马克自己都对百浪多息没什么信心。1932年在老鼠身上做的实验和希尔德加德出事前的人体临床试验效果都很好，但百浪多息偶尔会带来严重的副作用（更别提它会让人的脸变得红通通的，跟龙虾似的）。虽然多马克愿意冒着患者死亡的风险做临床试验，以期得到更大的成果，但拿自己女儿的生命来冒险又是另一回事了。

多马克进退两难，他发现自己面临着50年前巴斯德的窘境。当时在法国，一位年轻的母亲带着被疯狗严重咬伤的儿子去找巴斯德，孩子被咬得几乎都走不动路了。巴斯德给孩子用了一种当时仅在动物身上试验过的狂犬病疫苗，孩子活了下来。当时巴斯德没有行医执照，如果那次失败了，他就面临着刑事检控的风险。而多马克要是失败了，还会背上良心的重负，是他亲手杀死了自己的家人。然而，随着希尔德加德的病情越来越严重，多马克脑子里满是圣诞节前夜看见的那两笼老鼠，一笼在叽叽喳喳地磨牙，另一笼却毫无动静。等到希尔德加德的医生宣布不得不截除小姑娘的胳膊，多马克终于抛下了顾虑。多马克违反了几乎每一条你能想出来的科研协议，他偷偷从实验室里拿了几剂实验性药品，开始给自己的女儿注射这种颜色像鲜血一样的液体。

起初希尔德加德的病情继续恶化，接下来的几周里，高烧时断时续。突然间，恰好是在父亲做老鼠实验的整整3年后，希尔德加德的情况稳定了下来。她活了下来，两条胳膊都好端端的。

多马克高兴极了，但他并没有和同事提起这次秘密实验，以免他们在临床试验中出现预设倾向。不过同事们用不着听说希尔德加德的事儿也知道多马克找到了个大家伙——第一种真正的抗生素。这种药物的发现意义有多么重大，怎么说都不过分。多马克那个年代，世界上有很多东西已经完成了现代化，火车载着人们飞快地跨越大陆，电报实现了快捷的国际通信，但就连普通的感染都能要人命。有了百浪多息，人类就有望征服自古以来劫掠无数人命的瘟疫，甚至可能将它完全根除。现在唯一的问题是，百浪多息到底是怎么起效的。

我一直尽量保持作者的疏离感，但接下来的解释里我必须道歉。前面我详细介绍过八电子规则，所以现在我很讨厌这么说：八电子规则也有例外。百浪多息作为一种药物大获成功，正是因为它违反了八电子规则。在特定情况下，如果硫原子周围的元素都很强势，那它会把自己外层的6个电子全都"借"出去，于是它的外层稳定电子数就从8个变成了12个。百浪多息里的硫将一个电子共享给碳原子组成的苯环，一个电子共享给短氮链，然后与两个贪心的氧原子各共享两个电子。12个电子形成6个化学键，可以玩不少花招，除了硫之外，没有哪种元素玩得转。硫位于周期表第3行，所以它的大小足以容纳8个以上的电子，又能把所有重要的部分结合在一起；而正是因为它位于第3行，所以硫又足够小，可以让周围的东西都处在合适的三维位置上。

●百浪多息的化学结构

多马克本质上是一位细菌学家，所以他对化学的了解并不深入，最后他决定公布自己的结果，这样其他科学家就能帮他找出百浪多息的起效机制。不过还有微妙的商业问题要考虑。多马克供职的法本公司（IGF，后来正是这家公司生产了弗里茨·哈伯的齐克隆B）是家大企业，他们已经把百浪多息作为染料在卖了，不过1932年圣诞节后，他们立刻为百浪多息申请了药物专利。临床证据显示百浪多息对人体有良好疗效，于是IGF一定会想尽办法保护自己的知识产权。多马克忙着发表实验结果时，公司要求他暂停，等待百浪多息的药物专利获得批准，这样的拖延为多马克和IGF招来了批评，因为律师吹毛求疵的时候，无数人正在死去。最后为了避免其他公司发现百浪多息的秘密，IGF让多马克把论文发在了一家只有德语版的无名期刊上。

虽然有了这样的预防措施，虽然百浪多息带来了巨大的希望，但它正式上市时却遭遇了惨痛的失败。外国的医生继续对它评头论足，许多人根本不相信它能起效。直到1936年，小富兰克林·德拉诺·罗斯福[1]得了严重的链球菌咽喉炎，百浪多息救了他的命，《纽约时报》头条报道了此事，百浪多息和它孤独的硫原子才赢得了公众的注意。突然间，多马克摇身一变成了真正的炼金术士，大笔盈利滚滚流入了IGF的口袋，百浪多息起效的原理到底是什么，好像已经不重要了。1936年，百浪多息的销量猛涨5倍，第二年又翻了5倍，谁还在乎它的原理？

与此同时，法国巴斯德研究所的科学家找到了多马克发在无名期刊上的文章。出于反知识产权（因为他们讨厌阻碍了基础科研的专利）和反条顿（因为他们讨厌德国人）的双重理由，法国人立刻开始着手打破IGF的专利权（别以为天才就不会有恶意）。

如广告所言，百浪多息对细菌也有作用，但巴斯德的科学家们追踪它在人体内的行踪时发现了奇怪的事情。首先，打败细菌的不

---

(1) 小富兰克林·德拉诺·罗斯福（Franklin Delano Roosevelt Jr.），当时的美国总统富兰克林·罗斯福的第五个孩子。

是百浪多息，而是它的衍生物磺酰胺。哺乳动物的细胞会将百浪多息分子一分为二，产生磺酰胺。这立刻就解释了试管里的细菌为什么不会受到影响：试管里没有哺乳动物细胞，所以百浪多息没有被生物性地分解"激活"。其次，磺酰胺中央是硫原子，周围环绕着6条支链，它会破坏叶酸，所有细胞复制DNA和自我繁殖都需要叶酸。哺乳动物能从食物中摄取叶酸，这意味着磺酰胺对它们的细胞没什么影响，但细菌必须得自己生产叶酸，否则就不能完成有丝分裂，无法扩展蔓延。那么事实上，法国人证明了多马克发现的不是抗菌素，而是细菌节育剂！

●磺酰胺的化学结构

百浪多息的起效原理成了爆炸性新闻，它的影响范围不仅仅是医药学界。百浪多息里真正重要的部分是磺酰胺，而磺酰胺多年前就被发明出来了。甚至早在1909年，磺酰胺就获得了专利权——也是IGF公司申请的——不过多年来，这种化合物一直郁郁不得志，因为公司只把它当成染料测试过。20世纪30年代中期，专利过期了。带着不加掩饰的快乐，巴斯德研究所的科学家发表了自己的研究成果，全世界每个人都知道了该怎么绕过百浪多息的专利权。当然，多马克和IGF抗议说起作用的不是磺酰胺而是百浪多息，但不利于他们的证据越来越多，最终他们只得收回自己的主张。IGF损失了几百万前期投资，至于损失的盈利，也许有好几亿，因为竞争对手一拥而入，合成出了其他"磺胺类药物"。

虽然多马克遭遇了专业上的挫折，但同行却非常理解他所做出的贡献，1939年，这位巴斯德的继承人获得了诺贝尔生理学或医学奖，此时圣诞老鼠实验刚好过去了7年。但无论如何，诺贝尔奖反而让多马克的日子更难过了。希特勒讨厌诺贝尔委员会，因为1935年他们把和平奖颁给了一位反纳粹的记者兼和平主义者，由于元首的态度，当时德国人拿诺贝尔奖简直成了一种非法行径。于是，盖世太保逮捕了多马克并残酷地折磨他，因为他"犯了罪"。"二战"爆发后，多马克说服纳粹相信（起初他们不信）他的药能使士兵免遭坏疽折磨，这才稍微改善了一下自己的处境。但那时候盟军也有磺胺类药物，1942年，多马克的药救了温斯顿·丘吉尔的命，这可不会让多马克更受欢迎，因为丘吉尔决心战胜德国。

还有更糟糕的，多马克曾相信这种药可以救回女儿的命，但现在它变成了一种危险的风尚。人们有点儿喉咙痛或是鼻塞就要医生给他们开磺酰胺，很快这东西简直成了万灵药。美国急功近利的商人抓住了这股狂热，他们将防冻剂加入磺胺来改善它的味道，然后大肆兜售，人们的希望变成了一场下流的闹剧。短短几周内，数百人因此丧生——这也进一步证明了世界上总会有蠢人相信万灵药。

抗菌素的出现是巴斯德掀起的微生物发现浪潮的顶点。但并不是所有疾病都是微生物引起的，很多疾病的根源在于化合物或激素。直到人们接受了巴斯德另一个伟大的生物学发现——手性——之后，现代医学才开始解决第二类疾病的问题。巴斯德说过机会只会垂青有准备的头脑，不久后他还说过其他一些话，也许不如前一句简练，却更加发人深省，因为这些话涉及真正神秘的东西：生命的活力到底来自哪里。认识到生命强烈倾向于偏手性之后，巴斯德提出，目前手性是唯一"能够明确划分出无生命和有生命的物质之间界限的化学性质"。如果你曾追寻过生命的定义，那么这便是你的问题的化学解释。

巴斯德的宣言引领了生化学整整一个世纪，正是在这个世纪里，医生对疾病的理解取得了长足的进步。与此同时，这一观点暗示着要治疗疾病，要真正地解决问题，就需要有手性的激素和有手性的生化药剂——科学家们意识到，巴斯德的宣言不但洞察力惊人、助益匪浅，同时也隐约映照出了他们自己的无知。科学家在实验室里制造出来的"死"化合物和支撑生命的活细胞化合物之间有着巨大的鸿沟，巴斯德指出了这一点，同时也指出了这样的鸿沟没有捷径可以跨越。

但人类没有停下尝试的脚步。有的科学家通过提炼动物精华和激素的方法获得了有手性的化合物，但最终还是证明这个任务太艰巨了。（20世纪20年代，芝加哥有两位化学家从兽栏里搞来了几千磅牛睾丸，最后从中提取出了几盎司纯睾丸酮，这也是人类第一次得到纯的睾丸酮。）还有一种方法：无视巴斯德断言的区别，生产左右两种手性的生化药剂。这种方法相当简单，因为从统计学上说，反应生成左手性分子和右手性分子的概率大致相等。问题在于，这些互为镜像的分子在体内会表现出不同的特性。柠檬和橘子清新的气味来自同样的基本分子，但一种是右手性的，另一种则是左手性的。20世纪50年代，一家德国制药公司开始出售一种可以改善妊娠期妇女晨吐的药物，但药物中良性、有药效的活性成分里混进了一些手性相反的分子，因为科学家没法将二者分开。于是，服药的孕妇生出了畸形的孩子——最让人不忍目睹的是那些没有腿和手臂的孩子，他们的手和脚像海龟的脚蹼一样直接连在身体上——"反应停"成了20世纪最臭名昭著的药物。

随着"反应停"事件的发生，手性药物的前景似乎前所未有的黯淡。但正是在人们公开悼念反应停婴儿的时候，圣路易斯的一位名为威廉·诺尔斯的化学家开始在农业公司孟山都的秘密实验室里鼓捣一种看起来不太可能成为英雄的元素——铑。诺尔斯悄悄绕开了巴斯德，他证明了只要想出个聪明的法子，"死"物质也能滋补活物。

诺尔斯手里有一种平面的二维分子，他希望将它扩展成三维的，因为这种3D分子的左手性版对帕金森症之类的脑科疾病显示出了很好的疗效。关键在于如何得到正确的手性。请注意，2D物体是无手性的——别忘了，如果从你的右手上切出一个平面，那么只要把它翻一面，它就变成左手的了。手性只会出现在Z轴上。但反应中的无生命化合物可不知道自己要做的是左手还是右手，所以它们两者都做——除非给它们设个圈套。

诺尔斯的圈套便是铑催化剂。催化剂能将化学反应加速到我们普通人从日常生活的狭隘角度难以理解的程度。有的催化剂能将反应率提高数百万、数十亿甚至数万亿倍。铑的活儿干得非常快，诺尔斯发现一个铑原子就足以使几乎无限个2D分子膨胀扩展。于是，他把铑放进已经显示出手性的化合物中心，创造出了有手性的催化剂。

聪明的地方在于，加了铑的手性催化剂和2D靶分子体形都很庞大，而且肆意地伸展着"四肢"，所以它们彼此接触发生反应的时候，就像是两头庞大的动物企图交配一样。也就是说，手性化合物只能从一个特定位置把铑原子戳进2D分子里；在这个位置上，中间隔着胳膊和肥肚子，于是2D分子只能在一个特定维度上展开成3D分子。

交媾的位置受到了限制，加上铑的催化能力大大加速了反应过程，这意味着诺尔斯只干一点点苦活儿——制造出有手性的铑催化剂，就能收获很多很多手性正确的分子。

这一年是1968年，现代的药物合成技术从这一刻起步了——2001年，诺尔斯因为这一贡献获得了诺贝尔化学奖。

顺便说一句，铑辛辛苦苦帮诺尔斯做出来的药是左旋二羟基苯丙氨酸，或称左旋多巴，随着奥利佛·萨克斯写的《睡人》（*Awakenings*），这种化合物变得家喻户晓。《睡人》记录了20世纪

20年代，左旋多巴如何唤醒了8位从急性嗜睡症（流行性脑炎）发展为帕金森症末期的患者。8位患者都住在公共机构里，其中有好几个人已经昏睡了40年，少数人伴有长期的紧张症。萨克斯描述说，他们"完全失去了精力、动力、主动性、运动能力、食欲、情绪反应和欲望……像幽灵一样缥缈，像僵尸一样冷漠……生命的火山已经沉寂"。

1967年，一位医生用左旋多巴治疗帕金森症患者，取得了非常好的疗效，因为左旋多巴可以生成脑内化合物多巴胺（和多马克的百浪多息一样，左旋多巴在人体内一定具有生物活性）。但多巴分子的左旋版和右旋版非常难以区分，所以左旋多巴每磅的价格超过5000美元。神奇的是——虽然当时他们不知道是为什么——萨克斯写道："1968年年底，左旋多巴的价格直线下降。"诺尔斯的重大发现给萨克斯带来了自由，不久后，萨克斯就开始在纽约用左旋多巴来治疗紧张症患者，"1969年春天，某种程度上说……没人能想到或是预见到这一天，'熄灭的火山'喷发出了生命的火焰"。

火山的比喻十分精确，因为左旋多巴的药效并不全是良性的。有人服用后变成了多动症，思维快得跟飞一样，也有人会产生幻觉或是像动物一样啃东西。不过这些被遗忘的人基本上都宁愿忍受左旋多巴带来的亢奋，也不愿意回到过去那种精神萎靡的状态。萨克斯回忆说，患者的家人和医院的职员一直觉得他们"事实上已经死了"，甚至有的病人自己也这么想。诺尔斯的左旋多巴让他们恢复了活力。这又一次证明了巴斯德的宣言是正确的，手性正确的化合物的确能够带来生命。

11. 元素也会骗人

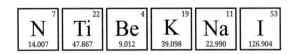

　　没人能想到，铑这样不起眼的灰色金属竟然能制造出左旋多巴那样奇妙的东西。尽管化学的历史已有几百年，但元素仍在不断给我们带来惊喜，有时候是真正的惊喜，有时候却是惊吓。元素能扰乱我们无意识的自发呼吸，能混淆我们的感觉神经，碘这样的元素甚至能让我们失去人类最高级的能力。的确，化学家了解元素的许多性质，例如它们的熔点或是在地壳中的丰度。8磅（约3.6千克）重、2804页的《化学物理手册》——化学家的圣经——列出了每种元素的每种物理性质，精确到小数点后你根本用不到的位数。从原子层面上说，元素的行为是可预测的。可是当它们与生物学的混沌不期而遇，元素就不断地让我们陷入迷茫。在反常的环境中，就算是最普通最常见的元素也会蹦出来点儿吓人的"惊喜"。

　　1981年3月19日，美国航天局（NASA）卡纳维拉尔角总部里，5位技师拆开了一架模拟飞船上的面板，钻进了飞船背面发动机上方一个狭窄的舱室里。完美的起飞模拟刚刚结束，长达33小时的"一天"终于过去，哥伦比亚号航天飞机——有史以来最先进的航天飞机——已经准备好在4月里执行首次任务，此时的航天局信心满满，完全可以理解。艰苦的工作结束后，满意而疲累的技师们爬进舱室进行例行的系统检查。几秒后，他们一头栽了下来，中间没发出任何声音。

　　NASA上一次闹出人命还是在1967年，当时3位宇航员在接受阿波罗1号训练任务时被烧死了，此后无论是太空中还是地面上都无人丧生。20世纪60年代，NASA一直关心的是削减载荷，所以他们在飞船中循环使用的气体是纯氧而不是含有80%氮气（也就是说，80%无用的载荷）的空气。不幸的是，正如NASA在1966年的一份技术报告中所承认的，"由于没有氮气作为稀释气体来吸收热量或以其他方式干预，纯氧中的'火'烧得更快，温度也更高"。一旦氧气分子（O_2）中的原子吸收了热量，它们立刻就会彼此分离，从附近的原子那儿明火执仗地抢夺电子，这样的胡闹会使火焰温度升高。而且，氧无需过多刺激就很活跃。有的工程师担心，宇航服的魔术贴产生的静电都有可能在活跃的纯氧中引燃。不过，这份报告总结说，虽然"人们认为惰性气体可以阻燃……但加入惰性添加剂并无必要，还会使问题复杂化"。

现在来看，这样的结论在太空中也许行得通，因为太空中没有大气压力，飞船内部只要有一点点气体就不会被压扁。但在地面的训练中，NASA的技师不得不往模拟器里泵入很多氧气，舱室的墙壁才不会被地球上沉重的空气压成一团——这意味着危险性也直线上升，因为在纯氧中就算是极小的火花也会一发不可收拾。1967年，训练中的某一天，一团神秘的火花出现了，大火吞噬了模拟舱，里面的3位宇航员被活活烧成了灰烬。

灾难能说明很多问题，自那以后，NASA终于觉得有必要在所有航天飞机和模拟器中加入惰性气体，复杂就复杂吧。到1981年哥伦比亚任务的时候，NASA在每个可能产生火花的舱室里都加满了惰性的氮气（N_2）。电子设备和发动机在氮气里一样能工作，如果真有火花，氮气——它的分子结构比氧气稳定得多——也会把它扼死。如果工人想进入充满了惰性气体的舱室，只需要戴上防毒面具就好，或者等着里面的氮气排净，可呼吸的空气重新渗入以后——但3月19日那一天，他们没有采取这样的预防措施。有人太早发出了"一切正常"的信号，于是毫不知情的技师爬进了舱室，然后他们像是设计好的一样一起倒下了。氮不仅能使他们的神经细胞和心脏细胞无法吸入新的氧气，还会夺走细胞储藏起来以备时艰的一点点氧，加速技师的死亡过程。救援人员把5个人都拖了出来，但只救活了3个。约翰·比约恩斯塔德不幸罹难，4月愚人节那天，弗雷斯特·科尔也在昏迷中死去了。

●哥伦比亚号航天飞机

我们对NASA公平一点儿，过去几十年中也曾有洞穴里的矿工和地下粒子加速器里的工作人员因氮气窒息死亡的案例，他们死亡的环境通常像是恐怖电影里的场景。第一个人走进去，然后几秒内就莫名其妙地倒下了。第二个，有时候还有第三个人冲进去，也倒下了。最恐怖的地方是，死亡之前没人挣扎过，虽然感受到了缺氧，但他们根本来不及恐慌。如果你曾被困在水下，大概会觉得这很不可思议，摆脱窒息的本能会让你猛地蹿出水面。但我们的心脏、肺和大脑实际上并不会探测周围的氧气，它们只会判断两件事情：我们是否在吸入气体，什么气体都行；我们是否在呼出二氧化碳。二氧化碳会溶解在血液中形成碳酸，所以我们每次呼吸时只要排出了二氧化碳，降低了血液中的碳酸水平，那大脑就觉得没问题。这是一个进化的缺陷，真的。监测氧气水平更为科学，因为氧气才是我们所需要的。对于细胞来说，检查酸水平是否接近0更简单，而且通常已经够用了，所以它们偷了个懒。

氮绕过了这套系统。它无色无味，也不会在血管里产生任何酸。吸入和呼出氮气都很容易，所以肺觉得很自在，根本不会敲响心里的警钟。氮一边和熟人点头打招呼，一边大摇大摆地穿过了身体的安全系统，"杀人于无形"。（讽刺的是，传统上氮那一列的元素被称为"氮族元素"，它的语源在希腊语里是"窒息"或"勒死"的意思。）NASA的工作人员——他们是被诅咒的哥伦比亚号航天飞机的第一批牺牲品，22年后，这架航天飞机会在得克萨斯州上空爆炸——在氮的迷雾中很可能感觉到了脑袋发飘，行动迟缓，可工作33小时后，谁都可能会有这样的感觉，而且他们能够顺利呼出二氧化碳，所以在氮气使大脑窒息昏迷之前，他们基本不会感觉到其他异常。

因为必须和微生物及其他生物斗争，身体的免疫系统从生物学上说比呼吸系统更加世故，但这并不意味着它能识破所有骗局。元素周期表虽然会跟免疫系统要些化学花招，但至少有时候它设下的骗局是善意的。

1952年，瑞典医生皮尔·英格瓦·布赖恩马克开始研究骨髓如何产生新的血细胞。布赖恩马克是个狠角色，他希望直接观察，于是他在兔子的股骨上凿了几个洞，然后把一层蛋壳一样薄的钛覆在上面，这种薄片在强光下是透明的，所以可以作为观察窗。观察结果十分令人满意，布赖恩马克决定把昂贵的钛屏幕拆下来用于别的实验，可是让他上火的是，屏幕怎么都撬不动。于是他放弃了这些窗口（还有可怜的兔子），可是接下来的实验里又发生了同样的事情——钛总是像老虎钳一样紧紧地嵌在股骨上——所以布赖恩马克稍稍仔细地检查了一下。接下来发现的东西比观察刚长出来的血细胞有趣多了，它彻底地颠覆了修复学的沉闷局面。

自古以来，医生就用木头做成笨拙的假肢，取代人身上缺失的肢体。工业革命以来，金属假体渐渐普及，"二战"后有的残疾士兵甚至用上了可拆卸的锡脸——这样的面罩让士兵能够穿过拥挤的人群而不会引来太多注目。理想的解决方案是让金属或木头和身体融合在一起，但没人做得到。所有尝试都遭到了免疫系统的抵抗，金、锌、镁、镀铬的猪尿脖，统统不行。作为一个血液研究者，布赖恩马克知道其中的原因。一般而言，血细胞会成群结队地包围外来物质，用光滑纤维质的胶原蛋白将它紧紧包裹起来。这种机制——将外来物质密封起来防止泄漏——很适合，比如说，打猎出了意外，身体里被射入了铅弹的情况。但细胞不够聪明，它无法鉴别哪种外来物质是有害的，哪种又是有用的，所以几个月后，植入的不管什么东西总会被胶原蛋白包裹起来，很容易滑移或是松动。

甚至身体自身代谢的金属也会发生这种情况，例如铁。而且，身体半点儿钛都不需要，所以钛看起来不像是免疫系统会接受的元素。不过布赖恩马克发现了，出于某种原因，钛迷住了血细胞：它完全不会引发免疫反应，甚至还能骗到身体里的成骨细胞，这些细胞会贴到钛身上，好像22号元素真是身体里的骨头一样。钛能够完全融入身体，完成善意的骗局。从1952年起，钛成为假牙、义指和可替换关节的标准材料，20世纪90年代早期，我妈妈移植的髋关节就是钛制成的。

我妈妈运气不太好，她很年轻的时候髋部软骨就因关节炎而磨损殆尽，只剩下骨头吱吱嘎嘎地相互摩擦，就像是杵子不停捣着研钵一样。35岁时，她做了全髋关节置换术，这意味着将一根一头有个球的钛钉像铁路枕木一样敲进锯掉了一部分的股骨里，然后把关节窝拧到骨盆上。几个月后，妈妈多年来第一次在走路时摆脱了疼痛的困扰，而我则高兴地告诉别人，我妈妈做了和博·杰克逊[(1)]一样的外科手术。

不幸的是，部分因为妈妈不愿意放松幼儿园的工作，还不到9年，她第一次移植的髋关节就出了毛病。疼痛和炎症卷土重来，另一组外科医生不得不再次给她开刀。结果显示，假的髋关节窝里一些塑料元件开始脱落了，身体忠实地攻击了塑料碎片和周围的组织，用胶原蛋白把它们裹了起来。但钉在骨盆上的钛关节窝没有问题，事实上，医生不得不把它拆下来好装上新的钛零件。妈妈是在梅奥诊所做过两次髋关节置换术的最年轻的病人，所以外科医生把原来的关节窝送给了她作为纪念。妈妈现在还把这东西放在家里，装在一个马尼拉纸信封里。它的大小和切成两半的网球差不多，就算是10年后的今天，还有一些白色的骨渣坚定不移地粘在深灰色的钛上面。

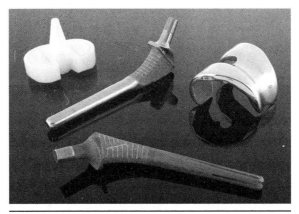

●钛合金材料制成的假体，可用于替换磨损或患病的关节

----

(1) 博·杰克逊（Bo Jackson），美国著名棒球球星。

不过，比起无意识的免疫系统来，我们的感觉器官更高级，例如触觉、味觉和嗅觉器官，它们是物理身体与综合意识之间的桥梁。不过现在我们应该清楚地认识到，无论哪种生命系统，它越复杂高级，就越容易出现没料到的新弱点。钛的骗局立下了大功，它是一个例外。我们相信感觉器官会告诉我们这个世界的真实信息，也会保护我们远离危险；认识到自己的感觉是多么容易被欺骗实在太让人觉得耻辱，而且也有点儿吓人。

嘴里的警报接收器会在舌头被烫到之前告诉你扔掉手里的汤勺，但奇怪的是，辛香番茄酱里的辣椒含有一种叫辣椒素的化学物，它也会刺激到嘴里的接收器。薄荷糖让嘴巴感觉凉爽，是因为薄荷醇唤醒了寒冷接收器，它会让你像被北风吹过一样颤抖起来。对于嗅觉和味觉，元素也会耍一样的花招。如果有人把一点点碲弄到了身上，那他好几周都会散发出大蒜一样的恶臭，哪怕在他离开房间几小时后，人们也会知道他在这儿待过。更让人困惑的是，4号元素铍的味道和糖一样。糖比任何一种养分都重要，因为人类需要它快速提供的能量，既然人类在野外寻找食物已有上千年的历史，那你肯定觉得我们体内一定有非常精密的系统来探测糖。但铍——它是一种苍白色、不溶于水、熔点极高的小原子金属，看起来和环状的糖分子毫无相似之处——却能和糖一样唤醒相同的味蕾。

这样的伪装也许只是个玩笑，微量的铍虽然是甜的，但随着剂量增大，它的毒性会急剧上升。据估测，全世界高达十分之一的人对铍过敏，这种疾病被称为急性铍中毒，完全就是周期表里的花生过敏。有史以来最伟大的科学家之一恩里科·费米发现，就算是不过敏的人暴露在铍粉尘中，其肺部也会受到损害，和吸入极细的硅颗粒一样会引发化学性肺炎。年轻气盛的费米在测试放射性铀的时候使用了铍粉，铍非常适合这种实验，因为与放射性物质混合时铍能减缓逸出粒子的速度。粒子不再毫无意义地逸逸到空气中，铍会把它们束缚在铀格里，再去激发更多粒子。后来费米从意大利移居美国，之前的实验给了他莫大的信心，于是他开始在芝加哥大学的壁球场里尝试史无前例的原子核链式反应实验。（幸好他不但会启动实验，还有能力停止实验。）但在费米驯服核能的同时，简单的铍也在给他设下圈套。年轻的费米过多地吸入了这种化学"糖粉"，于是53岁时，他患上了肺炎，被牢牢拴在了氧气瓶上，他的肺已经被撕碎了。

　　铍能愚弄对它不了解的人，部分是因为人类的味觉实在有点儿扭曲。现在，人们公认5种味蕾中有一部分是靠得住的。负责苦味的味蕾能分辨出食物，尤其是植物里的有毒氮化物，例如苹果种子里的氰化物。负责鲜味的味蕾只认谷氨酸盐，谷氨酸盐便是味精（MSG）里的G，它是一种氨基酸，能够帮助蛋白质合成，所以这些味蕾会提示你食物里含有丰富的蛋白质。不过，负责酸味和甜味的味蕾很容易上当。铍能骗过它们，某些植物浆果里特殊的蛋白质也能。神秘果蛋白的确十分神秘，它能除去食物里令人不快的酸味，却不会改变食物的口感，所以它能让苹果醋喝起来像是苹果汁，或者让塔巴斯科辣酱尝起来像是意大利番茄酱。神秘果蛋白会抑制负责酸味的味蕾，同时勾搭负责甜味的味蕾；酸产生离散的氢离子，在神秘果蛋白的作用下，一点点氢离子就可以激发甜味味蕾，于是你就尝到了甜味。根据同样的原理，不慎吸入过盐酸或硫酸的人经常会想起当时牙疼的感觉，就像嘴里被塞了一片非常酸的生柠檬一样。不过正如吉尔伯特·刘易斯证明过的，酸与电子及其他带电粒子的关系十分紧密。那么从分子层面上说，我们尝到的"酸味"只不过是味蕾被氢离子激活了。我们的舌头会将带电粒子产生的电流和酸的味道弄混。早在1800年左右，意大利伯爵亚历山德罗·伏特（电压单位"伏特"就是以他的名字命名的）就设计过一个聪明的实验来演示这种现象。伏特找了几个志愿者，让他们排成一排，每个人都用手捏住自己旁边那个人的舌头，然后两头的人把手指放在电池的引线上。电流一接通，每个人都尝到别人的手指头是酸的。

负责咸味的味蕾也很容易被电流影响，但它只对特定元素的电荷感兴趣。钠激发出的咸味最强烈，但钠的化学表亲钾风风光光地骑在它头上，尝起来也是咸的。在自然界中，这两种元素都以带电离子的形式存在，舌头探测到的其实并不是这两种元素本身，而是它们所带的电荷。我们进化出分辨咸味的味蕾，是因为钾和钠能帮助神经细胞传递信号，也有助于肌肉收缩。如果没有它们提供的电荷，那我们的心脏就会停止跳动，大脑也会真正死亡。舌头也能尝出其他有重要生理作用的离子，比如说镁和钙基本上也是咸的。

当然，味觉如此复杂，咸味也没有上面说的那么简单，一些没有生理用途的离子也和钾、钠一样尝起来是咸的（例如锂和铵）。而钾和钠如果配对的元素不同，尝起来也可能是甜的或酸的。有时候，某种分子（例如氯化钾）在低浓度下是苦的，高浓度时却会变成咸的，就像电影里的旺卡[1]一样变化多端。钾也能不表现出任何味道。匙羹藤的叶子里有一种名为匙羹藤钾的化合物，咀嚼生的匙羹藤钾能中和神秘果蛋白的改味性。葡萄糖、蔗糖和果糖能为舌头和心脏带来快感，据报道，咀嚼匙羹藤钾会阻断这样的快感：即使在舌头上堆满糖，尝起来也不过像是一堆沙子。

这些事情告诉我们，追寻元素的时候，味觉实在是个十分差劲的向导。为什么普通的钾也能骗到我们，实在费解，不过对于大脑快感中枢来说，也许表现得过于热切、过于慷慨正是寻找养分的好办法。至于铍为什么能误导我们，也许是直到法国大革命以后，巴黎才有一位化学家提取出了纯净的单体铍，在此之前人类从未在自然环境中遇到过纯净的铍，所以我们还来不及进化出对它的本能厌

---

(1) 旺卡（Wonka），电影《查理与巧克力工厂》里的巧克力工厂主。

恶。重点在于，我们毕竟是这个环境下的产物，至少部分是。无论在实验室里我们的大脑有多擅长解析化学信息、设计化学实验，但感觉总会自顾自地得出结论，感觉会让我们在碲身上找到大蒜味，在铍身上尝出甜味。

味觉仍是人类原始的快感来源之一，我们应该对它的复杂性表示惊叹。嗅觉是味觉的原始组成部分，嗅觉是唯一一种绕过了神经逻辑处理单元、直接与大脑情感中枢连接的感觉。而作为复合式的感觉，触觉和嗅觉与情感系统的联系远比其他的单种感觉更为深刻。我们用舌头接吻是有理由的。不过既然接触的是元素周期表，那我们最好把嘴巴闭上。

生命体非常复杂，拥有蝴蝶效应式的混沌性，如果随便挑一种元素注入你的血液、肝脏或胰腺，那基本上只有天知道会发生什么。就算你的大脑或神志不受影响，你也不知道身体里出了什么事儿。人类最高级的能力——我们的逻辑、智慧和判断力——十分容易陷入骗局，比如碘这样的元素就很危险。

也许没什么好大惊小怪的，因为碘的化学构造就很有欺骗性。周期表中从左到右，元素一般会越来越重。19世纪60年代，德米特里·门捷列夫宣布原子量的增长确定了周期表的周期性，所以周期表里有一条普遍规律，同一行中的元素原子量通常是逐渐增长的。问题在于，自然界的普遍规律不能有例外，但门捷列夫心里非常清楚，周期表的右下角就有一个刺儿头例外。每种元素都应该和相似的元素排成一列，所以52号元素碲必然在53号元素碘的左边，可是碲比碘重，不管门捷列夫怎么迁怒其他化学家，说他们的测重设备有问题，碲就是比碘重。谁都不能改变事实。

今天看来，这样的颠倒不过是无关痛痒的化学小花招，羞辱门捷列夫的笑话而已。今天的科学家知道，周期表中的92种自然元素里有4对是颠倒排列的——氩和钾，钴和镍，碲和碘，还有钍和镁——人工制出的超重元素也有几对是颠倒的。但是在门捷列夫之后一个世纪，人们却发现碘身上有一个更大、更阴险的例外，它就像是个玩三牌戏的骗子，一下子就卷入了一场黑手党斗殴。你看，今天印度仍有上10亿人坚信和平贤者圣雄甘地一定很讨厌碘。甘地很可能也讨厌铀和钚，因为它们可以用来制造炸弹，不过根据甘地那些想沾光的现代门徒的说法，甘地内心深处十分憎恨53号元素。

1930年，为了抗议英国人沉重的盐税，甘地领导印度人民进行了著名的"食盐长征"，一直走到丹迪。食盐是印度这样贫穷的国家能够自己生产的为数不多的几种商品之一。人们只需要搜集海水，让它们蒸发，然后把盐装在麻袋里拿去街上卖就好了。英国政府给制盐业定的税率是8.2%，这样的贪婪和荒谬不啻让贝都因人[1]为挖沙子纳税或是让因纽特人为制冰纳税。为了表示抗议，3月12日，甘地和78位追随者踏上了240英里（约386千米）的征途。每过一个村庄，就有更多人加入他们的行列。4月6日，他们走到海边小镇丹迪的时候队伍已经延伸到了2英里（约3千米）长。甘地把人群召集起来，人们聚拢过来的时候，他捧起一抔富含盐分的泥土，然后喊道："我正在用这些盐撼动大英帝国的根基！"这便是发生在南亚次大陆的波士顿倾茶事件。甘地鼓励大家违反法律，不缴盐税，直到17年后印度获得独立，所谓的食盐才真正成了千家万户的普通食材。

唯一的问题是，普通的食盐里几乎不含碘，而碘对健康十分重要。20世纪初，西方国家发现，要想预防先天性缺陷和智力迟钝，在饮食中加入碘是政府能采取的最廉价也最有效的全民健康措施。1922年，瑞士率先施行在食盐中强制加碘的政策，其他国家紧随其后，因为通过食盐可以轻松廉价地把碘送到人们的餐桌上。印度

---

(1) 贝都因人（Bedouins），以氏族为单位在沙漠里过游牧生活的阿拉伯人。

的医生也意识到了，考虑到印度的土壤里缺碘，生育率又高得吓人，那么在食盐中加碘可以使数百万儿童免遭先天缺陷之苦。

不过，即使在甘地长征的几十年后，制盐在印度仍是一项自产自销的行业。西方人曾在印度推行过加碘盐，所以在印度人的心目中，它是殖民主义的象征。随着碘盐的健康收益日渐清晰和印度的现代化，从20世纪50年代到90年代，印度各州的政府陆续颁布了禁止销售无碘盐的法令，但这并不意味着人们没有异议。1998年，印度联邦政府强迫3个顽固不化的州禁止无碘盐，却遭到了反击。手工制盐者抗议加碘工序增加了成本，印度民族主义者和甘地主义者强烈批评西方科技的入侵。一些怀疑论者甚至毫无依据地担心加碘盐会传播癌症、糖尿病和肺结核，奇怪的是，还有"坏脾气"。他们反对得十分激烈，仅仅两年后——联合国和印度的每位医生都看得目瞪口呆——总理收回了对无碘盐的禁令。从技术上说，无碘盐只在3个州合法，但联邦政府的举动被解释成事实上的默认。全国加碘盐的消费量骤降13%，先天性缺陷随之抬头。

幸运的是，这样的情况只持续到了2005年，一位新总理再次禁止了无碘盐。但这很难解决印度的缺碘问题，以甘地为名义的不满仍使人们群情激愤。联合国希望对甘地印象比较淡漠的孩子们能产生对碘的喜爱，所以他们鼓励孩子把自己家厨房里的盐偷偷拿到学校里去。然后在学校里，老师和学生一起在化学实验室里测试盐里面是否有碘。不过这个计划没有成功。虽然印度政府每年只要在每个人身上花1分钱就能生产出足够全体公民食用的加碘盐，但盐的运输费用很高，半个国家的人——5亿人——没办法方便地定期获取加碘盐。这会带来严重后果，不仅仅是先天性缺陷。缺乏微量元素碘会导致甲状腺肿大，脖子上的甲状腺会长成丑陋的肿块。如果碘缺乏得不到改善，甲状腺会萎缩。甲状腺负责激素的产生和释放，脑激素也包括在内，所以没了甲状腺，身体就会出问题，人类的智力会快速衰退，甚至退化到智力延迟状态。

英国哲学家伯特兰·罗素是20世纪另一位杰出的和平主义者，他曾将碘的例子当成灵魂不朽论的反证。"思考所用的能量似乎有其化学根源，"他写道，"比如说，缺碘会把一个聪明人变成傻子，智力现象似乎是建立在物质基础上的。"换句话说，碘让罗素意识到，理智、情感和记忆都取决于大脑的物质状况。他没发现有什么方法能将"灵魂"从身体里分离出来，于是他推断，人类丰富多彩的内心世界，人类所有光荣与大部分烦恼的源头，都完全来自化学。归根结底，我们就是元素周期表。

第四部分

元素与人性

12. 元素与政治

世间已知的事物中，人类的大脑和思想是最复杂的。正是它们使得人类拥有了强烈、难解，有时候还互相矛盾的欲望，即使是像元素周期表这样看上去很严肃、很科学、很纯粹的东西，也反映出人类的欲望。毕竟是人类这个并不完美的种族创造了元素周期表。更进一步说，元素周期表体现了理性与世俗的碰撞，体现了我们人类想要了解宇宙的抱负（这可是人类最了不起的天赋）不可避免地同人类本身固有的缺点（正是这些东西使我们身处的世界成为现在这个样子）相互影响的结果。元素周期表体现了人类在各个社会领域中的不足：经济学、心理学、艺术，还有——正如甘地和碘的曲折故事证明的那样——政治。就像在科学史上一样，元素们在社会历史中也有着自己的故事。

要探寻这些故事，最好的途径就是看看欧洲历史。我们可以从这么一个国家开始，它在很大程度上可以说是殖民主义的一个牺牲品——就像圣雄甘地时代的印度一样。在世界大舞台上，波兰就像一处廉价的布景，被随意地推来操去，出于这个原因，它也曾经一度被称为"滚轮上的国家"。波兰四周环伺着强大的帝国——俄罗斯、奥地利、匈牙利、普鲁士以及后来的德国，这些国家各怀鬼胎，长期在波兰无设防的国土上进行混战，轮流侵占这块"上帝的游乐场"。要是你随手选取一张过去500年间任意一年的欧洲地图，有很大概率是找不到波兰这个国家的。

所以理所当然的，一直等到下面这位波兰有史以来最为杰出的人物诞生，波兰这个国家在世人心目中才重新有了存在感。玛丽亚·斯克沃多夫斯卡,于1867年出生于华沙。就在玛丽亚出生4年前,波兰爆发了一次注定失败的独立革命(就像此前波兰的那些起义一样),之后,俄罗斯吞并了华沙。沙皇俄国在女性教育方面的观念很落后,所以玛丽亚由她的父亲亲自教育。少年时代的玛丽在科学领域表现出过人的天资,但同时她也参加了强硬派的政治团体,鼓吹波兰独立。在太过频繁地参加反对殖民当局的示威游行后,玛丽觉得为了安全起见,最好还是搬去波兰的另一个文化中心克拉科夫(当时这个城市被奥地利占据了,摊手)。可即便是在那儿,她也不能获得期望中的科学教育。最后她只得去了遥远的巴黎,进入了巴黎大学文理学院。她原计划是在获得博士学位后回国的,可到了毕业时,她已经与皮埃尔·居里相爱了,于是留在了法国。

19世纪90年代,玛丽与皮埃尔开始合作,他俩也许是整个科学史上成果最为丰硕的夫妻档。放射性在当时还是全新的研究领域,玛丽对铀(自然界中能够找到的最重元素)的研究,为这一领域提供了至关重要的前瞻性见解:铀的化学性质与其物理性质是分

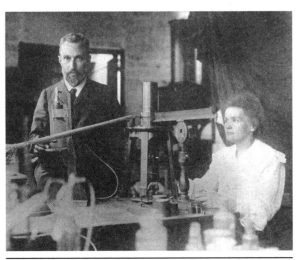

●居里夫妇

离的。在原子层面上，纯铀产生的放射线同含铀矿石是一样多的。因为电子被牢牢束缚在铀原子和环绕在铀原子周围的其他原子之间（铀的化学性质），如果（或者当）铀原子核产生辐射，电子就不会发生反应（铀的物理性质）。基于这一见解，致力于放射性研究的科学家们不再需要逐一检查数以百万计的化合物，不再需要就每种化合物的放射性进行冗长乏味的测量（比方说，以前他们必须得弄明白各种化合物的熔点），他们只需要研究元素周期表上第90～99号元素就可以了。这极大地简化了这一领域的工作，扫清了乱人眼目的蜘蛛网，指出了支撑这一领域理论大厦的基柱所在。因为这个发现，居里夫妇和贝克勒尔一起获得了1903年的诺贝尔物理学奖。

这一时期，玛丽在巴黎生活得很是幸福满足，1897年，她有了女儿伊雷娜。但她从未忘记自己波兰人的身份。事实上，居里夫人正是"流亡科学家"这一群体的早期代表——这一群体的人数在20世纪出现了爆炸式增长。同其他人类行为一样，科学活动中也一直充斥着政治行为：中伤啦，嫉妒啦，各种钩心斗角啦。任何人想要忽略掉这些东西来谈论科学活动，结论都会是不完整的。不过在政治如何扭曲科学活动这个方面，20世纪给出了最好的（换句话说，也是最糟糕的）史实证明。政治损害了两位可能是有史以来最伟大的女性科学家的职业生涯。即便是修订元素周期表这样纯粹的科学活动，也在化学和物理学之间制造了裂隙。最重要的是，政治向科学家们证明了，埋头于实验桌前，寄希望于周围的世界能像他们解方程式那样利落地解决各种问题，这个想法是多么愚不可及。

就在获得诺贝尔奖后没多久，居里夫人做出了另一个关键性的发现。在提纯铀的实验过程中，她注意到那些通常拿去丢掉的提纯残渣，居然有着比纯铀高出300倍的放射性强度，这实在是太奇怪了。想到那些残渣中可能包含了某种未知的元素，她和她的丈夫租了间曾经拿来解剖尸体用的小棚屋，开始炼制数千磅重的沥青铀矿，这是一种铀矿物。她支起一口大锅，并用一根据她亲口而言"差不多跟我个头儿一样大的铁棍"不停地搅拌，只为了能够得到足够用以研究的提纯物。这一枯燥乏味的工作持续了好几年，最终，收获的时刻到了——两种全新的元素面世了。而且因为这两种元素的放射性强度超出以往任何已知的元素，居里夫人在1911年再次被授予诺贝尔奖，这次是化学奖，他们的辛劳得到了应有的奖励。

同一项基础性研究工作得到不同学科的最高奖项认可，现在看起来可能挺奇怪的，但在当时，这两个学科在研究原子时侧重点的差异还不像今天这么清晰。因为当时的科学家们仍在整理元素周期表，所以当诺贝尔奖在奖励同元素周期表相关的研究工作时，早年间的许多获奖者既有拿到物理奖的，也有拿到化学奖的（一直到格伦·西奥多·西博格和他的研究小组发现了第96号元素，并以居里夫人之名将它命名为锔，同元素周期表相关的工作才最终确定属于化学范畴）。不过，在早年间出于这个原因获奖的人中，只有居里夫人两次获奖。

作为发现者，居里夫妇有新元素的命名权。考虑到这些不可思议的放射性金属元素在世界范围内引起的巨大轰动（特别是它们的发现者之一是个女人），玛丽决定将他们分离出来的第一种元素命名为钋——这个名字来源于"波兰"这个词的拉丁文Polonia——为了纪念她那命运多舛的祖国。在此之前，没有哪个元素是出于政治原因来命名的，玛丽本来预想的是，她这个大胆的举动能够吸引全世界的注意，从而鼓舞波兰的独立斗争。结果根本不是这么回事儿，人们只是扫了一眼这个名字，打个呵欠，就转头津津有味地八卦玛丽的私人生活去了。

起初是发生在1906年的一起悲剧，一辆马车夺去了皮埃尔的生命（所以他没能同玛丽一同分享第二个诺贝尔奖——只有活着的人才有资格评奖）。几年之后，法国尚处在"德莱弗斯案件"（法国军方捏造证据污蔑一位叫德莱弗斯的犹太军官是间谍，并最终判决他有叛国罪）的余波之中，反犹太情绪暗潮汹涌，法国最有威望的科学机构——法国科学院拒绝了玛丽的院士申请。理由一：她是个女人（这是真的）。理由二：她是个犹太人（这可不是真的）。又过了没多久，玛丽和一位科学同行保罗·郎之万[1]——后来成了她的情人——一起参加了一个在布鲁塞尔召开的研讨会，郎之万夫人对他们此行恼火万分，于是将保罗和玛丽的来往情书寄给一家三流小报，小报添油加醋地刊登了出来。大感受辱的郎之万先生决定通过手枪决斗来挽回居里夫人的名誉，不过最终谁也没挨枪子儿，唯一的流血场面大概就是郎之万夫人用一把椅子砸中了郎之万先生。

郎之万丑闻闹得世人皆知的时间正是1911年，因为害怕蹚上这摊浑水，瑞典皇家科学院展开了关于要不要收回居里夫人第二个诺贝尔奖的讨论。讨论的结果是，皇家科学院觉得出于科学道义，他们不能这么做，不过他们的确请求居里夫人不要出席颁奖仪式。不过她最终还是昂首阔步地出现在典礼现场。（玛丽一向不太将世故人情放在心上。曾有一次，她去一位著名的科学家家中拜访，就招呼这位科学家和另一位男性进到一个黑乎乎的壁橱里，想向他们展示一小瓶子放射性金属在黑暗中发光的现象。就在他们的眼睛刚刚适应了黑暗时，壁橱门上响起一阵急促的敲门声，打断了他们——那是其中一位男士的夫人，听说过居里夫人"狐狸精"的名声，因而觉得他们三个在那壁橱里待的时间有点儿太长了。）

"一战"爆发带来的大动荡以及欧洲列强的重新洗牌使波兰数个世纪以来第一次品尝到了独立的滋味，这让玛丽在她坎坷的人生中得到了一丝解脱。不过将她发现的第一种元素命名为钋对于波兰的

---

[1] 保罗·朗之万（Paul Langevin，1872—1946），法国重要的物理学家，主要贡献有朗之万动力学及朗之万方程。

独立并没有起到什么作用。事实证明，这一命名实在是太草率了。作为一种金属，钋一点儿实际用途也没有。它的衰变速率非常之快，简直就像是对波兰这个国家充满嘲弄意味的隐喻。而且随着拉丁文的衰落，人们在听到这个词的时候，第一时间想到的并不是波兰，而是波洛涅斯，《哈姆雷特》里面那个饶舌的弄臣。更糟糕的是，她发现的第二种元素——发散出一种半透明绿光的镭，很快出现在世界各地的消费商品中。有人甚至用一种含镭黏土做成的罐子接水喝，认为这具有保健作用，这种罐子被称为"放射领航者"（Revigator）。[在这场商业竞争中，一家叫作"镭补"（Radithor）的公司甚至出售已经泡好了镭和钍的瓶装水。] 不过总的说来，在引起世人关注方面，镭的确胜过了它的兄弟钋，做到了居里夫人原本期望钋能做到的事情。

此外，钋被认为同抽烟导致的肺癌有着千丝万缕的联系，因为烟草植株在生长过程中会吸收大量的钋，积淀在叶片之中。一旦烟叶被点燃，烟雾被吸入肺中，其中所含的放射性物质将会极大地损害肺部组织。目前世界各国中，只有俄罗斯这位屡次征服波兰的主儿还在劳心费力地生产钋。所以当那个食用了掺钋寿司的前克格勃间谍亚历山大·利特维年科出现在电视上时，看上去就像个十几岁的白血病患者一样，头发全掉光了，甚至连眉毛也一根不剩，他在克里姆林宫的前雇主便成了头号怀疑对象。

历史上，只有一个钋中毒案例的戏剧性可与利特维年科中毒案相比——这个案例的受害者就是伊雷娜·约里奥－居里，玛丽的女儿。伊雷娜长相纤弱，有着一双哀伤的大眼睛，是一位杰出的科学家。她同丈夫弗雷德里克·约里奥－居里接过了玛丽的工作，并且很快就超越了自己的母亲。玛丽仅仅是发现了放射性元素，而伊雷娜则找到一种办法，通过用次原子微粒轰击轻元素，从而将轻元素转变为人造放射性核素。这项工作使得她获得了1935年的诺贝尔奖。不幸的是，约里奥－居里夫妇用钋产生α射线作为入射粒子。1946年的一天，就在波兰从纳粹德国的魔掌中奋力挣脱出来，却再次沦为苏联附庸后的不久，伊雷娜实验室中的一小瓶钋泄漏了，她母亲生前最爱的这种元素使她受到了致命的辐射。尽管免于像利特维年科那样在公众面前蒙羞，她最后还是于1956年因为白血病而逝世，那一年正是她母亲出于同样的原因逝世22年。

伊雷娜·约里奥－居里的死亡格外具有讽刺性，因为她所制造的人工放射性物质成本低廉，正是在她逝世之后才成为极重要的医疗手段。当病人吞服极微量的放射性"示踪剂"后，示踪剂就能清晰地标识出器官和柔软的组织，成像效果就同X射线作用于骨骼时一样出色。如今差不多每个医院都在使用同位素示踪剂，而且，在药物科、放射科等不同的科室还分别有专用产品。不过令人大跌眼镜的是，同位素示踪剂最开始却是被一个研究生用作报复女房东的绝招。这家伙就是约里奥－居里夫妇的朋友赫维西[1]。

1910年，就在玛丽·居里因为放射物相关研究将第二个诺贝尔

●赫维西

奖收入囊中时，年轻的赫维西抵达了英国，开始了自己的放射性研究工作。他在曼彻斯特大学实验室的导师正是欧内斯特·卢瑟福。卢瑟福立马分派给他一项艰巨的任务，要他将铅块中的放射性原子和非放射性原子分离开来。事实证明，这一任务不仅是艰巨的，实际上是不可能完成的。在卢瑟福的假设中，放射性铅原子——在这个研究课题里也就是铅-210——是单独存在的。但实际上，

(1) 赫维西（George Charles de Hevesy，1885—1966），瑞典化学家。1885年8月1日生于匈牙利布达佩斯，因在化学研究中用同位素做示踪物于1943年获诺贝尔化学奖。

铅-210是通过衰变产生的铅同位素,不能通过化学手段被分离出来。对此一无所知的赫维西在最终放弃之前,浪费了两年时间进行繁重单调的工作,试着将铅和铅-210分离开来。

赫维西这个秃顶、双颊凹陷、留着神气小胡子的匈牙利人在宿舍过得也很不顺心。他远离家乡,远离浓香四溢的匈牙利食物,日日面对公寓里难吃的英国料理。在留意到每天的膳食菜式后,他开始怀疑自己的女房东每天做饭的路子,就同高校自助餐厅将周一的汉堡牛肉饼改头换面作为周三的辣牛肉端上来一样。但当他前去质问时,女房东却一口否认,于是赫维西决心寻找证据。

无巧不成书,大概就是那个时候,他在实验室的工作取得了突破。他还是没能分离出铅-210,但是他意识到自己可以独辟蹊径,将这些铅用在一个绝妙的用途上。他开始思考将极少量溶解态的铅注入活体生物中,然后追踪铅元素踪迹的可能性。因为生物体代谢放射性铅同位素和非放射性铅元素的方式一样,而铅-210在机体中移动时会发出射线,这些射线在探测仪下就像灯塔一样醒目。要是这个办法行得通,他实际上就可以在肌肉和器官内部以前所未有的清晰度追踪分子运动。

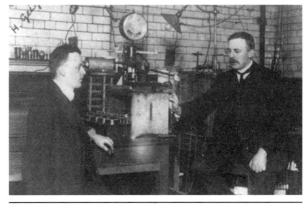

●盖革和卢瑟福

在用活体生物做实验前，赫维西别有用心地决定先在无生命的组织上试试手。一天晚餐时，他往盘子里盛了很多肉，等女房东一转过身去，他便将"新鲜热辣"的铅液洒在了盘子里。像往常一样，她收拾了他的残羹剩饭。第二天，赫维西从实验室的哥们儿汉斯·盖革那里借了一个新研制出来的放射性检测器带回了家。不难想象，当他在晚餐的炖肉上挥舞那个盖革计数器时，检测器的指针是怎样疯狂地舞动的——咔嗒咔嗒咔嗒咔嗒……赫维西将铁证摆到女房东面前。不过，作为一个科学浪漫主义者，赫维西毫无疑问在向房东大妈解释不可思议的放射性现象时夸大其词了。事实上，房东大妈因为自己的"罪行"败露是拜如此机智的方法、如此新式的"刑侦科学"工具所赐而被唬住了，甚至都没想起来跳脚骂街。只可惜历史上没有记载后来她到底有没有变更菜单。

在发现同位素示踪物后不久，赫维西迎来了职业生涯的兴盛期，他继续致力于横跨化学和物理两个学科的研究课题。那时，这两门学科之间已经有了清晰的差异，大多数科学家选择其一。化学家们的兴趣点在于整颗原子以及原子同原子间的相互联系；而物理学家则着迷于研究组成原子的各个部分，着迷于一门称为量子力学的新兴学科——它通过一种怪异而美丽的方式讲述关于物质的故事。

●盖革计数器

1920年赫维西离开了英国，到哥本哈根同尼尔斯·玻尔[1]，一位杰出的量子物理学家一起进行研究工作。正是在哥本哈根，玻尔和赫维西不经意间在化学和物理学之间划下了一道细痕，这道裂痕越变越深，直到将这两门学科分隔成森然对立的政治派系。

　　1922年，元素周期表中第72号元素的位置尚是空格。化学家们已经弄清楚了第57号元素（镧）和第71号元素（镥）之间的元素都是稀土元素，而对第72号元素的说法却莫衷一是。大家不知道是应该把它归属到密切共生的稀土元素一族——如果是这样的话，科学家们就应该从新近发现了镥元素的矿土样品中去寻找和分离这种新元素——还是应该暂时将它归类为过渡金属元素，自成一族。

●尼尔斯·玻尔

　　关于第72号元素的发现，传言是这样描述的：尼尔斯·玻尔独自一人在办公室里，涂画了一个近乎欧几里得方程式的演算，就证明了第72号元素并不是像镥元素那样的稀土元素。要知道，当时

---

(1)　尼尔斯·玻尔（Niels Bohr，1885—1962），丹麦物理学家，量子力学的奠基人，对20世纪物理学的发展影响深远，由于"对原子结构以及从原子发射出的辐射的研究"获1922年诺贝尔物理学奖。

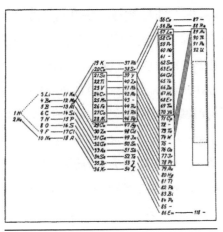

●玻尔对元素周期表进行修订

电子在化学反应中所扮演的角色还不大为人们所熟悉，玻尔应该是将这一论证建立在量子力学古怪的数学阐释之上，认为元素原子能往"夹层"中藏匿的电子数量是一定的。镥和它的f层兄弟们已经把"夹层"里的每个边边角角都塞满电子了。根据这一逻辑，玻尔推断，第72号元素别无选择，只能像过渡金属元素那样来进行电子排列和电子运动。于是玻尔派赫维西和另外一位物理学家科斯特对锆矿石样本进行分析，锆在元素周期表中与第72号元素同处一列，正排在第72号元素的上方，很有可能是第72号元素的化学类似物。赫维西和科斯特第一次尝试便发现了第72号元素，这在整个元素发现史上，可能是最不费吹灰之力的一次了。他们以"哥本哈根"这个词的拉丁文Hafnia将这一元素命名为铪（hafnium）。

　　虽然到这时量子力学已经赢得了许多物理学家的支持，但化学家们却觉得它奇形怪状、毫不直观。它不像实用主义那么呆板笨拙：量子力学计算电子的有趣方式看起来同真正的化学过程一点儿关系都没有。可是玻尔一步也没踏进实验室就预测出了铪，化学家们只能打落牙齿往肚里吞。巧的是，赫维西和科斯特发现铪元素时，正在玻尔领取1922年诺贝尔物理奖前夕，他们通过电报将这个发现告知了身在斯德哥尔摩的玻尔，于是玻尔在一次发言中宣布了赫维西他们的发现。这无形间大大拔高了量子力学的形象，它对于原子结构的挖掘比化学更深入，相比之下显得像是一门更高级的科学。于是一场别有用心的造谣运动开始了，就像门捷列夫经历过的那样，很快，玻尔的同行们就将"天人""先知"的高帽子扣了他一脑袋——虽然当时玻尔的确已经开始有点儿科学神秘主义的倾向了。

但这毕竟只是个传说。传说同事实还是有一点儿出入的。至少有3位科学家在玻尔之前预言了铪元素，其中就有一位对玻尔产生直接影响的化学家，这位化学家早在1895年就写下论文，将第72号元素同锆这样的过渡金属联系在了一起。这些人不是什么思想超前的天才，只不过是些平凡的化学家，没什么大胆新奇的想法，对量子物理学既没什么概念也没什么兴趣。如此看来，在做出对于铪的发现时，玻尔似乎是借鉴了他们的想法，并且很可能是用量子力学的演算让自己的推断看上去更合理。因此，要填上元素周期表中第72号元素的空，通过化学论证也是可以做到的。

但是，就像大多数传说一样，重要的并不是真相，而是结果，也就是人们对于这个故事的反应。人们显然更愿意相信是玻尔通过量子力学独自发现了铪，所以这个传说才会流传开来。物理学一直致力于将自然这一庞大又精巧的机械拆分成更为细小的部分，而在许多科学家看来，玻尔还把枯燥无味、陈腐守旧的化学变成了物理学的一个专门分支，而且这个分支突然间显得很是古怪落伍。那些哗众取宠的人还进一步对这个传说添油加醋，急吼吼地宣布以门捷列夫为代表的化学已经灭亡，玻尔引领的物理学已经统治了科学界。就这样，一场源自科学的争论变成了争夺主权和领地的派系斗争。这就是科学，这就是生活。

这个传说同时也给其中另一个出场人物赫维西套上了光环。因为发现了铪，同行们提名他为1924年诺贝尔化学奖的候选人。但当时，对于到底是谁先发现了铪元素存在着争议，有人认为这个荣耀应该属于一位法国化学家——若尔日·于尔班，这位仁兄同时也是个半吊子画家。史上有这样一件关于他的逸事：他曾将他的稀土元素样本送交给亨利·莫塞莱分析，试图借此羞辱莫塞莱，结果没能得逞。若尔日·于尔班在1907年发现了镥元素。过了很久之后，他声称自己早就发现了第72号元素——就在发现了镥元素的那份样本之中，还说它表现出稀土金属的特点。大多数科学家都觉得于尔班的话没什么说服力，可不幸的是，因为新近这场甚嚣尘上的造谣运动，1924年欧洲科学家们正在忙着站队呢，于是这场关于"谁先发现了铪元素"的讨论实际上隐含了化学和物理权力斗争的弦外之音。（法国人认为玻尔和赫维西都是"德国鬼子"，虽然他俩实际上一个是丹麦人，一个是匈牙利人。一家法国期刊发表文章嗤笑赫维西被提名为诺贝尔奖候选人这件事"散发着匈人的恶臭"，就好像发现铪元素的是匈人王阿提拉[1]一样。）化学家们还因为赫维西有着化学和物理的"双重国籍"而对他表现出极大的不信任，而且随着这场派系之争愈演愈烈，这一点儿最终阻碍了诺贝尔评奖委员会将奖项颁发给赫维西。评奖委员会宣布1924年的诺贝尔化学奖空缺。

赫维西很伤心，不过没有就此消沉，他离开了哥本哈根，去往德国，继续在化学过程中应用示踪剂的重要实验。在空闲时，他甚至帮着测定了水分子在人体内循环一周的平均速率（9天）。他自告奋勇喝下一种特殊的"重水"——这种水里的一些氢原子有着一个额外的中子，然后每天称量自己排出的尿液（就像当初设计揭发女房东那件事一样，他对于循规蹈矩的科研程式不太热衷）。这段时间里，像伊雷娜·约里奥-居里这样的化学家一直反复推举他为诺贝尔

---

[1] 阿提拉（406—453），古代亚欧大陆匈人领袖，曾劫掠了莱茵河与里海之间的大片土地，被称为"上帝之鞭"。

化学奖的候选人，最终都无功而返。年复一年的落选之后，赫维西有点儿沮丧，不过跟吉尔伯特·刘易斯不同，太过明显的不公正待遇反而为赫维西赢得了大量的同情，未曾获奖的事实反而不可思议地提高了他在国际科学界的地位。

尽管如此，因为他的犹太人血统，赫维西不久之后就面临着比在诺贝尔奖评选中空手而归更严重的问题。他在20世纪30年代离开了纳粹德国，再次去往哥本哈根，一直待在那儿，直到1940年8月纳粹党突击队员敲响了玻尔研究所的大门。在危急时刻，赫维西表现出了令人敬佩的勇气。当时，有两位德国科学家——一位是犹太人，另一位同情、维护犹太人——将他们的金质诺贝尔奖章送到玻尔那里保存，因为纳粹党徒极可能会搜查他们在德国的居所。可当时希特勒已经将出口黄金定为叛国罪行，要是这些奖章在丹麦被发现，将会牵连很广，后果不堪设想。赫维西先是建议把奖章掩埋起来，但玻尔觉得那样还是太容易被发现。于是，就像赫维西后来回忆的那样："当搜查人员到达哥本哈根的街道上时，我正忙着溶解劳厄[1]和詹姆斯·弗兰克[2]的奖章。"为了做这件事情，他用到了王水——一种硝酸和盐酸的混合物，极具腐蚀性，因为能够溶解像黄金这样的"高贵金属"曾经迷倒了众多的炼金术师（虽然根据赫维西的回忆，它溶解起黄金来也不是那么容易）。纳粹洗劫了玻尔的研究所，翻箱倒柜地搜寻值钱的东西或是"不法勾当"的蛛丝马迹，却全然没有注意到那一烧杯橙色的王水。1943年赫维西逃亡到了斯德哥尔摩，欧战胜利后，他返回了一片狼藉的实验室，俨然发现那瓶看上去毫不起眼的王水正安安静静地待在一个架子上。他将溶解

---

(1) 马克斯·冯·劳厄（Max Von Laue, 1879—1960），德国科学家，因为发现了晶体的X射线衍射获得1914年诺贝尔物理学奖。
(2) 詹姆斯·弗兰克（James Franck, 1882—1964），德国物理学家，犹太人，因为发现支配电子与原子相互碰撞的定律与赫兹共同获得1925年诺贝尔物理学奖。

在其中的黄金淀析出来，随后瑞典皇家科学院为弗兰克和劳厄重铸了奖章。对于这段苦难经历，赫维西唯一的抱怨就是他逃离哥本哈根时遗失了当天的实验室工作记录。

在流亡的日子里，赫维西不断同其他科学家合作，其中就包括伊雷娜·约里奥－居里。实际上，赫维西还在无意之间见证了伊雷娜犯下的一个极大错误，正是这个错误使得她与20世纪最伟大的科学发现之一失之交臂。这项殊荣落在了另一位女士的头上，一位奥地利裔犹太人，她同赫维西一样，也是从纳粹的种族迫害中逃离出来的。不幸的是，莉斯·麦特纳[1]的一生深受政治所累，对她的迫害既有来自世俗生活的，也有来自科学界的，她的结局甚至比赫维西还要凄惨许多。

麦特纳有个年纪比她稍小的合作伙伴，奥托·哈恩[2]。就在第91号元素被发现之前，他俩在德国开始了合作。第91号元素的发现者是波兰化学家法扬司[3]，他在1913年观测到了该元素的原子，但因为这些原子存在的时间非常短暂[4]，于是他将这种元素命名为"铈"（brevium）[5]。1917年，麦特纳和哈恩研究发现，此种元素的绝大多数原子存在的时间实际上有数万年之久[6]，这使得"铈"这个名字显得有些名不副实。于是他们将这种元素重新命名为"镤"（protactinium），意为"锕之母"，因为镤在放射衰变过程中（最终）产生了"锕"（actinium）。

---

(1)　莉斯·麦特纳（Lise Meitner,1878—1968），奥地利裔瑞典核物理学家和放射化学家。她是核物理研究的开拓者，也是核裂变的发现者之一。

(2)　奥托·哈恩（Otto Hahn，1879—1968），因为发现重原子核的裂变获得1944年诺贝尔化学奖。

(3)　法扬司（Kazimierz Fajans，1887—1975），波兰裔美国物理化学家，放射科学的先驱。

(4)　因为法扬司当时发现的是镤的同位素镤-234，镤-234的半衰期很短，只有六七个小时。

(5)　brevium，拉丁文，意思是"短暂"或"短期"。

(6)　麦特纳和哈恩发现的是另一种同位素镤-231，半衰期约为32 000年。

●麦特纳和哈恩

　　毫无疑问，法扬司对这一将第91号元素颠覆性重命名的行为相当不爽。尽管他本人因为优雅的风度而在上流社会中很受欢迎，但当时的人们普遍认为波兰人在待人接物时总是表现出好斗和粗鲁的特点。事实上，有这么个传说，因为法扬司在放射性方面的研究工作，诺贝尔评奖委员会曾经投票决定将1924年空缺的化学奖（就是那个众望所归应由赫维西获得的奖）授予他，最终却又撤销了这个决定，以示对他骄傲自大的惩罚——就在官方宣布法扬司获奖前夕，一家瑞典报纸登出了法扬司的照片和专访，并配以《K.法扬司荣获诺贝尔奖》的醒目标题。法扬司一直坚称是评奖委员会里某位对他怀有恶意又深具影响力的人物出于个人原因阻止了他获奖。（而来自官方，也就是瑞典皇家科学院的说法则是，那年的奖项空缺是为了省下点奖金，以维持诺贝尔基金的存续。科学院抱怨说，诺贝尔设立的基金因为瑞典的高税率已经所剩无几了。但经过一次公众呼吁后，这个问题已经得到了解决，因此这只是个借口。于是科学院先是宣称没有为多学科研究设立的奖项，接着又将奖项空缺的理由归结为"没有够格的候选人"。我们也许永远也不知道真正的原因是什么，因为科学院说了，"该信息永久保密"。）

不管怎样，"铱"这个名字出局了，"镤"留在了元素周期表中。而且今天，麦特纳和哈恩时不时还会因为共同发现了第91号元素而得到人们的赞誉。但是，在使得"镤"这个新名字最终得以确立的研究过程中，还有另外一个更有意思的故事等待我们的发掘。在那篇宣布长半衰期同位素镤被发现的论文中，麦特纳第一次现出了蛛丝马迹，流露了她对于哈恩非同寻常的感情。这种感情与性无关——麦特纳终身未婚，而且从没有证据显示她有过情人——可在内行的眼光看来，她至少是对哈恩动心了。这可能是因为哈恩赏识她的才华，并且在德国官方拒绝提供给麦特纳——一个女人——一间真正的实验室时，选择了同她在一个木工车间翻修成的实验室里一起工作。在那间远离尘世纷扰的车间里，他俩发展出了一段和谐融洽的关系：他完成化学方面的工作，标识出存在于放射性样本之中的是何种元素；而她则处理物理方面的工作，为哈恩观察到的结果提供理论依据。不过，值得注意的是，在研究的最后阶段，是麦特纳一人完成了所有的工作，并将实验报告付诸发表，因为当时正值第一次世界大战，哈恩应征加入了德军毒气战部队，正在前线一边作战一边纠结呢。尽管如此，她依然确保他享受到了应得的荣誉（记住这份情谊）。

"一战"结束后，他们重新开始合作，两次世界大战之间的数十年中，身处德国的他们见证了科学激动人心的成果，也目睹了政治的狰狞面目。哈恩——有着坚毅的下巴、漂亮的胡子，在当局看来正是一只绩优股——对于1932年纳粹党接管国家政权根本没有什么好担心的。值得表扬的是，当希特勒在1933年将所有犹太科学家驱逐出国时——这一举动引发了第一波大规模的科学家避难潮——哈恩辞去了教职以示抗议（尽管他还是继续出席研讨会）。而麦特纳,虽然完全是在一个奥地利新教徒家庭中成长起来的,但她的祖父母是犹太人。像典型的科学家那样——同时也可能是因为她终于为自己争得了一间真正的实验室——麦特纳低估了当时形势的严峻性,闷头扎进核物理方面令人惊叹的新发现中。

这些发现中最重大的一个诞生于1934年,恩里科·费米宣布,自己在以亚原子粒子连续轰击铀原子时,创造出了第一个超铀元素。虽然这并不是真的,但当时的人们都被这一说法惊呆了——这意味着元素周期表上的元素从此不再局限为92种。这一发现仿佛一束夜空中炸开的绚烂烟火,照亮了关于核物理应用的无穷新想法,全世界的科学家都因此奔走忙碌了起来。

●恩里科·费米

就在同一年,该领域的另一位领军人物伊雷娜·约里奥-居里,完成了自己的慢中子轰击铀原子核实验。经过仔细的化学分析后,她宣布新的超铀元素显示出了同镧——元素周期表上第一个稀土元素——不同寻常的相似性。这点是人们始料未及的,同样让人始料未及的是，哈恩不相信她的说法。简单说来，在元素周期表中，原子序数大于铀的元素，其表现不会同一种原子序数远小于铀的金属元素相似。他礼貌地告诉伊雷娜·约里奥－居里，她关于新元素同镧相似的说法完全是一派胡言，并且发誓要亲自重做伊雷娜的实验，证明超铀元素跟镧一点儿关系都没有。

而在1938年，麦特纳的象牙塔崩塌了。希特勒厚颜无耻地将奥地利纳为附庸国，并且向所有奥地利人张开双臂，接纳他们为自己的雅利安同胞——只除了那一小撮犹太人。在如愿地过了多年被无视的日子之后，麦特纳突然发现自己面临着纳粹的种族大灭绝。当她的一位同事——一个化学家——企图将她供出去时，她不得已只好选择逃亡，随身只带了衣物和10马克。她在瑞典寻求到了庇护，并在某个诺贝尔科学研究机构中得到了一份工作——这一点十分具有讽刺意味。

尽管世事艰难，哈恩仍然保持着对麦特纳的信赖，他们俩继续合作，像地下情人一样通信，偶尔还会在哥本哈根碰个面。1938年末，在这样的一次会面中，哈恩表现出了些许情绪波动。在重做了伊雷娜·约里奥－居里的实验之后，他发现了她提到的那种新元素。这种新元素不仅表现得很像镧（同时还很像元素周期表上位于镧附近的另一种元素，伊雷娜发现的钡），而且，在用所有已知的化学手段检验后，证明了它们就是镧和钡。哈恩被认为是当时世界上最好的化学家，但是这一发现"同所有以往的经验相矛盾"，他后来承认说。在这次会面中，他垂头丧气地向麦特纳坦承了这份疑惑。

麦特纳可一点儿也没觉得疑惑。在所有那些致力于研究超铀元素的天才里，只有麦特纳有着锐利的眼光，超越了那些聪明人都未能超越的隘口，攥住了事实真相。她全凭自己（在同她的侄子及新搭档物理学家奥托·弗里希讨论过之后），就意识到了费米发现的并不是新的元素，而是核裂变现象。他将铀分裂成了原子系数更小的元素，然后错误地理解了自己的实验结果。约里奥-居里发现的那种类镧元素就是如假包换的镧，是第一次微型核爆炸的副产品！在麦特纳想到这一点之前很久，赫维西就已经看过约里奥-居里论文的初稿，之后回想起来才意识到约里奥-居里曾经离这个惊世骇俗的发现只有一步之遥。但是赫维西说，约里奥-居里"对自己信心不足"，所以不敢肯定自己的理解是对的。而麦特纳相信自己，并且说服了哈恩。

自然，哈恩想要将这些轰动性的发现公之于世，但他与麦特纳的"通敌行为"以及他受她的恩惠，使得他在发表论文时极具"政治技巧"。他们讨论了一下取舍问题，她可敬地同意发表在核心期刊上的论文只署哈恩及其助手的名字。而麦特纳和弗里希的理论阐释，其实正是这些发现的关键所在，将在其后发表在一家分类期刊上。随着这些论文的发表，核裂变在世人面前掀开了神秘的面纱，其时正是德国入侵波兰，"二战"拉开序幕之时。

这一连串荒唐事件开了头就刹不住脚，最终在诺贝尔奖历史上最严重的失察行为爆出时达到了顶点。当时的评奖委员会甚至对曼哈顿计划都一无所知，就决定将1943年的奖项用来奖励核裂变的发现。问题在于，谁配拿到这个奖。很明显，是哈恩。不过，当时的战争将瑞典隔绝成了一座孤岛，使得就麦特纳在这一成果上做出的贡献征询诸位科学家意见的程序很难实施，而这本应是评奖委员会做出最终决定前必不可少的一个步骤。所以评奖委员会决定仰仗科学期刊——虽然它们常常会晚到好几个月，甚至根本不会送到。而在那些可供参阅的期刊中，特别是德国的权威期刊，根本对麦特纳只字未提。而化学和物理学之间悬而未决的对抗也使得褒奖横跨这两个学科的研究工作变得十分困难。

在1940年的奖项空悬之后，瑞典皇家科学院在1944年开始进行一些回顾性的颁奖。第一个获奖的就是赫维西，他终于赢得了

1943年空悬的化学奖，尽管这可能有部分是出于政治姿态——表达对所有避难科学家的敬意。1945年，评奖委员会提名了核裂变这个更具争议性的议题。当时麦特纳和哈恩在诺贝尔评奖委员会内部都各自有着忠实的拥趸，但是哈恩的支持者厚颜无耻地指责麦特纳在这个"伟大成果"做出的之前几年中毫无建树——当时她正为了逃脱希特勒的魔掌而疲于奔命。（为什么麦特纳本人就在评奖委员会附近的一处诺贝尔研究机构工作，而委员会却从未直接同她面谈过，原因尚不清楚。不过委员会一直都很不擅长就是否应该获奖的问题约谈候选人。）麦特纳的支持者提出让两人共享此项殊荣，这一提议可能一度占了上风。但当这位支持者意外地突然离世后，亲轴心国的委员会成员立即紧锣密鼓地张罗起来，最终，哈恩独自领取了1944年的诺贝尔奖。

让人齿寒的是，当哈恩听说自己获奖的消息时（此时他正被同盟国施以军事羁押，理由是怀疑他参与了德国原子弹研制计划，后来他被证明是清白的）他一句好话也没帮麦特纳说。于是，这位他一度那么敬重，以至于公然反抗上峰的女性，这位同他在一间木工车间里携手工作的女性，最终一无所获——就像一些历史学家声称的那样，她成了一个受害者，使她陷入如此境地的正是"学术上的偏见、政治上的绥靖、蒙昧无知以及轻率决定"。在历史资料明白无误地证明了麦特纳的贡献之后，评奖委员会本应该在1946年前后纠正这个失察行为，甚至连曼哈顿计划的设计师们都承认了自己从她那儿获益良多，但是正如《时代》周刊曾经评价过的那样，诺贝尔评奖委员会以它那"老处女的坏脾气"而著称，就是不愿承认自己的错误。麦特纳一生无数次被提名——推荐人中包括法扬司，同其他推举人相比，他对于同诺贝尔奖擦肩而过有着更深刻的切肤之痛——但当她在1968年去世时，仍然一次奖也没有获过。

不过，令人欣慰的是，"是非曲直，历史自有定论"。由格伦·西博格、阿尔·乔索及其他人在1970年发现的第105号超铀元素，起初被命名为"𬭊"，以纪念奥托·哈恩。但是在关于新元素命名权的讨论中，一家国际性的科学委员会在1997年废除了"𬭊"这个名字，将它重命名为"𬭋"——第105号元素在此中的角色真是让人不由自主地联想到了波兰。因为新元素命名的古怪规则——简单说来就是一个名字只能用一次——将来发现的新元素也不能再用"𬭊"来命名了。诺贝尔奖就是哈恩所能得到的全部。不久之后，那个委员会又将一项荣誉授予麦特纳，这项荣誉要远远超过一年一次的诺贝尔奖——第109号元素被命名为"𬭌"，从现在直到永远。

13. 元素与货币

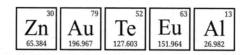

　　如果说元素周期表的历史同政治分不开，那它同货币的关系则更为久远，也更为紧密。许多金属元素的故事都同货币的历史交织在一起，这同时也意味着，这些元素的历史同伪币制造的历史不可分割。在不同的历史时期，牲畜、香料、鲸牙、盐、可可豆、烟草、甲虫腿、郁金香都充当过货币的角色，可这些东西没一个能够被惟妙惟肖地仿造出来。而对金属货币动手脚就要简单很多。特别是那些过渡金属，因为有着相似的电子结构，所以具有相似的化学性质和比重。它们能够完美地熔融在一起，能够在铸成合金时互相替代。各种贵金属同廉价金属"亲密组合"的成品，已经愚弄了人们数千年。

　　大概在公元前700年，一位名叫弥达斯[1]的王子继承了弗里吉亚王国[2]，这个王国位于现在的土耳其境内。根据不同的传说记载（这些传说很有可能将两位同样名叫弥达斯的统治者弄混了），他的一生过得十分精彩。善妒的音乐之神阿波罗，曾请弥达斯做一场比试的裁判，这场比试发生在阿波罗神同当时一位杰出的里拉琴[3]弹奏者之间，当弥达斯宣布胜者是那位人类时，阿波罗神将弥达斯的耳朵变成了驴耳朵（要是他的音乐品位真那么糟糕的话，确实不配拥有人类的耳朵）。传说中弥达斯还拥有当时世界上最美的玫瑰花园。在科学史上，他的名字也时不时会被提到，传说他是锡的发现者（这不

---

(1)　弥达斯，希腊神话中的一位人物，弗里吉亚国王，传说狄俄尼索斯赋予他点石成金的法力。

(2)　小亚细亚中西部一古代地区，位于卑斯尼亚以南，公元前8世纪国王弥达斯在位时为鼎盛时期，最终在公元前6世纪被吕底亚王国吞并。

(3)　古希腊的一种弦乐器，琴身作U形。

是真的，尽管在他的王国境内的确有锡矿的存在），他还被认为发现了黑铅矿（石墨）和白铅矿（一种有毒的含铅颜料，具有鲜亮美丽的白色）。

当然，要是没有下面这个神奇的冶金学故事，今天的人们根本不会记得他——弥达斯的金手指。他从一位萨特[1]那里得到了它。有天晚上，喝得醉醺醺的萨特赛利纳斯[2]醉倒在弥达斯的玫瑰花园中，得到了弥达斯的悉心照料，为了答谢这位君王的好客，他想要赠给弥达斯一件礼物。而弥达斯要求的是，不管自己什么时候触摸到什么东西，那件东西都会变成黄金。这个礼物一开始很美好，不过很快就让他失去了自己的女儿——他拥抱了她，甚至差点要了他自己的命，因为当食物碰到他的双唇时都变成了黄金。显然，这样的事情大概永远不会发生在一位真实存在的国王身上。不过有证据表明，弥达斯之所以在神话故事中出演了这样一个角色，是有着充分理由的。这得从青铜时代说起了，大概在公元前3000年，青铜冶炼术正是起源于弥达斯王国附近的地区。青铜是一种锡和铜的合金，铸造青铜在当时属于高端科技，虽然到弥达斯统治的时候，这项技术已经流传到了当时的大多数国家中，但这种金属仍然很贵重。在弗里吉亚王国旧址曾发掘出一座王家墓穴，墓中的骨骸一度被大家认为就是弥达斯（不过后来证实那是他的父亲戈尔迪亚斯）。这具骨骸周围环绕着青铜大锅和漂亮的青铜碗，青铜碗上还有铭文。此外人们发现，那具已然光秃秃的骸骨腰间，围着一条青铜腰带。不过在说到"青铜"这个词时，我们需要进行细分。青铜不像水，水中氢原子和氧原子的组合比例总是2：1。被称为青铜的合金却有一大堆，这些合金的组分比率各不相同，古代世界各地的不同青铜合金，区

---

(1) 希腊神话中的森林之神，好酒色，在希腊神话中被描绘为人身马耳马尾。
(2) 希腊神话中一位年迈的森林之神，常被描绘成高贵的、精通音乐的形象，或被描绘成老酒神。

别主要表现在颜色上，而这些颜色则取决于组成合金的锡、铜和这两种金属矿产地其他元素的比率。

弗里吉亚王国附近金属矿藏的一个特点就是含锌量很高。在自然界中，锌和锡总是共生在一起，两种矿石经常会被弄混。有趣的是，锌混合铜熔炼出来的并不是青铜，而是黄铜。而世界上已知最早的黄铜铸造厂就位于小亚细亚，正在弥达斯曾经统治的王国境内。

这还不明显吗？分别找来青铜和黄铜做的东西，仔细对照一下。青铜表面光滑闪亮，但铜的影子挥之不去，你不会把它误认为是其他任何东西。而黄铜的光泽更加诱人、更加微妙，更像……黄金。这样看来，"点石成金"的并非弥达斯的手指，而是蕴藏在他王国土壤里的锌。

为了验证这一理论，2007年，土耳其安卡拉大学的一位冶金学教授和一些历史学家们建造了一座弥达斯时期的原始熔炉，往里面倒入了当地的矿石。他们将矿石熔化，将滚烫的金属液体倒入模具中，等待冷却。说来奇怪，这些金属液体凝固成的金属块呈现出黄金般的颜色和光泽，令人惊叹不已。我们自然不可能知道弥达斯王的臣民们是不是真的相信这位国王珍爱的含锌的碗、雕像和腰带就是黄金，但是他们肯定不是编造出"点石成金"传说的人。这一传说的作者更有可能是希腊旅行者——希腊人后来将小亚细亚这一地区拓为殖民地——起初他们不过是夸大了初见古弗里吉亚王国"青铜"时的震惊，它们实在要比希腊人自己铸造出来的青铜耀眼太多。旅行者们将这些故事带回家乡，在经过一个又一个世纪的添油加醋后，故事里有着黄金般光泽的黄铜最终变成了真正的黄金。同时，故事发生地的人们拥有的世俗生产技能变成了通过触摸就能制造贵金属的超能力。之后，奥维德[1]只稍稍地运用了一下自己的天分，把

---

(1) 奥维德（公元前43—约17年），罗马诗人，主要作品为哀歌体爱情诗如《爱情》和《爱的艺术》，以及重述希腊罗马神话的六韵体史诗《变形记》。

这个故事润色了一下，写进了他的《变形记》里。喏，你看，一个源自现实的神话传说就这么诞生了。

人类文明中，有着无数远离故土的旅行者，他们跟跟跄跄地走在陌生的土地上，忍受着恶劣的气候。在他们的文化里，有一个比弥达斯传说更深层次的文化原型，那就是失落的黄金国（El Dorado）。在现代和（稍微）讲求现实的年代，这个梦想经常以"淘金热"的形式出现。不管是谁，只要在上历史课时稍微用点心，就会知道真正的"淘金热"是可怕、肮脏和危险的事件，熊、虱子、矿难、可悲的娼妓和赌博活动充斥其中，而且一夜暴富的概率几乎为零。可有哪个稍微有点儿想象力的人不曾有过这样的梦想呢——抛弃自己乏味生活中的一切，义无反顾地踏上寻找黄金的道路。人类的本性中向往伟大冒险的渴望和对财富的热爱实际上是与生俱来的。因此，历史上涌现过的淘金狂潮数不胜数。

当然啦，大自然不会那么轻易地将宝藏双手奉上，于是她发明了黄铁矿（二硫化铁）来阻挠业余寻宝者。好像是故意的一样，黄铁矿石闪耀着比真正的黄金更为夺目的光泽，就像只存在于漫画书或是想象中的完美黄金。在"愚人金"引发的淘金热中，这招拿下过许多外行人和那些被贪婪蒙蔽了双眼的人。但是纵观整个历史，最具欺骗性的一次淘金热可能是1896年发生在澳大利亚内陆偏远地区的那次了。如果说黄铁矿是"愚人金"，那么澳大利亚的那次淘金热也许是史上第一次由"超级愚人金"所引发的淘金狂潮，最后甚至发展到这种地步，那些绝望的寻宝人用鹤嘴锄把自己住所的烟囱敲得七零八落，在碎石瓦砾中筛选金屑。

1893年，3个爱尔兰人，其中一个叫帕特里克（帕迪）·汉南，正在横越澳大利亚偏远地区。在离家20英里（约32千米）的地方，其中一人的马匹掉了一只蹄铁。这也许是史上最撞大运的一次意外了。他们在附近转了转，不过几天时间，就已经捡到了8磅（约3.6

千克）重的金块——他们甚至还没开始往地里深挖。这3个诚实的笨蛋向地区管理部门提交了一份所有权申请，使得这处地点被记入了公开的档案。消息传开后不到一个星期，就有数以百计的寻宝人涌到这块"汉南地"，想要试试自己的运气。

可以说，这个地方的确是掘金的好去处。头几个月里，这块荒漠之地产出的黄金比水还要多。不过这个事实听起来不错，实际上却没那么美好。你总不能拿黄金当水喝吧？而当越来越多的寻宝者蜂拥而至时，日常补给品的价格一路飙升，因抢夺开采区域而发生的冲突也不断升级。人们一开始都是怀着挖掘黄金的目的来到这儿，然后有些家伙意识到，在这个地方建造一座看得见摸得着的城镇要比挖掘黄金来钱更容易。一座座啤酒厂和妓院在汉南地被搭建起来，接着是房子，人们甚至还铺设了石板路。工人们就地取材，把淘金者挖出来的那些多余碎石收集起来，用作墙砖、水泥和灰浆。那些碎石被淘金者们随手扔掉，而且既然他们还会接着挖下去，那些碎石堆在那儿也实在没有什么更好的用途了。

他们大概是这么想的。黄金是一种性情冷淡的金属，你不会发现它混杂在别的矿物之中，因为它不会同别的元素化合。金箔和金块通常都很纯净，只有个别不寻常的元素能同金组成化合物。而这个例外，就是碲——唯一会同金化合在一起的元素。这是一种让人联想到吸血鬼的元素[1]，于1782年在特兰西瓦尼亚[2]首次被分离出来。碲同金的结合产生了一些有着花里胡哨名字的矿物——针碲金银矿、碲金银矿、针碲金矿、碲金矿，这些矿物有着看上去同样让人眼花缭乱的化学分子式。比如针碲金银矿的分子式是（$Au_{0.8}$, $Ag_{0.2}$）Te_2，同水（H_2O）以及二氧化碳（CO_2）朗朗上口的分子式完全没有可比性。这些碲化物在颜色上也有所不同，其中的一种——碲金

---

(1)　如果人吸入碲的蒸气，从嘴里呼出的气会有一股蒜味。

(2)　罗马尼亚西北部大型台地。

矿——就有着几分金色的光泽。

实际上，相比色调更深沉的黄金而言，碲金矿石的光泽更像是黄铜或是黄铁矿，但如果你在太阳下面暴晒了一整天以后，它还是很可能会欺骗你的双眼。想象一下，一个脏兮兮的、不过18岁年纪的新手淘金者，拖着一堆碲金块回到镇上，来到当地的验估人面前，只会听到验估人像对待一堆狗屎一样拒收这些矿石。而且要记住，一些碲化合物（不是碲金矿，而是其他物质）散发出刺鼻的气味，闻起来就像放大了1000倍的大蒜味，而且这种臭气很难去掉。所以最好的办法就是把它们出手，埋在路面下——这样它的臭味就不会四处弥漫，然后掉头回去接着挖掘真正的黄金。

但是人们依然不断地涌到汉南地，水和食物越来越贵。有一段时间，日常补给供应方面的压力变得如此之大，以至于爆发了一场规模不小的骚乱。当情势变得越来糟糕的时候，有谣言开始在淘金地附近流传开来，这些谣言正是同淘金者们挖出来然后丢弃了的碲金矿石有关。虽然穷苦的矿工们对碲金矿知之甚少，地质学家们却早在多年以前就了解了它的特性。其中一个特性就是，它在低温下会分解，使得从其中分离出金屑变得很容易。碲金矿是19世纪60年代在美国科罗拉多州首次被发现的。据历史学家们推测，某天晚上，露营者点起了篝火，然后注意到，咦，用来围起火堆的石头居然缓缓地渗出了黄金。很快，类似这样的故事就辗转传到了汉南地。

1896年5月29日，地狱般的景象降临到了这个淘金小镇上。经过检测，之前一些用来修建镇子的碲金矿石含金量为平均每吨矿石500盎司（约14千克）。听闻这个消息的矿工们很快将他们能够找到的每块倒霉矿石都拆成了碎屑。人们先是席卷了那些被拒收的成堆矿石，在其中扒寻。当那些矿石堆被搜寻一空后，他们把目光转向了镇子本身。铺路的石板被撬起，路面被挖得坑坑洼洼，连人行道也未能幸免。当然了，那些曾用含金的碲化物打磨成砖块，亲手搭起自己新家烟囱和壁炉的矿工，在把它们拆成碎片时一点儿也没心软。

后来的几十年间，汉南地周边地区——没过多久就被重新命名为卡尔古利——成为世界上最大的黄金出产地。卡尔古利人把它叫作黄金里。卡尔古利人还夸口说，他们的技术人员在从土地里提炼黄金时，要比世界上其他任何地方的人都麻利。看来，在他们的父辈经历过那场"超级愚人金"的淘金热之后，后来的几代人好像已经学到了教训——不管愿不愿意，都不要将石头随意丢弃。

弥达斯的锌和卡尔古利的碎都属于无心的骗局，这样的例子绝无仅有，在自始至终充斥着蓄意造假事件的货币史上，它们应属"无知者无罪"。弥达斯统治时期一个世纪之后，第一种真正的钱币——由一种自然形成的、叫作琥珀金的金银合金铸造的硬币——在小亚细亚的吕底亚[1]诞生。之后不久，另一位因富有而著称的古代统治者吕底亚国王克罗伊斯[2]，建立起了最初的货币制度。在这个过程中，他找到了一种办法可以将琥珀金中的金和银分离开来，由此铸造出了金币和银币。在克罗伊斯创下此等伟业后不过数年，大概在公元前540年，希腊群岛中一座小岛萨摩斯的国王波吕克拉底，就开始用镀金的铅块收买他在斯巴达的对头。从那时起，伪造者们一直在将诸如铅、铜、锡、铁之类的金属掺入真正的货币之中，让钱财凭空多出好几倍——就像小气的酒吧老板往啤酒桶里灌水一样。

在今天，制造伪币被视为欺诈行为的一个直接例证，而在历史上的大多数时候，一个国家的贵金属流通情况都是同它的经济稳定状况紧密联系在一起的，因此国家的统治者们都将制造伪币视为重罪——叛国罪。那些被判定犯下此种罪行的人将会被处以绞刑，这算比较体面的死法了，还有更糟糕的呢。可伪币制造总是吸引着那

---

(1)　小亚细亚西部古国。
(2)　公元前6世纪吕底亚末代国王，以巨额财富闻名。

些不了解机会成本的人们——知道吗？基本的经济法则就是让你通过诚实经营赚取的钱比你花费好几百个小时制造"白来"的伪币要多得多。不过，为了阻止此种犯罪行为，仍然有许多聪明人绞尽脑汁，设计尽可能万无一失的通币。

比如说，在发明微积分以及提出丰碑般的万有引力定律之后很久，艾萨克·牛顿在17世纪的最后几年里担任了英国皇家铸币局的负责人。当时刚50岁出头的牛顿本来只是想谋求一个高薪的政府职位，但值得称赞的是，在他就职之后，并没有把这当成一份闲职。当时，伪币制造活动——特别是通过刨削硬币的边角、将这些碎屑融在一起制造出新的银币——在伦敦那些声名狼藉的地区非常盛行。伟大的牛顿先生发现自己踏入了一个出没着密探、鼠辈、酒鬼和小偷的境地之中，而他颇为享受。牛顿对他发现的不法之徒提起公诉——作为一个虔诚的基督徒，他在这样做的时候带着《旧约》上帝式的愤怒，拒绝任何请求宽大处理的抗辩。他甚至将一位臭名昭著又诡计多端的"造币人"威廉·查洛纳送上了绞刑架并将其尸体处以公开挖膛之刑——多年以来，这个家伙一直用指控皇家铸币厂"技术不精，内部不正"的方式惹恼着牛顿。

伪币制造活动在牛顿任期内得到了控制，但就在他辞职后没多久，世界金融体系面临着一项新的威胁——纸币伪造。中国元朝的皇帝忽必烈，在11世纪开始推行纸币。这一新举措率先在亚洲飞快传播开来——部分也是因为忽必烈对任何拒绝使用纸币的人都处以极刑——只是在欧洲的推行一直时断时续的。不过，截至1694年英国国家银行开始发行纸币时为止，纸币的优点已经变得越来越明显了——制造硬币的矿石很贵，硬币本身携带不便，建立在硬币上的国家财富过于依赖分布不匀的矿产资源。而且因为金属加工技术在过去数个世纪里经历了更为广泛的传播，对于绝大部分人而言，硬币伪造起来要比纸币更容易。（今天的情况则刚好反了过来。不管是谁，只要拥有一台激光打印机，就能制造出一张看上去颇能以假乱真的20元纸币。但你可曾听说过有谁仿制出一枚看得过去的5分镍币呢，就算我们假设这样的事情值得一干？）

如果说金属铸币容易被掺入杂质的化学性质一度为骗子们提供了便利，到了使用纸币的年代，则有像铕这样的金属以其独特的化学性质帮助政府与骗子们进行斗争。这得从铕的化学性质说起了，特别是铕原子中电子的运动方式。迄今为止我们已经讨论过的只有电子的键合，也就是电子在不同原子间的运动。但是电子同时也在不断地围绕自己的原子核飞速旋转，这一运动经常被比喻成行星围绕太阳的公转运动。尽管这是一个相当不错的类比，但要深究起来是不太准确的。从理论上讲，地球能够以许多不同的轨道完成围绕太阳的公转，而电子却不能随随便便挑个轨道就开始围绕原子核转圈。它们只在处于不同能级轨道上的电子层内运动，而且因为在既定的能级轨道之间——比如第一能级和第二能级，或者第二能级和第三能级，依次类推——完全没有其他能级存在，所以电子运动的路径受到了高度限制：它们只能在同原子核“太阳”有着特定距离的轨道上运行，而且轨道呈现为一个有着古怪角度的椭圆形。而且，不同于行星的是，一个电子如果受到热能或者光能的激发，就能够从它所处的低能级电子层中跃迁到一个空的高能级电子层中。但是电子不能在一个高能级的地方上永远待下去，所以它很快就会回到基态。不过这个过程也并不是一个简单的来回运动，因为当电子回到基态时，会以光的形式释放出能量。

这种光的颜色取决于电子跃迁前后所在能级之间能量差的绝对值。发生在两个邻近层级之间的电子跃迁（比如第一层级与第二层级），会释放出低能量的淡红色光波；当跃迁发生在两个相邻较远的层级之间（比如说第五层级和第二层级），发射出的就是高能量的紫色光波。因为电子跃迁的落脚点受到整个电子层级数量的限制，所以发射出来的光波波长也是限定的。原子中电子跃迁产生的光波同电灯泡发出的白光不一样，甚至刚好相反，电子跃迁产生的光非常清晰、颜色非常纯粹。每种元素的电子层都位于不同的能级上，因此它们各自释放出来的光波波长也是特定的——罗伯特·本生通过他研制出来的煤气灯和分光镜测定了这些波长。后来人们还认识到，电子总是跃迁到整数能级上，而从来不会沿着位于分数能级上的轨道运行，这就是量子力学的基础理论。你曾经听说过的每件有关量子力学的古怪事情，都直接或者间接地建立在这些非连续性的跃迁基础上。

铕能发出上述的那种光，但效果却不是很让人满意：它和它的镧系元素兄弟们不能有效地吸收入射光能或是热能（这也是化学家们长久以来在分辨它们时常常大感挠头的另一个原因）。但是光就像国际货币，能在原子世界中以多种方式对这一情况进行补救，镧系元素能够以一种不同于普通光线吸收的方式发光。这叫作荧光性，大多数人熟悉的黑光和迷幻招贴画都是对它的应用。通常说来，一般的发光只同电子的运动有关，但是荧光却将整个分子牵涉其中。而且，同电子吸收什么颜色的光就发出什么颜色的光（比方说入射光为黄色，发出的光也为黄色）相反，荧光物质的分子吸收高能光线（紫外光），发出的却是较低能量的可见光。回到铕元素，根据它所吸附的分子的不同，它能够分别发出红光、绿光或蓝光。

而这种多样性对于伪币制造者来说简直就是噩梦，同时也使得铕成为极好的防伪工具。实际上，欧盟（EU）就将它加入了印钞墨水中。为了调配这种墨水，欧盟财政部的化学家们往一种荧光染料中掺入了铕离子，铕离子附着在荧光染料分子的一端。（没人真正清楚那种染料是什么，因为据说欧盟将调查这种染料的行为视作违法。守法的化学家们只能靠猜测。）尽管不清楚这种含铕染料究竟是什么，化学家们还是知道它由两部分组成。一部分是接收器，或者叫作"天线"，由大团的分子构成。"天线"能够捕捉入射的光能量——这是铕所不能吸收的。接着"天线"将光能量转化为振动能——这是铕能够吸收的。然后"天线"辗转地将这种能量传递到分子的末端。在那里，铕电子受到激发，于是跃迁到更高的能级中去。不过就在铕电子跃迁、回跳、发光之前，一部分入射能量波"反弹"到了"天线"上。当铕原子单独存在的时候，这种情况是不会发生的，但在这里，有一大堆荧光染料分子来减弱这种能量，并最终将能量消耗殆尽。因为这一能量损耗，当铕电子回到基态时，就会产生低能量的光。

这个小小的变动为什么管用呢？这种荧光染料是精心挑选出来的，其中所含的铕在可见光线下一点儿反应都没有，所以很可能会让伪币制造者放松警惕，觉得自己做出的复制品完美无瑕。可当你将一张真正的欧元放到特殊的激光下时，激光会触发隐形墨水。纸币本身变成了黑色，而那些呈无规定向排列的掺铕细纤维哗的一下全显现出来了，就像夜空中斑驳的星座一样。纸币上炭灰色的欧洲地图素描画变成了绿色，就像通过外星人的眼睛从太空中看到的那样。浅色星星组成的花环则闪耀出黄色或红色的晕彩，欧洲名胜图案、欧洲中央银行行长签名和隐藏的水印则变成闪亮的品蓝色。只要发现纸币上没有这些标识，官方就能轻易地逮住造假者。

而且，每张欧元纸币实际上是由两张欧元组成的，一张是我们每天看到用到的，另外一张则是一处全息标识，是对前者的直接映射。这一标识没有经过专业训练是很难伪造的，再加上含铕颜料以及其他的防伪标识，使得欧元成为有史以来最复杂的货币。当然了，即使这样，欧元也从来没能摆脱被伪造的命运，可能只有到了人们更愿意把现金留在手中而不是用出去的时候，货币伪造活动才会销声匿迹。但是在举元素周期表之力打击伪币制造的活动中，铕同那些最贵重的金属一样拥有了自己的一席之地。

历史上，除了那些用于造假的元素之外，许多元素都曾被用作真正的货币。其中一些用来铸造辅币，比方说锑。另外那些则是在恐怖的形势下担当了货币的角色。"二战"期间，当意大利作家、化学家普里莫·莱维[1]在一家监狱化工厂工作时，就开始偷取小块的铈。铈在敲击时会溅出火花，使得它成为点烟用的理想打火石。他将这些铈块卖给城里的工人，以换取面包和汤。过了一段时间莱维被送入纳粹集中营，几乎饿死在那里，于是他从1944年11月开始用铈来做交易。他估计它能为自己换来两个月的食物供给，也就是两个月的生命，足够让他坚持到1945年1月苏联军队前来解放他所在的集中营。正是因为莱维对铈的了解，我们才能够在今天读到他劫后余生的杰作《元素周期表》。

还有另外一些将元素作为通货基本单位的提议就更古怪了，一点儿也不切合实际。对超铀元素极其热衷的格伦·西博格，就曾经预言钚将成为世界经济中的新黄金，因为它对于核应用而言非常宝贵。也许是出于对西博格的讽刺，一位科幻小说作家也说过类似的话，他说对于世界金融体系而言，放射性废料将成为一种更好的流通货币，因为由它铸成的硬币毫无疑问会飞快地被人们转手。还有，每次经济危机期间，人们都在抱怨必须重新启用金或者银作为衡量流通货币价值的标准。直到20世纪，大多数国家才真正地将纸币与真金白银等同起来，人们才开始随意地以纸币交易贵金属。一些文学研究者认为，L.弗兰克·鲍姆[2]1900年的作品《绿野仙踪》实际上是银本位同金本位之间优缺点比较的寓言——书中的桃乐茜穿的不是红宝石鞋子，而是银拖鞋，通过一条金色砖块铺设的大道，走向

---

(1) 普里莫·莱维（Primo Levi, 1919—1987），犹太裔意大利化学家和作家。莱维是纳粹大屠杀的幸存者，最出名的著作为《元素周期表》。
(2) L.弗兰克·鲍姆（ L.Frank Baum,1856—1919），美国儿童文学作家，主要著作为包括《绿野仙踪》在内的一系列以虚拟的"奥芝国"为背景的童话。

一座钞票绿的城市。

　　不管以金属作为本位的经济体制看上去有多么过时，坚持这一体制的人们有一点是对的。尽管金属货币的流通性没那么好，但金属市场的确是最稳定的长期资源财富市场之一。这里说到的金属甚至都不一定非得是黄金或白银。以单位体积算，在你能够真正买到的元素中，最贵重的是铑（这也就是为什么，当1979年前披头士成员保罗·麦卡特尼的唱片销量突破百万时，吉尼斯世界大全送给他一张铑制成的唱片，以祝贺他成为有史以来唱片销量最好的音乐家）。但要论通过元素周期表上某种元素挣钱的速度和数量，美国化学家查理·霍尔要自居第二的话，世上没人敢称第一。而这种元素就是——铝。

　　整个19世纪，许多天才的化学家将全部的职业生涯奉献给了铝。很难评判在那之后，铝受到的待遇是更好了，还是更坏了。1825年前后，一位丹麦化学家和一位德国化学家同时从有着悠久历史的止血药明矾中提取出了这种金属。（明矾就是猫咪西尔威斯特[1]之类的卡通角色时不时吞个满口，然后一脸苦相的那种粉末。）因为它的光泽度，矿物学家们立即将铝归入贵金属之中，同银或是白金并驾齐驱，1盎司（约28克）值好几百美元。

　　20年后，一位法国人设法将这两位化学家提取铝的办法应用到工业中去，使得铝有效地商品化了。但就价格而言，它依然要比黄金贵。这是因为，尽管铝是地壳中最普遍的金属，按重量计算的话大概占到地壳组成部分的8%，比黄金要常见千万倍，但它从来没有以纯粹的铝矿脉形式出现过。它总是同其他元素结合在一起，通常是氧。纯粹的铝样品被认为是奇迹般的存在。法国人曾经展出过一些铝块，这些铝块享受着诺克斯堡[2]级别的待遇，就摆在

---

(1)　美国华纳兄弟公司1930年开始发行的第一部著名系列动画片《兔八哥》中的形象。

(2)　诺克斯堡(Fort Knox)是美国陆军的一处基地，美联储的金库也设在此处。

●衣冠楚楚的工程师正在翻新华盛顿纪念碑顶上的铝帽。1884年，美国政府用铝为纪念碑加冕，因为铝是世界上最昂贵的金属（也因此最令人印象深刻），比黄金贵得多（NIST）

他们的王室珠宝旁边。而那位第二帝国的皇帝拿破仑三世则定制了一套铝制餐具，专为宴会上的特别来宾准备（不那么重要的客人用的则是金质的刀叉）。在美国，那些为政府工作的工程师，为了展示自己国家的工业技术实力，在1884年给华盛顿纪念碑加上了一个6磅（约2.7千克）重的铝质锥形顶。一份历史报告指出，当时1盎司（约28克）从这个锥形顶上削下的薄片，换成钱，就能支付安置它的所有工人的日薪。

铝盘踞世界最贵重物质宝座的日子持续了60年，但好景不长，它的这份荣耀很快被一位美国化学家终结。这种金属的特性——轻、结实、导电性好——将工业制造者们的心逗得直痒痒，而且它在地球上的广泛分布隐含着引发金属制造业革命性巨变的可能。它诱惑着人们，但是还没人想出有效地将它同氧分离开来的办法。这时，在俄亥俄州的奥柏林学院，一位叫作弗兰克·范宁·朱艾特的化学教授正要向他的学生们讲述黄金国的故事，只不过在他的故事里，主角换成了铝。他满心期待有朝一日，能够有人征服这种金属。现在我们已经知道，他的学生里，至少有一位把他的话听了进去。

213

在晚年，朱艾特教授常常向学校里的老朋友们吹嘘道："我一生最大的成就就是发现了一个人。"——这个人就是查理·霍尔。霍尔在奥柏林学院念本科期间，一直与朱艾特教授一起工作，致力于铝的分离。他一次又一次地失败，但是每次都有进步。最后，在1886年，霍尔从手工做的蓄电池（输电线那时还不存在）里引出一股电流，通过溶有铝化合物的液体。来自电流的能量震击并解放了铝离子，它们附着在水箱底部的一小块银上。整个过程成本低廉并且操作简单，而且不管在什么地方操作，效果都同在实验台上的大水箱里进行操作时一样好。在化学史上，纯铝是自点金石之后最让科学家们梦寐以求的战利品，而霍尔得到了它。当时这个"超级铝小子"刚刚23岁。

霍尔并没有立刻获得经济收益。这时候在法国，化学家保罗·埃鲁无意间也发现了提纯铝的方法，同霍尔的大致差不多。（今天，霍尔和埃鲁共享了发现提纯铝方法的荣耀，正是他们的发现冲击了整个铝金属市场。）紧随其后，一位奥地利人在1887年发明了另一种分离铝的方法。面对这些迎头赶上的竞争对手，霍尔当机立断在匹兹堡建立了Alcoa，即后来的美国铝业公司。这个冒险之举成就了历史上最成功的商业帝国之一。

Alcoa的铝产量以爆炸式的速率增长。1888年它成立的头一个月，每天只能生产50磅（约23千克）铝；20年之后，它每天要输出8.8万磅（约40吨）铝以满足市场要求。当铝的产量飙升，价格也随之狂跌。霍尔出生之前，人类在调控铝价格上做出的重大突破不过是在7年之内将它从每磅550美元降到每磅18美元，而50年之后，霍尔的公司将铝的价格降到了每磅25美分，这一价格甚至连通货膨胀时都没有上调过。这种程度的产业增长在美国历史上大概只有一次被超越，就是80年之后的硅半导体革命，而且就像日后的计算机巨头一样，霍尔发了大财。当他在1914年去世时，拥有价值

3000万美元（相当于今天的65亿美元）的Alcoa股票。感谢霍尔，铝成为真正稀松平常的金属，所有人都认识它：易拉罐、少年棒球联盟的球棒、飞机的机身，都是由它制造的。（不过那个铝制锥顶依然放置在华盛顿纪念碑的顶端，显得有点儿落伍了。）铝究竟是作为世界上最珍贵的金属更好，还是作为应用最广泛的金属更好，我想，你的选择完全取决于你的口味和性格。

顺便说一下，在这本书里，写到"铝"这个字时，我用国际通用的拼写法"aluminium"替代了美国常用的拼写法"aluminum"。这个拼写上的差异要追溯到这一金属的迅速崛起。当化学家在19世纪早期推测第13号元素的存在时，这两种拼写都用到了，但是最终确定下来的拼写还是aluminium。这种拼写同跟它先后被发现的钡（barium）、镁（magnesium）、钠（sodium）以及锶（strontium）很相衬。当查理·霍尔就他的电解法申请专利时，他用的也是aluminium这个拼写。不过，当霍尔在为他闪闪发亮的宝贝金属做广告时，在拼写上疏忽了。关于他在广告里忘了写aluminium这个单词里面的"i"究竟是故意的还是无心的，一直存在争论，不过当霍尔看到aluminum这个拼写时，觉得这是个绝妙的生造词。于是他决定从此以后都把这个词里的"i"这个元音去掉，使它变成了一个单音节词，同上等的铂（platinum）遥相呼应。冠着aluminum之名的新金属如此快地流行起来，变得如此具有经济价值，以至于这个拼写在美国人心中留下了不可磨灭的印象。美国嘛，一向都是这样的——用钞票说话。

14. 元素与艺术

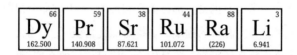

纵观历史，科学研究变得越来越精细复杂，研究成本也相对地变得惊人高昂起来。钱以及钱的多少，开始成为要不要启动一项科学研究、什么时候启动以及怎样完成它的决定性因素。就在1956年，这一事实的普遍程度就已经能够让一位德英混血小说家西比尔·贝德福德有感而发，写下这样的话：距离"宇宙的定律不过是某人在马厩后面的工作间里哼着小曲轻松愉快建立起来的"年代，已经太久太久了。

当然，就算在贝德福德向往不已的年代，也就是18世纪和19世纪，也只有非常少的人，多半是拥有大量土地的贵族绅士，能够负担得起一个让他们在里面玩科学的小小工作室。诚然，这并不是巧合——做出诸如发现新元素这般科学成就的人通常是来自较高社会阶层的人，别的人没那闲工夫围坐在一起讨论一些不知名的破石头到底是由什么构成的。

这种贵族气息一直流连于元素周期表中，最直观的表现就是，假如你对于化学知识没有一丁点儿了解的话，基本上是看不懂元素周期表的。整个欧洲的贵族绅士都接受过大量的古典教育，于是许多元素的名字——铈（cerium）、钍（thorium）、钷（promethium）——都源自古典神话。那些看上去非常滑稽的名字，例如镨（praseodymium）、钕（praseodymium）、镝（dysprosium），实际上是拉丁文和希腊文的混合产物。镝（dysprosium）的意思是"难以获得"，因为它很难同它的兄弟元素分离开。类似的还有镨（praseodymium），这个词的意思是

"双胞胎中绿色的那个"［它的双胞胎兄弟是钕（neodymium），意为"双胞胎中另外的那个"］。惰性气体元素的名字大多数包含着"冷淡"或"懒散"的意思。甚至到了19世纪80年代这么晚的时候，骄傲的法国绅士们在命名新元素镓（gallium）和镥（lutetium）的时候，用的都还是濒临灭亡的古词"高卢"（Gallia）和"鲁特西亚"（Lutetia）[1]，而不是现代词"法兰西"（France）和"巴黎"（Paris），就好像是在奉承尤利乌斯·恺撒一样。

所有这些名字在今天看来都很古怪——当时的科学家们接受的古代语言方面的教育要远远超出科学方面的教育——但是数个世纪以来，科学与其说是一项专门的职业，倒不如说更像是一项非职业性的业余爱好，就像集邮一样。当时的科学还没有数学化，入门的门槛很低，但凡是个有名望的贵族，都可以大摇大摆地跳出来发表科学见解，不管他有没有这个资格。哦，比如说，约翰·沃尔夫冈·冯·歌德。

今天，歌德是作为一位作家而为人们铭记，其作品的广度和感染力被许多评论家认为仅次于莎士比亚。除了写作之外，他还在政府部门和几乎各个方面的政策讨论中扮演了活跃的角色。许多人将他视为德国有史以来最伟大、学识最渊博的人。但是我得承认，我对于歌德的第一个印象却是——他是个半吊子。

大学时的一个暑假，我为一位物理学教授打下手，他故事讲得极好，但手头像电缆电线之类的基础供给却总是不够用，这就意味着我得常常到位于地下室的学院后勤科讨要这些东西。那个地穴的主人是一位满口德国腔的人。为了同他那卡西莫多般的工作协调，他经常不刮胡子，留着枯藤般纠结的过肩头发。尽管他实际身高只有5英尺6英寸（约1.7米），但因为那粗壮的胳膊和胸膛，他站起

---

[1] 鲁特西亚：巴黎的古称。

来就像座庞然巨塔。每次敲响他的门时我都胆战心惊，不知道这回他眯起双眼开口时，会有怎样的问话砸到我脸上来——那听上去通常更像是嘲弄："他真的一点儿通轴电栏都煤油了吗（他真的一点儿同轴电缆都没有了吗）？"

我同他的关系在接下来的一个学期有所改善，我修了一门（必修）课，而他正是课上的合作讲师。这是一门实验课程，也就是说我常常得花上数个小时动手动笔。在那些单调乏味的时间里，他和我曾经聊过一两次文学。一天，他提到了歌德，当时我还不知道这个人。"他是得国地沙石比亚（他是德国的莎士比亚）。"他介绍说，"所有神气火现地得国坐家，煤时煤刻都在引用他地话。可烦了。他们会说：'什么，你练歌得都煤听说过吗？'（所有神气活现的德国作家，每时每刻都在引用他的话。可烦了。他们会说：'什么，你连歌德都没听说过吗？'）"

他曾经读过歌德作品的德文原稿，发现歌德有很多不尽如人意的地方。当时我还太年轻，很容易受到一些坚定说法的影响，他对于歌德的公开批评使得我对歌德身为一个伟大思想家的可信度产生了怀疑。许多年过去了，我读了更多的书，现在，我很愿意承认歌德在文学领域的确是个天才。但我也得承认，当初我那个实验课讲师认为歌德在某些领域不过是个半吊子的说法，是有道理的。尽管歌德是一位改变了世界的划时代作家，但他没能管住自己不对哲学和科学指手画脚。他在这样做的时候，怀着的是一个半吊子所能拥有的全部热情，以及能力。

在18世纪晚期，歌德提出一个色彩学的理论以驳斥艾萨克·牛顿的理论，甚至因此写了一篇异想天开的论文，通篇都是类似"色彩是光的业绩，业绩，和苦痛折磨"之类的话——看上去倒是不像对实证主义者牛顿先生的破口大骂，但是这样的陈述除了让我们看到歌德像相信自己的诗歌水平那样相信自己的科学水平之外，完全没有一点儿意义。他还在小说《亲和力》中表达了这样一个似是而非的观点：婚姻就像化学反应。按照他的说法，要是你介绍AB夫妇同CD夫妇认识，他们就会顺理成章地犯下"化学通奸罪"，最后形成两对新的夫妻组合，这个过程用方程式表达就是这样的：AB + CD→AD + BC。而且这可不仅仅是某种含蓄的说法或是暗喻。歌德实际上以书中人物的人生历程论证了这一方程式。不管这部小说有多少别的优点（特别是其极富感染力的描述），它仍然证明了歌德最好还是离科学远点儿。

即使是歌德的巅峰之作《浮士德》，也包含了关于炼金术的陈词滥调，以及更糟糕的（至少炼金术听起来很酷），关于岩石是怎样形成的苏格拉底式对话。这一毫无意义的对话发生在岩石"水成论者"（Neptunists）和"火成论者"（Plutonists）之间。歌德这样的水成论者认为，岩石是由大海——尼普顿神统治的王国——里的矿物质沉淀而成（他们错了）；火成论者——这个称呼源自冥王普路托之名，在《浮士德》这部作品中，火成论者的观点由魔鬼本人亲口说出，带着几分颇为造作的讽刺意味——认为火山和地底的高温塑造了绝大部分岩石，这一说法是正确的。像往常一样，歌德选择站在错误的一边，因为这边的理论让他感受到了审美的愉悦。《浮士德》极富感染力地描绘了科学中的自恃自大将会导致何种结果，出于这个原因，它流传了下来，就像《弗兰肯斯坦》一样。但当1832年歌德去世后，这本书中论述的科学和哲学观点很快就被驳斥得体无完肤。现在，人们阅读他的作品完全只因为其文学价值。歌德要是知道了这些，一定会崩溃的。

尽管如此，总的说来，歌德对于科学，特别是元素周期表，还是做出了不可磨灭的贡献——通过他的官职任命权。1809年，作为国务大臣，歌德负责为耶拿大学化学系的一个空置职位挑选合适

人选。在听取了朋友们的推荐后，歌德极具远见地选择了另外一个
也叫约翰·沃尔夫冈的人——约翰·沃尔夫冈·德贝莱纳。这位约
翰·沃尔夫冈是个外省人，既没有化学方面的学位，也没有拿得出手
的履历。他先后做过药剂学、纺织学、农艺学和啤酒酿造方面的工
作，通通失败了以后才投身化学的。但是，德贝莱纳的这些工作经
历使他学到了大量的实用技能——这是像歌德这样的绅士老爷永远
学不到，却又因为身处伟大的工业革命时期而非常渴望得到的。歌
德很快对这个年轻人产生了浓厚的兴趣，他们花了许多个小时愉快
地讨论当时热门的化学话题，像是为什么红球甘蓝会让银匙失去光
泽、蓬巴杜夫人[1]的牙膏里含有什么配料之类的。但是这一友谊未
能完全消除两人之间出身和教育程度的巨大差别。歌德，自然没的
说，接受了广泛的古典教育，甚至在今天，他还经常被人们尊为（带
着点夸张）最后一位上知天文下知地理的人——要想找到这样的人，
可能只能回到艺术、科学、哲学在很大程度上依然相互交叠的年代。
他还曾环游世界，阅历甚广。而德贝莱纳呢？在被歌德提拔到耶拿
大学的职位上之前，甚至都从未离开过德国。而且当时具有代表性
的科学家中，像歌德那样出身上流社会的知识分子要比像小约翰·沃
尔夫冈那样的土包子多得多。

●德贝莱纳纪念邮票

---

(1) 蓬巴杜（Madame de Pompadour，1721—1764），法国国王路易十五的著名情妇、
社交名媛，对路易十五的统治和法国的艺术有深远影响。

说到这儿，当想到德贝莱纳对科学做出的最大贡献是受到稀有元素锶的启发，而锶这个名字跟希腊文或是奥维德笔下的神话故事一毛钱关系都没有的时候，还真是让人觉得莫名的协调。在科学史上，锶就像星星之火，昭示人们未知的黑暗中真的存在着像元素周期表这样的东西。1790年，一位医生在伦敦红灯区一所医院的实验室里发现了这种元素，那个地方离莎士比亚的环球剧场没多远。这位医生以他研究的矿石——菱锶矿的产地思特朗廷（Strontian）来命名这种元素，那是苏格兰一个以采矿业为主的村镇。20年后，德贝莱纳拾起了这位医生的研究。德贝莱纳的精力主要集中在（注意他在这里表现出的实际性）寻找精确测量元素原子量的方法，而锶这种元素实属新鲜，又很少见，是个值得一试的挑战。伴随着歌德的鼓励，他开始研究这种元素的特性。而就在他反复推敲关于锶的数据时，注意到一些不寻常的事情：锶的原子量刚好是钙元素和钡元素原子量的平均数。而且，当他更深入地研究锶的化学性质时，发现它在化学反应中的表现也同钙和钡非常相像。不知怎的，锶成了将钙和钡这两种一轻一重的元素联系在一起的纽带。

被这个发现所吸引，德贝莱纳开始精确测量更多元素的原子量，到处寻找别的"三素组"。他发现了"氯、溴、碘""硫、硒、碲"，以及更多的组合。在每一个组里，中间那个元素的原子量刚好是其他两种元素原子量之和的平均值。德贝莱纳坚信这不是一个巧合，于是他开始把这些元素一组一组地排列起来，现在我们已经知道，这样一根一根由"三素组"构成的"柱子"其实就是元素周期表中的族。实际上，50年之后，创建了第一个元素周期表的那个化学家正是以德贝莱纳列出来的那一根根"柱子"作为起点的。

现在，我们要说说元素周期表没能在德贝莱纳之后、德米特里·门捷列夫之前诞生的原因了——在这50年里，对"三素组"的研究失控了。当时的化学家们（受到基督教、炼金术和毕达哥拉斯学说影响——相信数字以某种方式具象化了形而上的本真存在）不是利用锶和它同组兄弟的联系为出发点，寻找将物质系统化组织起来的普遍规律，而是开始四下里寻找三元素组合，并且一头扎进"三"的数字命理学中。为了计算的方便，他们生捏硬凑出许多三元素的组合，并且不管这三个元素之间的联系有多么牵强，硬将每个组合的内部关联提高到了神学般的高度。尽管如此，我们还是应该感谢德贝莱纳，正是因为他，锶成为第一个被正确系统化的元素——这个体系将元素按规律排列起来，具有重大意义。而要是没有歌德一开始的信任和之后的支持，德贝莱纳也不会创建出这一体系。

还有，当德贝莱纳在1823年发明了第一个手提汽灯时，更显得他的保护人对他始终如一的支持是多么富有远见。这种灯具靠的是铂能够吸收和储存大量可燃性氢气的奇妙特性。在一个人们做饭取暖依然全得仰仗明火的时代，它有着无可估量的经济潜力。这种被称为"德贝莱纳灯"的灯具，实际上让德贝莱纳在世界上享有了同歌德差不多的知名度。

所以，即使歌德在科学领域表现得不尽如人意，但他的作品的确有助于传播科学理念，而且他的支持的确将化学家们往元素周期表的方向推进了。他怎么也配得上在科学史上享有一个荣誉地位——这也许能让他最终满意。引用约翰·沃尔夫冈·冯·歌德这位大人物（在此向我的老实验课讲师表示歉意）自己的话来说："一门科学的历史，就是这门科学本身。"

歌德使得科学的思想之美得以彰显，而那些懂得欣赏科学之美的人们都会陶醉于元素周期表的对称之美以及它那巴赫式的重复与变化中。但是，元素周期表的美并不全是抽象的。元素周期表以各种方式激发着艺术创作。金、银、铂本身就非常耀眼美丽，而其他的元素，像镉和铋，则被制成色彩明丽饱满的颜料，用在画作之中。元素在设计领域也扮演了重要的角色，人们用它们制成美观大方的日用百货。新的合金经常在延展性或柔韧性方面有很大提升，能够将一项设计从功能性产品转变为艺术品。加入正确的元素后，那些微不足道的东西，比如钢笔，也能拥有——这话要说出口还挺让人觉得有点儿难为情（不过那些钢笔发烧友可一点儿也不会这么觉得）——王者风范。

20世纪20年代末，著名的匈牙利设计师（后来入了美国籍）拉兹洛·莫霍利·纳吉[1]提出一个理论设想，用以区分"强制报废"（forced obsolescence）和"人为报废"（artificial obsolescence）。强制报废是科技发展导致物品更新换代的正常过程，历史书中有很多例子：犁被收割机取代、火枪被格林机关枪取代、木船被钢铁轮船取代；相比之下，人为报废现象在20世纪正日益增多，很快就会占据主导地位。莫霍利·纳吉认为，人们丢弃生活消费品，不是因为那些东西过时了，而是因为自己周围的人有了更新潮、更别致的款式。作为一位艺术家，甚至可以说是设计领域的一位思想家，莫霍利·纳吉将人为报废视作虚荣、幼稚的行为，是一种"道德崩坏"的表现。人们贪婪地追逐着某种东西，甚至是一切东西，当时是这样，就连现在也是这样。让人难以相信的是，不起眼的钢笔也曾一度成为这种让人们趋之若鹜的东西。

钢笔这一堪比"弗罗多的魔戒"般的命运始于1923年，由一个叫作肯尼斯·派克的男人亲手开启。28岁时，肯尼斯说服当时家族企业的负责人往他设计的高端型号——世纪钢笔（Duofold）上投了一大笔钱。（他很聪明地等到大老板派克先生，也就是他父亲，登船启程，开始一趟漫长的环非洲和亚洲旅行，对他鞭长莫及的时候才这么干。）10年之后，在经济大萧条时期境况最坏的日子里，肯尼

---

(1) 拉兹洛·莫霍利·纳吉（László Moholy-Nagy, 1895—1946），现代设计以及现代视觉艺术的代表人物，同时也被视为光艺术（Light art）与动态艺术（kinetic art）的先驱者。最重要的成就是推动了德国包豪斯学院的成立。

斯再次孤注一掷，将另一种高端型号真空钢笔（Vacumatic）引入市场。没几年之后，肯尼斯——这时已经自己当大老板了——又心痒痒地想要再推出一个新款。当时他已经读过莫霍利·纳吉的"人为报废"理论，并且很感兴趣，但是肯尼斯一点儿也没有因为其中的道德指责而纠结，相反，他以真正的美式风格解读了"人为报废"：这分明就是一个赚大钱的机会嘛。要是人们有更好的东西可以买，他们肯定会去买，哪怕他们其实并不需要。于是，在1941年，他到底还是将派克51系列——这款钢笔于1939年试制成功，那一年正好是派克公司建立51周年，因此得名——投放市场。这款钢笔被普遍认为是有史以来最好的钢笔。绝对美妙，也是绝对不必要的。

这款钢笔外观非常雅致。笔帽是实金（或者镀铬）的，笔夹是一支金色羽箭。笔身像雪茄那样饱满迷人，让人忍不住想要拿在手中，并且漆成花花公子们最中意的颜色：雪松蓝、拿骚绿、可可棕、李子紫以及时尚红。笔嘴部分是印度黑色的，看上去就像一个害羞的海龟脑袋，渐缩渐细，露出秀气的、线条流畅的笔舌。舒展的笔舌顶端是一个纤细的金质笔尖，像一条卷起的舌头，等待舔舐墨水。在线条优美、光滑闪亮的笔身里，是以一种获得最新专利的塑料——Lucite合成树脂制成的笔杆，并有获得最新专利的气压系统用以输送获得最新专利的墨水——以前的墨水都靠自然蒸发变干，会在纸上待很长时间，而这种墨水能够渗入纸张纤维，因此可以即刻变干——这在人类书写历史上还是第一次。即便是笔帽咬合笔身的技术也申请了两项专利。派克公司的研发人员堪称人类书写史上的天才。

这个"美人儿"唯一的瑕疵就是金制的笔尖，也就是真正同纸张接触的部分。金是一种柔软的金属，与纸张大量摩擦后会变形。肯尼斯先是往笔尖顶端箍了一个铱锇合金制成的小圈，效果倒是不错，只是铱跟锇这两种金属十分稀少，价格昂贵，进口不易，一旦产量有所起伏或是价格发生波动，都会导致派克51的生产难以为继。

于是肯尼斯千里迢迢地从耶鲁大学雇来了一位冶金学家，寻找可替换之物。不到一年，派克公司申请了又一项专利成果：钌质笔尖。当时钌的产量也十分少，但以它制成的笔尖同整支钢笔其余的设计都非常匹配，于是在1944年，钌制笔尖被装在了每支派克51钢笔上。

现在，我们可以实话实说，尽管派克51有着高端的工艺设计，但就将墨水输送到纸端这一基本功能而言，它可能同大部分普通钢笔也没什么两样。但是就像设计领域的预言者莫霍利·纳吉早就说过的那样，流行风尚胜过实际需要。通过广告，派克公司让消费者们相信，装有钌制笔尖的派克51，是人类历史上臻至完美的书写工具。于是人们丢掉以前的派克笔，急不可耐地将派克51收入囊中。派克51——"风靡世界的钢笔"——成为社会地位的象征，是气派的银行家、股票经纪人和政客唯一用来在账单、支票和高尔夫积分卡上签字的东西。就连德怀特·D.艾森豪威尔将军和道格拉斯·麦克阿瑟将军，在1945年签署标志"二战"在欧洲和太平洋地区结束的条约时，用的也是派克51。伴随着这样的宣传，再加上"二战"结束带给全世界的乐观主义情绪，派克51的销量从1944年的44万套一跃到1947年的210万套——考虑到派克51的单价在当时至少为12.5美元，后来还涨到了50美元（换算成今天的钱，分别是100美元和400美元），而且可以反复灌注墨水的笔杆和经久耐用的钌质笔尖也意味着它不需要被频繁更换，这实在是个非常令人吃惊的成绩了。

即使是莫霍利·纳吉本人，尽管可能因为看到自己的预言一丝不差地成了真而十分痛心，也对派克51大为追捧。它的手感，它的外观，它输送墨水的流畅程度，简直让莫霍利·纳吉神魂颠倒，以至于一度将派克51称为"完美的设计"。他甚至从1944年开始接受了一份担任派克公司顾问的工作。在那之后，关于派克51的设计者就是莫霍利·纳吉本人的谣言流传了几十年。直到1972年，派克公司一直在销售不同版本的51系列钢笔，尽管其售价比价格排名仅次于它的竞争对手还要高出一倍之多，在当时仍然比所有别的钢笔都卖得好，总共创下了4亿美元的销售额（相当于今天的好几十亿美元）。

当然，就在派克51退出市场后没多久，高档钢笔的市场也开始萎缩。原因说来毫无新意：就在派克51靠着比其他钢笔显得更高端而大量吸金的时候，钢笔这种书写工具正在逐渐地因为诸如打字机之类的科技进步而被"强制报废"。不过，在打字机取代钢笔的过程中，有这么一个颇有讽刺意味的故事，由马克·吐温开端，一路走去，最后又归到了元素周期表上。

1874年，在看过一台打字机的示范操作后，尽管当时正处于世界经济大萧条时期，吐温仍然径直跑去以125美元的高价（相当于今天的2400美元）买了一台。不到一个星期，他就已经开始在上面敲打字句（都是大写，这台打字机没有小写字母），表达自己有多么想要把它送出去。"我的心里满满都是眼泪啊！"他哀号。有时候很难把吐温真正的抱怨同他愤世嫉俗的表象区分开来，所以他的那句话也许只是夸张说法。不过到了1875年，他就已经放弃了那台打字机，转而支持两家公司生产的新式"自来水笔"。他对于昂贵钢笔的喜爱从未停止过，即使是它们"用起来让人止不住地骂街"。只是他用的钢笔都不是派克51就是了。

尽管如此，在确保打字机取得对高档钢笔压倒性胜利的过程中，吐温所做的贡献比任何人都要多。1883年，他向一位出版商递交了第一份打字机打出来的原稿——《密西西比河上的生活》（它是由吐温口授，一位秘书员打出来的，并不是吐温本人打的）。当雷明顿打字机公司请他为自己的产品做宣传时（吐温之前刚刚很不情愿地又买了一台打字机），他没好气地写了封信拒绝了——这封信被雷明顿公司歪曲了一番，最终还是登了出来。作为当时美国最受欢迎的人，即便吐温只是承认自己拥有一台打字机，就已经是最好的宣传了。

这些故事里的吐温咒骂他爱着的钢笔，用着他讨厌的打字机，他身上的矛盾性因此凸显得淋漓尽致。尽管从文学角度来说，吐温也许是歌德的对立面，写的是富有民主精神的通俗故事，但在对待科技的态度上，吐温却同歌德一样充满了矛盾情绪。吐温倒是没有自命不凡地亲自上阵搞科研，但是他同歌德一样都对科学发现着迷不已。同时，他们都怀疑现代人有没有足够的智慧来正确使用技术。就歌德而言，这一怀疑以浮士德博士这个形象明白地表现出来，而吐温则通过写作我们在今天看来会认为是科幻小说的作品。实际上，除了那些充满男孩气的内河船故事之外，吐温还写了许多关于科学发明、工业技术、反乌托邦、时空旅行的短篇小说，他甚至还在那篇让人看得云里雾里的故事《与撒旦的交易》里，写到了元素周期表的凶险。

这个故事长不过2000个单词，发生在1904年左右一次虚构的钢铁业股票崩盘之后。故事的讲述者，因为个人经济状况陷入绝境而苦恼不已，于是决定将自己不朽的灵魂出卖给魔鬼。为了达成这个交易，他和撒旦半夜三更约在一个黑乎乎的无名之地碰面，喝了一些热棕榈酒，谈论了一会儿时下低迷的灵魂行价。不过很快，他们的话题就因为魔鬼身上一处不寻常的构造特征而发生了转变——这位魔鬼大人通体由镭构成。

在吐温写作这篇小说的6年之前，玛丽·居里以她那些关于放射性元素的精彩故事震惊了整个科学界。这是真实可靠的新闻，但是吐温在关注这一科学事件时，肯定有几分醉翁之意不在酒，他的注意力更多地落在所有那些透着聪明劲儿的细节上，也就是他写进《与撒旦的交易》里的那些。镭的放射性改变了它周围空气的电气性质，所以撒旦发出一种绿色的冷光，让故事的讲述者觉得很有趣。而且，就像恒温的石头，镭总是比它周围的东西要热，因为它的放射性使它发热。当有大量的镭聚集在一起，这种热度就会以指数级增长。因此，吐温笔下的撒旦身高6英尺1英寸（约1.85米），体重900磅（约408千

227

克）左右，体温热得足够用指尖点燃一支雪茄（不过他很快就把这支雪茄灭掉了——为了省下来给伏尔泰。听到这个，讲述者大方地让撒旦再多拿上50支雪茄，其中有一些是专门给歌德的）。

故事接下去讲到一些提炼放射性金属的细节。这篇文章远不能同吐温最尖锐的讽刺故事相比，不过就像那些最好的科幻小说一样，它具有前瞻性。为了避免在人群中穿行时将所经之处烧成白地，拥有镭质躯体的撒旦穿了一件钋制的防护衣，钋是居里夫人发现的另一种新元素。对于这件衣服，吐温是这么描绘的：这件"透明的"钋质防护服，"像胶片一样薄"。从科学角度而言，这是一派胡言——这样的防护服完全不可能遮蔽处于临界质量的镭散发出来的热量嘛。但是我们会原谅吐温的，因为在这里，它是为了一个极具戏剧性的目的而存在的。它给了撒旦一个威胁世人的由头："要是我脱下这件外套，整个世界就会在眨眼之间化成一团烟火，月亮也将不复存在，它的灰烬将会像鹅毛大雪那样撒落太空。"

吐温就是吐温，他才不会让魔鬼以这种方式结束这个故事。镭那些被防护衣困住的热量如此强烈，以至于撒旦很快就承认——带着不经意的反讽——"我在燃烧。我的身体好热。"不过把玩笑成分放在一边的话，我们可以看到吐温在1904年就已经为核能蕴含的可怕力量而暗暗心惊了。要是他活到40年之后，看到人们对于核弹的钟爱远远大于取之不竭的核能，肯定会大摇其头——出于沮丧，而不是吃惊。不像歌德那些对自然科学发表的似是而非的见解，吐温关于科学的故事直到今天仍然能在课堂上被读到。

吐温将元素周期表底部的区域打量了一番，然后觉得绝望透了。但在所有艺术家与元素的故事中，再没有比诗人罗伯特·洛厄尔同一种位于周期表顶部的元素之间的纠葛更可悲、更严酷，或者说，更"浮士德"了。这种元素就是锂。

在20世纪30年代早期，当大家都还是预科学校的少年时，洛厄尔就从朋友们那里得来个外号叫"小凯"——源于"凯列班"[1]，《暴风雨》中一种狂吼乱叫的半人半兽怪物。而其他人则受到这个外号的启发，牙痒痒地管他叫作"卡利古拉"[2]。不管是哪个外号，都很适合这位自白派诗人——他是疯狂艺术家的典型，就像凡·高或是爱伦·坡。这些人的天赋源自灵魂幽微的深处，那个地方我们绝大多数人终其一生都未能到达过，更别说是发掘出来用作艺术目的。不幸的是，洛厄尔没能将他的疯狂控制在诗歌范围之内，他的精神问题伴随了他的一生。他曾有一次被发现站在一位朋友的门阶上喃喃自语，坚信自己是圣母玛利亚。还有一次，在印第安纳州的布卢明顿，他觉得自己只要像耶稣基督那样展开双臂，就能让公路上的汽车停下。在他执教的班级，他浪费了许多时间喋喋不休地谈论摸不着头脑的学生们写的诗，并用早已过时的丁尼生[3]或弥尔顿[4]式的诗体重写那些歪诗。19岁时，他离开了未婚妻，从波士顿开车前往一位田纳西诗人的乡下房子——他希望这位诗人能够做他的导师。他满心以为这位诗人会为他提供食宿，但这位诗人非常亲切地向他解释说，屋子里没有多余的房间了，接着开玩笑地说，洛厄尔要是想留下来的话，可以在草坪上露营。洛厄尔点了点头离开了——去了西尔斯超市。他买了一顶小帐篷，返回来搭在了草地上。

文学爱好者们喜欢这些故事，而在20世纪50年代到60年代，洛厄尔是美国最杰出的诗人，赢得了许多奖项，售出的诗集数以千计。大家都觉得洛厄尔的精神问题是某位疯狂的缪斯女神触摸他的

---

(1) 莎士比亚剧《暴风雨》中半人半兽形怪物，比喻丑恶而残忍的人。

(2) 罗马帝国第三位皇帝，被认为是罗马帝国早期的典型暴君。他建立恐怖统治，神化王权，行事荒唐。

(3) 丁尼生（Tennyson,Alfred Tennyson Baron, 1809—1892），英国19世纪的著名诗人，其组诗《悼念》被视为英国文学史上最优秀的哀歌之一，因而获桂冠诗人称号。其他重要诗作有《尤利西斯》等。

(4) 弥尔顿（John Milton,1608—1674），英国诗人、政论家，民主斗士。清教徒文学的代表，代表作《失乐园》与《荷马史诗》《神曲》并称为西方三大诗歌。

灵魂时留下的痕迹。而药学心理学，当时刚刚崭露头角的一门学科，对此有着不同的解释："小凯"体内化学失衡，以至于患上了躁狂抑郁症。人们只看到了他的疯狂，却没有看到使他陷入如此境地的黑暗情绪——这种情绪损害了他的精神健康，并且使他的生活变得日益拮据。幸运的是，第一种真正的情绪稳定剂——锂盐，在1967年传入了美国。绝望的洛厄尔——当时正被监禁在一所精神病院中，那里的医生甚至把他的腰带和鞋带都没收了——同意接受此种药物的治疗。

说来古怪，虽然锂作为药物很管用，但它在生物环境中却并不是什么正经角色。它不像铁或者镁那样是人体的基础矿物成分，甚至不像铬那样是人体必需的微量元素。事实上，纯锂活泼得吓人。曾有报道说，人们在街上走着走着，棉毛口袋就莫名其妙地着起了火，因为他们口袋里的钥匙或硬币不断磕碰便携式锂电池，使锂电池短路了。锂盐（当锂入药时，是以一种锂化合物的形式——碳酸锂——出现的）起效的方式也同人们期望的不一样。我们会在出现炎症时吞服抗生素以击溃体内的细菌。但躁狂抑郁症患者不管是在躁狂期或是低潮期服用锂，都不能起到立竿见影的效果。锂只能抑制从服药时算起下一次的躁狂抑郁症发作。尽管科学家们早在1886年就知道了锂的药效，可直到不久之前他们都还没能弄清楚它起作用的机制到底是什么。

锂能够调节大脑中一些影响情绪的化学物质的分泌，它的作用机制很复杂。最有趣的是，锂好像能够重置人体的昼夜节律，也就是生物钟。对于正常人而言，环境因素，特别是日照，决定了他们一天的心情，还决定了他们在什么时候会觉得困倦。他们的生物钟按照24小时的循环周期运转。而躁狂抑郁症患者的情况很极端，他们身体的昼夜节律并不取决于日照。他们的生物钟是这样运行的：当他们处于躁狂期时，大脑会分泌出一种神经兴奋物，使他们的身体感觉仿佛沐浴在灿烂的阳光中，现实中日照的缺乏并不能抑制这种分泌。有些人把这种状态叫作"病态狂热"：处在这种状态中的人基本不需要睡眠，而且他们的自信膨胀得非常厉害，在洛厄尔的例子中，甚至能够让他这么一位身处20世纪波士顿的男性相信圣灵选中了自己作为耶稣基督的化身。而最终，这些熊熊燃烧的激昂情绪会让大脑筋疲力尽，这个人就一下子颓废下来。严重的躁狂抑郁症患者在被"黑色情绪"笼罩时，有时甚至会在床上窝上好几个星期。

锂能够调节控制人体生物钟的蛋白质水平。奇妙的生物钟在大脑深处某些特殊的神经元中运转，它的"嘀嗒声"被嵌到了DNA上。这些嘀嗒声，也就是一种特别的蛋白质，每天早上附着在人体的DNA上，过了固定的一段时间后，这些蛋白质就渐渐降解、消耗。阳光会反复刺激这些蛋白质生成，于是这些嘀嗒声存在的时间就能长上很多。事实上，这种蛋白质只在黑暗降临后开始降解，这也就是大脑注意到DNA不再发出嘀嗒声，于是停止产生兴奋物的时候。躁狂抑郁症患者身体里面的这一过程会出错，因为不管是不是有日照，他们体内这种特殊的蛋白质都会紧紧地附着在DNA上，他们的大脑一直都能听到嘀嗒声，所以不知道什么时候应该停止分泌兴奋物。锂能够帮助那些蛋白质从DNA上剥离下来，让患者终于能够放松下来。要注意的是，在白天，阳光还是能够压过锂的效果，重新刺激蛋白酶的产生。只有在太阳下山以后，锂才能帮助DNA摆脱那些嘀嗒声。也就是说，锂其实根本不是"以阳光为馅"的小药片，而是作为"阳光消除剂"而起效的。从神经病学的角度说，锂迫使患者的生物钟重新以24小时的周期运转——这样就能同时防止躁狂情绪的冒头以及开启抑郁低谷的"黑暗星期二"[1]到来。

洛厄尔服用锂之后立即有所好转。他的个人生活稳步重回正轨

---

[1]　1929年10月29日是美国证券史上最黑暗的一天，此后美国和全世界进入了长达10年的经济大萧条时期。当天正值星期二，所以那一天被称为"黑色星期二"。

（尽管从世人眼光看来，那一点儿也称不上是什么"正轨"），终于有一天他宣布自己已经痊愈了。透过宛如新生、沉稳冷静的眼光，他看到自己往日的生活是怎样的荒废——充满挣扎，狂饮放纵，婚姻多次破裂。而在医生开始给他服用锂盐后，洛厄尔写下的诗歌虽然依然坦诚直白、令人感动，但那份鲜活的灵气再也无影无踪。他倒是也从没在诗里写到脆弱得令人伤感的人体化学平衡，只有一次曾对他的出版商罗伯特·盖洛克斯简单地抱怨说："太糟糕了，鲍勃，想到我经历过的一切苦痛折磨，还有我所带来的一切苦痛折磨，竟然都是因为我脑子里缺少了那么一丁点儿盐。"

虽然锂对于他的作品所造成的影响尚待商榷，但洛厄尔的确认为自己的人生因为锂而有了起色。就像洛厄尔曾经经历的一样，大多数艺术家觉得将躁狂—抑郁的循环换成平和乏味的昼夜节奏，再也不必经受因为躁狂导致的心烦意乱或是抑郁导致的昏昏欲睡，能够使自己的工作更有成效。但关于这些艺术家在被治愈后，在丢失了进入心灵秘境——那个绝大多数人从未有幸瞥见过的地方——的通行证之后，他们的艺术成就是否有所失色，一直存在着争论。

许多艺术家报告说，在服用锂盐后感到空茫或是淡漠。就洛厄尔而言，他的一位朋友说他就像是被关进了动物园里的野生动物一样。他的诗作在1967年之后显然是有所变化的，变得更为粗糙，更少雕琢。他不再用自己狂野的心灵构思诗句，而是转而开始从别人的作品中窃取灵感，引起了那些被他援引过的作者的愤慨。虽然这样的作品让洛厄尔在1974年赢得了普利策奖，但作品的风评却不怎么好。特别是同他年轻时代生气勃勃的作品相比，这部作品在今天简直让人读不下去。尽管元素周期表激发了歌德、马克·吐温以及其他艺术家的灵感，但在洛厄尔同锂的故事中，它却扮演了这样一个角色——提供了健康，却压制了艺术，使得一位疯癫的天才最终泯然众生。

15. 元素与疯癫

Se 34 78.963	Mn 25 54.938	Pd 46 106.421	Ba 56 137.327	Rg 111 (280)

　　罗伯特·洛厄尔是疯癫艺术家的典型代表，不过在我们的集体文化心理中，还存在另外一种精神病的形象——疯癫科学家。与元素周期表相关的疯癫科学家和疯癫艺术家相比，没那么多公开的失态举动，而且一般也没有声名狼藉的私人生活。他们的精神异常更不易察觉，他们犯下的错误代表性地表现为一种特别的异常行为，这种异常行为叫作"病态科学"。有意思的是，这种异常，这种疯魔，居然能够同卓越的才华并存于同一个大脑中。

　　不像这本书里别的科学家，威廉·克鲁克斯从未在大学里待过。威廉于1832年出生在伦敦的一个裁缝家庭，他是16个兄弟里的老大，后来自己又生了10个孩子。他靠写作关于钻石的流行读物以及编辑一本自以为是、说长道短的科学时事期刊《化学新闻》来养活庞大的家庭。尽管如此，这个留着络腮胡子、唇上还有两撇尖尖髭须的眼镜男，却在硒、铊等元素的研究上做出了具有国际水准的科学成果，因此被选入英国顶尖的科学俱乐部——英国皇家学会。当时他刚刚31岁。可10年之后，他却差点被皇家学会扫地出门。

　　他走向歧途的第一步在1869年踏出。那一年，他的兄弟菲利普因海难身亡。尽管他们家人众多，或许正是因为他们家人众多，威廉和其他克鲁克斯家的人几乎悲痛得发了疯。当时，一项从美国传进的活动——通灵会，正在整个英国风行一时。不管是贵族老爷的豪宅还是小商小贩的家里，都上演着这样的剧目。即使是像亚瑟·柯南·道尔爵士这样创造了极端理性主义者夏洛克·福尔摩斯侦探的人，也敞开怀抱接受了通灵学说，认为它是真实可信的。处在这样的时代氛围中，克鲁克斯家人——绝大部分是生意人，既没有受过科学教育，也没有科学天分——开始集体出动参加通灵集会，想疏解疏解悲伤情绪，同可怜的亡兄菲利普说说话。

威廉为什么会在某个夜晚一同前往尚不可知。也许是为了团结。也许是因为他的一个兄弟是灵媒表演经纪人。也许是为了劝阻大家沉湎过往——私底下，他在日记里表达了对这种灵魂"接触"的抵触，认为那都是些不实的表演。但在看到灵媒连指尖都没动一下，就弹响了手风琴，用尖笔在一块木板上写出"灵界信息"——就像显灵板显灵那样，心存怀疑的他留下了深刻印象。他的抵触心理开始放松下来。当灵媒开始含混不清地转述菲利普从另一个世界传来的信息时，威廉开始哭了起来。他参加了更多的通灵会，甚至发明了一件科学装置来监测那些以蜡烛照明的昏暗房间里游魂的低语声。那是一个真空的玻璃灯泡，里面有一根非常敏感的指向标。他的这个新发明到底有没有真的探测到过菲利普的踪迹，我们不知道（你们可以猜猜看）。但是威廉不能抗拒在通灵会上与家人手拉着手时所感受到的那种东西。他开始定期地参加通灵会。

这样的吊慰使克鲁克斯在皇家学会那些信奉理性主义的会员中一下成了少数派——也许是唯一的一个。克鲁克斯警觉到了这一点，当他在1870年宣布自己将展开一项有关通灵学的科学调查时，隐瞒了自己的倾向性。大多数皇家学会会员对此很是高兴，认为他会在那本饶舌的杂志里推翻整个通灵学说。可事情的发展方向并非如此。经过3年的千呼万唤后，1874年，克鲁克斯终于发表了《通灵现象调查备忘录》，刊登在他名下的一本叫作《科学季刊》的杂志上。在这份报告中，他把自己比作一个异世界的旅行者，一位超自然领域的马可·波罗。可他非但没有揭穿那些灵媒的把戏——浮空、幻影、异声、鬼火、离地而起的桌椅，反而得出结论，他所看到的一切，既不是江湖骗术，也不是用集体催眠所能解释的（或者说，至少是不能完全解释的）。这份备忘录并非对通灵学不问是非的认可，但克鲁克斯的确在其中宣称，自己发现了超自然力量的"残留"。

因为出自克鲁克斯之手，即使是这样不温不火的支持也震惊了英国的每一个人，甚至包括那些灵媒。迅速地回过神后，他们开始叫着克鲁克斯的名字大喊"和撒那"[1]。甚至到了今天，一些幽灵猎人还会拿出他泛黄的文章来作为"证据"，证明只要怀着开放的心态，聪明人也会接受通灵学说。对于克鲁克斯此举，他在皇家学会的同僚和那些灵媒同样意外，但震惊的程度却更甚。他们认为克鲁克斯已经被那些起居室里的把戏蒙蔽了双眼，被众人的起哄洗了脑，被神神道道的灵媒们迷惑了心智。他们毫不留情地撕去了克鲁克斯给报告披上的那层含糊暧昧、假科学之名的遮羞布。比方说，克鲁克斯在报告中记了一些不相干的"数据"，像是灵媒所在之地的温度啦、气压啦，就好像那些鬼魂在恶劣的天气里不会出来晃悠一样。让人不舒服的是，克鲁克斯从前的一些朋友开始对他进行人身攻击，说他是个土包子，是个托儿。幸好唯灵论者在今天没有再时不时地把他搬出来，否则肯定有一大把科学家坚决不会原谅他——他们会觉得正是克鲁克斯给的机会，让那些新纪元式[2]的屁话流传了135年。为了证明他真的疯了，当时的科学家甚至抬出他在元素方面的研究工作作为证据。

我们已经知道，克鲁克斯在年轻时是研究硒元素的先驱者。尽管硒是所有动物必需的微量元素（就人类而言，艾滋病患者血液中硒元素的缺乏，将不可避免地成为死亡的先兆），但当大剂量存在时，它是有毒的。对于这一点，牧场主们体会最为深刻。要是他们

---

(1) 赞美上帝之语。

(2) 新纪元运动（New Age Movement），又称新时代运动，起源于1970—1980年的西方社会与宗教运动，可追溯到超验主义、催眠术以及西方各种早期的神秘主义或神秘学传统。

不留神看好自己的牲畜，它们就会吃下牧场里一种被称为"疯草"的植物。这种植物是豌豆的近亲，能够大量吸收土壤中的硒元素，吃了它之后，牛一开始会蹒跚摇摆，走起路来跌跌撞撞，接着会发烧、疼痛、缺乏食欲，人们管这一系列的症状叫作"疯草病"。不过犯了疯草病的牲畜们会很快活。有确切证据表明，硒实际上让这些牲畜发了疯，牲畜变得沉迷于疯草，哪怕它有着可怕的副作用，仍然不管不顾地吃下去。它是动物的甲安菲他明[1]。一些富有想象力的历史学家甚至将卡斯特[2]在小巨角河战役[3]中的失利归咎于他的坐骑在大战前吃了一些疯草。总的来说，硒的这一特性同它的命名再相符不过了——selenium 这个名字源自 selene，也就是希腊语中的"月亮"，而月亮在拉丁语中叫作 luna——正是 lunatic（疯子）和 lunacy（精神失常）这两个词语的词根。

因为硒有着这样的毒性，当我们回溯历史，将克鲁克斯的错觉和谬见归咎于它就很能说得通了。不过，我们不能回避一些会破坏这一结论的讨厌事实。硒的毒性通常在一周内发作，而克鲁克斯的异常之举却是发生在他的中年时代早期——距离他终止对硒的研究工作已经过了很长时间。此外，距离每次一有牛开始跟跟跄跄，牧场主们就开始诅咒第 34 号元素，也已经过了数十年了，现在，许多生物化学家认为"疯草"中含有的另外一种化学物质同样能够引起牲畜这种发狂成瘾的举动。最后，有个关键性的线索——克鲁克斯的胡子从没变得稀疏过，而毛发脱落正是硒中毒的典型症状。

曾经还有人暗示过，克鲁克斯的疯癫是由元素周期表中另一种具有脱毛作用的元素——铊——导致的，它也是投毒者的最爱。但

---

(1) 一种兴奋剂。

(2) 乔治·阿姆斯壮·卡斯特（George Armstrong Custer,1839—1876），美国骑兵军官，美国内战时联邦军将领，战绩卓著，美国历史上最有名的第七骑兵团就是他的麾下。

(3) 1876 年 6 月 25 日，北美势力最庞大的印第安部族苏族与夏安族联盟，对战卡斯特率领的美国第七骑兵团，被称作史上"最惨烈的"美军与印第安人之间的战役。

克鲁克斯浓密的大胡子同样也反驳了这一说法。克鲁克斯在26岁时发现了铊（正是这一发现确保了他最终被选入皇家学会），并在此后近10年间在实验室里埋头研究它。但他显然连足够让他掉胡子的剂量都没有吸入过。此外，难道会有谁在深受铊（或是硒）毒害之后，一直到晚年都还保持着头脑的清晰锐利吗？克鲁克斯实际上在1874年之后就退出了通灵者的圈子，重新投身科学，并且做出了许多重大的发现。他第一个提出同位素的存在，他发明了在科学史上至关重要的新设备，并且证实了岩石中氦元素的存在——这是人类首次在地球上发现它的存在。1897年，刚被封为爵士不久的威廉投入放射性的相关研究中，并在1900年发现了（尽管没有认出来）元素镤。

是的，对于克鲁克斯失足踏入通灵学泥潭的最好解释是心理学的解释：他被失去兄弟的悲痛压垮了，而误入了我们在本章开始时提到过的"病态科学"的歧途。

为了解释"病态科学"是什么，最好是从消除对"病态"（pathological）这个含义丰富的词语所有错误的理解开始，也就是弄明白"病态科学"不是什么。它不是骗局，因为某项病态科学研究的支持者相信自己是正确的——只要别人亲眼看过这项研究。它不像伪科学——它们假借科学之名行世，却完全没有遵循严谨的科学方法。它也并非李森科主义那样政治化的科学。最后，它不是通常意义上的临床精神失常症或者单纯的疯人呓语。它是一种特殊的异常行为，是因为过度重视细节或者被以合乎科学的方式传达的谬见而误导的结果。病态科学家们关注某种边缘的、看上去不太可能是真实的现象——天知道他们为什么会被这些现象吸引——并将他们所有的科学才智投入其中，试图证明这些现象的存在。不过这个游戏从一开始就在作弊：他们的研究工作仅仅是出于更深层次的情感需求——想要相信某些东西。通灵学说本质上并不是一种病态

●南太平洋的锰结核

科学，但在克鲁克斯手中，因为他周密的"实验"以及对于实验结果科学化的整理，使得它成了一种病态科学。

而且实际上，病态科学研究并不总是发生在边缘领域。它在那些真正的但是很依赖推理的科学领域也很兴盛，在这些领域，数据和实证都很缺乏，或者很难将理论用实际可行的操作加以诠释。例如，同重建恐龙以及其他灭绝生物相关的古生物学分支学科，就为我们研究病态科学提供了又一个绝好的例子。

当然，在某种程度上，我们并不知道那些灭绝生物的体态：完整的骨架很难找到，软组织的痕迹更是难以寻觅。在那些从事重建古动物群工作的科学家中，流传着这样一个笑话：要是大象在远古时代就灭绝了，那么在今天挖掘出一副大象骨骼的人，重建出来的很可能会是一只长着獠牙的巨大仓鼠，而不是一只有着毛皮和长鼻子的动物。我们不知道那些动物引以为傲的体貌特征是什么——斑纹、短腿、嘴唇、大肚皮、肚脐、长鼻子、砂囊、4个胃室的胃、驼峰，更别提它们的眉毛、屁股、脚指甲、脸颊、舌头和乳头了。尽管如此，通过比照化石骨骼和现代生物骨头上的沟槽和坑眼，一对训练有素的眼睛能够辨识出灭绝物种的肌肉组织、体力、体形大小、步态、齿系，甚至是交配的习性。古生物学家需要警惕的只是，不要推理过头。

而病态科学则无视了这一警告。大致说来，它的信奉者们将证据上的模棱两可之处作为证据本身，他们声称科学家们并不是全知全能的，因此我在上面提到的那个大象变仓鼠的例子也是站得住脚的。事实上，这样的事情真的发生过，故事的主角就是锰和巨齿鲨（megalodon）。

这个故事开始于1873年，当时英国皇家海军舰队的考察船"挑战者号"从英国出发勘探太平洋。他们考察计划的技术含量低得让人瞠目结舌——工作人员往一只巨大的桶上系了3英里（约4.8千米）长的绳子，然后把它从船舷边扔下去，让船带着它从海床上拖过。他们本来是想发现奇异的鱼类和其他物种，却捞起了许多球状石头，这些石头的样子就像变成化石的土豆，也像结实饱满、矿石化了的冰淇淋球。这些基本上是锰的球体，散布在太平洋各处的海床上，意味着还有无数这样的东西遍布在世界各处。

这是第一个惊喜。第二个惊喜发生在船员们将那些冰淇淋球敲开的时候：这些锰是围绕着一颗巨大的鲨鱼尖牙成形的。当今世界最大的鲨鱼——绝大多数是因为垂体畸形而导致体形变大——的牙齿，最长的不过2.5英寸（约6.4厘米）。而这些被锰包裹着的牙齿居然长达5英寸（约12.7厘米）多，而且尖利得像斧子一样，能够轻易地咬碎骨头。通过运用研究恐龙化石的基本方法，古生物学家断言（只从这些牙齿）这些牙齿属于一种叫作"巨齿鲨"（megalodon）的鲨鱼，这种鲨鱼体长大约50英尺（约15米），重量大约为50吨，游起来的速度大概为每小时50英里（约80.5千米）。它那具有250颗牙齿的大嘴合上时产生的咬合力大概有百万吨级。它主要以生活在热带浅海中的原始鲸鱼为食。它之所以灭绝可能是因为那种鲸鱼往更深更冷的水域永久性地迁移了，而巨齿鲨旺盛的代谢和极大的胃口却不能适应那种环境。

到这时候为止，对于巨齿鲨的研究都还属于"健康"的范畴。它走向"病态"的起点是那些锰。鲨鱼牙齿可能是已知最坚硬的生物构成，它们之所以会散落在海床上，是因为当鲨鱼的尸体在深海的压力下支离破碎后，它们是唯一留存下来的部分（大多数鲨鱼的骨骼由软骨组成）。为什么在海洋里溶解的所有金属物质中，是锰而不是别的堆积在鲨鱼牙齿上，原因尚不清楚。但科学家们已经大致知道了锰的堆积速度：每1000年堆积的厚度为0.5～1.5毫米。通过这一速率，他们断言绝大多数被发现的牙齿存在于至少150万年之前，也就是说巨齿鲨灭绝的时间大概在那前后。

这时候，研究者们面前出现了一个小小的分岔——一些巨齿鲨牙齿上包裹的锰薄得不可思议，算起来只有大概1.1万年的沉积量。这个分岔指向"病态科学"之路，可真就有一些人头也不回地冲了出去。他们认为，从进化论角度看，1.1万年是一段短得可怜的时间。而且说真的，谁敢打包票说科学家们不会很快发现另一颗存在于1万年前的牙齿呢？或者是8000年？甚至更晚？

你可以想象这一思路会导向何处。在20世纪60年代，一些像后来的《侏罗纪公园》狂热粉丝一样的人进一步发挥，断言巨齿鲨仍然像独行侠般在海洋之中逡巡。"巨齿鲨还活着！"他们嚷嚷着。而就像关于51区或是肯尼迪遇刺案的谣言一样，巨齿鲨的传说一直都没有销声匿迹过。最为大众津津乐道的故事是这样的：巨齿鲨已经进化成为深海物种，这会儿正在黑黢黢的深海里同北海巨妖英勇搏斗呢。而联系到克鲁克斯的通灵故事，巨齿鲨的真身就应该是难以循迹的，所以当被追问到为何如此巨大的鲨鱼这般少见时，这些人就有了一个方便的借口。

可能在内心深处，没有哪个心智活跃的人不希望巨齿鲨还存在于大海之中。不幸的是，这个想法一经仔细推敲就宣告土崩瓦解。不说别的，那些包裹着薄薄锰层的牙齿几乎可以肯定是从海床下埋藏的古老岩石上撕裂下来的（它们待在那儿的时候，锰不能附着上去），并且最近才被捞出水面。它们的年龄可能比1.1万年要大上许多。而且尽管有目击者报告说看到了巨齿鲨，但这些目击者都是海员，他们爱说大话爱编故事可是出了名的，而且他们故事里的巨齿鲨在尺寸和外形上的不同简直到了疯狂的地步。一份巨齿鲨目击报告里就描绘了一条通体白色、就像从《大白鲨》里面跑出来的鲨鱼，从头到尾有300英尺（约91.4米）长！（有趣的是，尽管如此，却没有一个人想到要拍张照片。）总的说来，这样的故事就像克鲁克斯那些证明超自然存在的证据一样，依赖的是主观说明，而没有客观证据，用它们来得出结论说巨齿鲨逃脱了进化的森森罗网，完全不能让人信服——哪怕真的有一些巨齿鲨做到了。

但是真正将对巨齿鲨的研究往病态科学道路上推得越来越远的原因，是来自正统科学家的质疑反而更加坚定了那些研究者的信念。他们非但没有设法驳斥关于锰的研究结果，反而抬出一些推翻权威的"英雄"事迹作为反击，这些"英雄"其实就是科学史上曾经证明了"当权的守旧派科学家"也会犯错的"淘气鬼"。他们不断提到的腔棘鱼就是这样一个"淘气鬼"，那是一种生活在深海的原始鱼类，曾经被认为已经在8000万年前灭绝了——直到它的本尊于1938年在南非一个鱼市上现身。按照这个逻辑，因为科学家们在腔棘鱼的事情上犯错了，所以在巨齿鲨的事情上也可能犯错。而这个"可能"正是所有巨齿鲨狂热粉丝所需要的，因为他们认为巨齿鲨在今天依然存在的结论不是建立在大量证据的基础上，而是建立在情感依恋上：热切希望、强烈需要某些幻想中的东西成为现实。

要解读这种情感依恋，再没有比下面这些例子更好的："阿拉摩之役"之于得克萨斯共和国的真心拥护者，狐媚女郎之于未来派艺术家，以及病态科学中空前绝后的一项研究，同时也是科学史上如附骨之疽般的存在——冷核聚变。

庞斯和弗莱施曼，弗莱施曼和庞斯，本应该是沃森和克里克，甚至是居里夫妇之后最杰出的科学二人组。相反，他们最后只落得声名扫地的下场。虽然不是很公平，但今天的人们听到B. 斯坦利·庞斯和马丁·弗莱施曼的名字时，想到的只有：骗子、骗子、骗子。

将庞斯和弗莱施曼送上云端又打落地狱的那个实验，看起来可以说非常简单。1989年，这两位化学家在犹他大学建立了一个实验室，他们将一个钯电极放在一箱重水中，然后打开电流开关。电流通过普通的水时会震击水分子，产生氢气和氧气。电流通过重水时也会发生类似的情况，只是重水中的氢原子携带有一个额外的中子，所以同普通的水产生的氢气（H_2）带有两个质子不同，庞斯和弗莱施曼的实验中产生的氢分子带有两个质子和两个中子。

使得这一实验与众不同的地方在于重氢同钯的结合。钯是一种白色金属，具有一种令人吃惊的特性：它能吸收是它本身体积900倍的氢气。这大概相当于一个250磅（约113千克）重的男人吞下一打非洲大象，而且腰围一寸也没增加。当放置在重水中的钯电极开始吸收氢气时，庞斯和弗莱施曼的温度计和其他仪器显示的数据有一个突然的上扬。水温比吸收了输入电流微弱的能量后原本应该达到的——以及能够达到的——温度高上许多。庞斯曾报告说，在一次数据上扬幅度相当之大的实验过程中，那些滚烫的水烧穿了烧杯，接着烧穿了烧杯下面的工作台，在工作台下面的混凝土地板上留下了一个洞。

但他们只是在有些时候能够观测到这种数据的激增。总的说来，

●钇合金超导体的悬浮现象

这个实验的结果很不稳定，通过同样的实验装置和实验过程并不总是得出同样的结果。可这两位仁兄不是设法弄清在那块钯电极上到底发生了什么事情，而是放纵自己的想象力，相信自己发现了冷核聚变——不需要恒星级别惊人的温度和压力，在室温下就能发生的核聚变。因为钯能往自己身体里塞进那么多的重氢分子，他们于是推测钯不知怎么聚合了自己的质子和中子，生成了氦，并在这个过程中释放出大量的能量。

更冒失的是，庞斯和弗莱施曼召开了一个新闻发布会宣布他们的实验结果，他们的发言简单归纳起来就是：世界能源问题已经被克服了，价廉环保的新能源诞生了。媒体就像钯吞下氢分子那样接受了这一浮夸的声明。（不久之后人们知道了，当时还有另一位犹他州人，物理学家斯蒂文·琼斯，也在进行类似的聚变实验。但琼斯的研究结果最终悄无声息地淹没在历史长河中，因为他发表的声明比那两位要谦逊很多。）庞斯和弗莱施曼立刻成了名人，而舆论的方向也是一边倒地欢呼叫好，叫好的人里甚至还包括了科学家。就在这一声明发布后不久的一次美国化学学会会议上，这个二人组得到了全场起立鼓掌的待遇。

说到这里，有个非常重要的背景得提一下。在为弗莱施曼和庞斯鼓掌欢呼的时候，一些科学家心里可能正在想着超导体的故事。在1986年之前，超导体的临界超导温度被认为不可能突破-240℃。然后突然之间，有两位德国研究者发现了能够在比这一温度高的温度下工作的超导材料——他们将在一年之后因为这个发现获得诺贝尔奖，这可是创纪录的。随后其他的研究小组也投入这个课题的研究中，在几个月之内就发现了"高温超导体"——钇合金超导体，它的临界超导温度达到了-173.33℃（今天，临界超导温度的纪录远比这一值要高）。关键是，这些发现使得许多科学家关于这种高温超导体不可能存在的断言被证明是错误的。这就好比是物理学界的腔棘鱼事件。就像相信巨齿鲨传说的浪漫主义者一样，1989年，冷核聚变的拥趸们只要冷冷地提一下余音未散的超导体事件，就能让大部分表现出抗拒和怀疑态度的科学家们哑口无言。实际上，冷核聚变的拥趸们好像普遍因为有这么个机会可以将旧的信条打翻在地而兴奋得发狂，而这正是病态科学中典型的集体谵妄现象。

即使这样，还是涌现出了大量的怀疑者，特别是在加州理工学院。冷核聚变伤害了这些人对于科学的情感，庞斯和弗莱施曼的傲慢自大嘲弄着他们的谦逊。这二人组在宣布实验结果之前回避了应有的同行评议过程，一些人因此认为他们是意在捞取钱财的江湖骗子，特别是在他们直接向乔治·布什总统申请2500万美元作为研究资金之后。庞斯和弗莱施曼拒绝就关于他们的实验器械和实验报告的问题作出回应——就好像这样的询问是对他们的冒犯，他们的这种做法对于整个事态的发展一点儿好处也没有。他们的理由是不希望自己的想法被窃取，但实际看来却好像是他们隐瞒了一些不可告人的东西。

然而，世界各地心存疑惑的科学家越来越多（除了意大利，当时他们国家甚至有人发布了又一个发现冷核聚变的声明），这些科学家已经从这两个人的话里了解到足够的信息，知道他们是怎样胡乱完成了他们口中的那些钯–重氢实验，于是开始指责这个二人组的实验结论无效。好几周的时间里，科学家们不约而同地对这两人发起质疑，甚至是羞辱，这也许是自攻击伽利略之后[1]科学界最步调一致的行动了。接着，数以百计的化学家和物理学家在巴尔的摩发起了一场反庞斯和弗莱施曼的集会。与会的科学家把这个二人组批判得体无完肤，宣称他们忽视了实验过程中的误差，使用了错误的测量手法。一位科学家还提出二人组任由氢气逐步堆叠，因此那个导致

---

[1] 伽利略推翻了亚里士多德"物体下落速度和质量成比例"的学说，因此曾受到亚里士多德信徒的大肆攻击。

了最大幅度数据上扬的"聚变"反应实际上是化学爆炸，就像发生在"兴登堡"号飞艇[1]上的事故一样。（只是这个在实验台上烧出洞来的"聚变"反应发生在晚上，周围并没有人在。）通常情况下，哪怕是解决一个具有争议性的问题都会花上很多年的时间，更别说彻底肃清一项科学谬误了。但是冷聚变热潮的降温和最终消亡，距离二人组最初发布声明的那一天不过短短40天时间。一个参加了这次集会的幽默家伙，将这整个闹得沸沸扬扬的事件总结成一首讽刺诗（别太苛求韵律就是了）：

> 数千万的美元危险了，兄弟们，
>
> 因为某些科学家在放置温度计时，
>
> 顾了这头忘了那头。

这一事件体现了有趣的心理学现象，这一现象将会在人类社会中继续存在下去。人们需要相信存在能够满足全世界需求的、低廉环保的能量，事实证明这一心理诉求是强烈而持久的，这根心弦很容易被拨动，但要让它平静下来就没那么快了。就此，科学研究转变成了某种病态的东西。就像人们在对超自然事件的调查过程中发现的那样，只有权威人士（灵媒，或者是弗莱施曼和庞斯）有着这种能力，能够提出造成这一转变的关键结论，而且这一转变只能发生在受到人为控制的环境中，一旦处在开放自然的环境下就行不通了。这场闹剧并没有中止冷核聚变的研究，实际上反而鼓舞了热衷于此的人。至于弗莱施曼和庞斯，他们从未想过回头，而且他们的追随者们一直在为他们抗辩（更不用说他们自己），将他们比照成重

---

[1] "兴登堡"号飞艇由德国制造，是当时世界上最大的载客飞艇，于1937年5月6日在美国新泽西州准备着陆时失火烧毁。起火原因不明，其中一种说法是闪电点燃了集结在飞艇后部的氢气，引起大火。

要的反抗权威者，"唯二"掌握了真相的人。1989年后，一些批评者用二人组自己的实验对这种说法发起了一段时间的反击，但是冷聚变支持者们对任何确凿的证据都不停地敷衍搪塞，他们在这种声辩中展现出来的才智有时甚至比在他们别出心裁的研究中展示出来的还要多，所以最后那些批评者都放弃了。加州理工学院的一位物理学家大卫·古斯丁，在一篇非常棒的论文中这样概括整场冷核聚变闹剧："因为冷聚变的支持者们自视为处于围城中的共同体，所以其内部几乎不会产生反对的声音。其实验结果和理论力图表现出能被广泛接受的表面价值，以免为来自外部的反对者提供更多的理由——假设有某位共同体之外的人愿意费心听他们说。在这种情况下，这些人会做出疯狂古怪的行为，使得整个情形对于那些相信此处存在严肃科学研究的人来说变得越发难看。"关于病态科学，很难想出比这更好、更简明的描述了。

对发生在庞斯和弗莱施曼身上的事情，最宽厚的解释是这样的：他们看起来不像是那种明知道冷聚变是哗众取宠之词，却一心想要从中牟利的江湖骗子。这可不是在1789年，他们不可能大摇大摆地一走了之，再到下一个镇子招摇撞骗。他们会被逮住的。也许他们自己心里也有疑惑，只是被野心蒙蔽了双眼，想要尝尝成为世人眼中的天才人物——哪怕只有那么一小会儿——的滋味究竟如何。也可能他们只是被钯古怪的特性所误导了。即使是在今天，也没人知道钯是怎样往自己的小身子里面塞下那么多氢气的。后来曾有过一次对庞斯和弗莱施曼研究工作的正名（可不是对他们俩加诸其上的那些解释和演绎），虽然此次正名规模很小并且备受冷落，但一些科学家的确想到了在钯-重水实验中，存在一些有趣的地方。实验过程中，钯金属表面出现了奇怪的泡泡，它的原子以异乎寻常的方式进行了自我重组，甚至可能真的有一些微弱的核能参与其中。庞斯和弗莱施曼开启了这项研究工作，这点值得我们赞扬，只是后来发生的事情不是他们理应做的，或者是想要做的，所以最后这个故事才会变成科学史上的一场闹剧。

当然，并不是每个有点儿魔怔的科学家最后都落得在病态科学泥淖中没顶的下场。有一些人，像克鲁克斯，就成功逃脱，继续创造出伟大的成就。有意思的是，还有极少数的例子，它们一开始看起来像是病态科学，结果却是真正的科学。威廉·伦琴曾经使出浑身招数想要证明自己错了，却没能做到——而实际上他不是犯了错，而是做出了一个不可见辐射研究领域的基础性发现。因为他的锲而不舍和对科学方法的坚持，这个"玻璃心"的科学家真正地改写了历史。

1895年11月，伦琴正在他位于德国中部的实验室中，围着一根克鲁克斯阴极射线管忙碌。那是一种研究亚原子现象的重要新工具，以其发明者的名字来命名，至于是谁你已经知道了。克鲁克斯管由一个真空的玻璃外壳和两个分别放置在玻璃管内两端的金属板组成。当电流通过这两块金属板之间时，就会产生一束横贯管壳内真空部分的光线，这束光发出噼噼啪啪的轻微爆裂声，就像是某个特效工作室做出来的特技效果。现在的科学家已经知道，它其实是一束电子，但在1895年，伦琴和其他的科学家还正在设法弄明白它到底是什么。

之前伦琴的一位同事已经发现，当为克鲁克斯管装上一个铝箔小窗（这不禁让人联想到后来的皮尔·英格瓦·布赖恩马克往兔子骨骼上焊接的那个钛窗）时，那束光线能够穿过铝箔发射到空气中去。虽然它消失得很快——空气对于它来说就像是毒药——不过依然能照亮放置在几英寸之外的一块荧光屏。伦琴有点儿神经质，他坚持重做所有他同事做过的实验，不管那些实验有多小，于是他在1895年亲自搭起了这套实验装置，不过做了一些变动：他没有让克鲁克斯管裸露在空气中，而且用一块黑纸把它盖了起来，这样那束光就

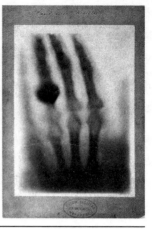

●威廉·伦琴和史上第一张X光片。X光片显示的是伦琴夫人的手骨和戒指

不会旁逸，而只能通过那个铝箔小窗。而且在那块放在克鲁克斯管不远处的板子上，他涂的也不是同事用过的那种荧光物质，而是一种发光的钡化合物。

　　对于接下来发生的事情，有着许多不同的说法。当伦琴进行一些测试，以确保克鲁克斯管里产生的那束光能够正确地在两块金属板之间穿行时，有什么东西引起了他的注意。大多数的说法认为那东西就是那块涂了钡化合物、被他支在附近一张桌子上的硬纸板。另外一些当代的说法则认为那是一张纸，上面是一个学生用钡化合物画的手指画，开玩笑地画满了字母A或是S。不管是哪种说法，作为一个色盲，当初伦琴看到的理应只是视线边缘一片手舞足蹈的白。可每次当他启动电流时，那块涂了钡化合物的板子（或是字母画）都在发光。

　　伦琴确定没有光线从被黑纸遮盖的克鲁克斯管中逃逸出去，而且他一直待在黑乎乎的实验室中，所以也不存在是阳光导致了这一发光现象的说法。但同时他也知道克鲁克斯管发出的光束不可能在空气中传播那么远的距离，以至于照亮那块纸板或是手指画。后来他承认确实想过自己当时是产生了幻觉——这一发光现象的原因显然同克鲁克斯管有关，但是他就是想不出有什么东西能曲里拐弯地从那张不透明黑纸下面溜出去。

于是他支起一张涂了钡化合物的屏幕，然后将手边那些东西，比如书本，放在克鲁克斯管近旁以遮挡光束。让他又惊又惧的是，一把钥匙的轮廓显示在了屏幕上——那是他用来当作书签的钥匙。他不知怎的能够隔空视物了。他又试了试放在密封木盒里面的物件，还是能够看到。最让他毛骨悚然的是，当他举起一块金属时，却在屏幕上看到了自己的手骨——简直就像是巫术。在这一刻，伦琴排除了自己产生了幻觉的可能性。他觉得自己已经彻底疯了。

这就是伦琴发现X射线时的情形，我们今天尽可以因为他反应如此激烈而大笑不止，但值得一提的是他在此时表现出的卓越态度。他不是顺理成章地得出那个近在咫尺的结论——自己发现了某种全新的东西，而是假定自己在某个地方犯了错。他坐立不安，下定决心要找出这个错误，于是把自己锁进实验室，在那个黑屋子里一个人待了7个星期，连轴转地工作。他解散了自己的助手，每次吃饭都很不情愿，食物马马虎虎嚼两口就吞下肚，自言自语的时候比同自己家人谈话还要多。不像克鲁克斯或是巨齿鲨搜寻者，或者庞斯和弗莱施曼，伦琴不屈不挠地进行了大量分析工作，以将自己的发现同已知的物理学契合。他一点儿也不想成为革命者。

具有讽刺意味的是，尽管伦琴做了一切努力以躲开病态科学，他的论文还是表明了他没能摆脱自己已经疯了的想法。更糟的是，他那些自言自语和同以往判若两人的坏脾气使得其他人也对他的心智健康产生了怀疑。他曾开玩笑地对自己的妻子贝莎说过："要是人们知道了我现在所做的工作，肯定会说'老伦琴疯了！'""老"是因为当时他已经50岁了，而"伦琴疯了"这个想法，她肯定也怀疑过。

不管伦琴怎样拒绝相信，克鲁克斯管还是每次都能让那块涂了钡化合物的板子亮起来。于是伦琴开始证明这一现象。再一次地，不同于前面提到的3个病态科学例子，他剔除了一切稍纵即逝或是反复无常的结果，剔除了一切可能被认为是主观猜测的因素。他只寻求客观的结果，比如改进那块显影板。最后，在稍微有了点儿信心后，一天下午，他把贝莎带到实验室里，把她的手暴露在X射线中。当看到自己手骨的时候，贝莎吓坏了，以为这是自己大限将至的前兆。自那之后她再也不肯踏进伦琴那间"闹鬼"的实验室一步了。不过她的反应让伦琴心里的石头重重地落了地。这也许是贝莎为他做过的最有爱的一件事情了——证明了一切并非他的臆想。

于是，伦琴踏出了实验室，带着一脸憔悴知会整个欧洲的同行们关于"伦琴射线"的发现。自然，他们对他表示了怀疑，就像他们曾经嘲笑克鲁克斯那样，就像后来的科学家们耻笑巨齿鲨和冷聚变那样。但是伦琴很有耐心，也很谦逊，每次有人提出反对意见，他都可以加以反驳——头头是道地说明这种可能性自己早就研究过了。直到最后再也没人表达异议。伦琴的故事让我们看到了，虽然说到病态科学，人们提到的一般都是闹剧，但还是有着令人振奋的东西存在。

面对新生想法，科学家们能够变得严酷无情。你可以想象一下他们对着伦琴这般提问："威廉呀，什么样的'神秘射线'能在无形间穿透黑纸，还能把你那把老骨头照出来？我呸！"不过当伦琴以确凿可靠的证据、可复验的实验予以回应时，绝大多数人都推翻了自己的旧观点，对他表示了认可。尽管终其一生，伦琴都只是个普普通通的教授，可他却成为每位科学家心中的英雄。1901年，他获得了第一届诺贝尔物理奖。20年后，一位叫作亨利·莫塞莱的物理学家正是用这同一套基本的X射线发射装置彻底革新了对元素周期表的研究。一个世纪之后，人们的心灵还会再次因为伦琴而触动——

当时元素周期表上官方认可的、原子序列数最大的元素，第111号元素，在顶着1-1-1-ium（unununium）的名字过了很长时间后，于2004年正式被命名为"轮"。

第五部分

元素科学的
今天与明天

16. 零度以下的化学

Sn⁵⁰	Ar¹⁸	Nd⁶⁰	Rb³⁷
118.711	39.948	144.242	85.468

伦琴不仅为我们提供了一个严谨治学的绝好例子，还让我们看到，元素周期表中永远不缺乏惊喜的存在。即便是在今天，也总是有关于元素的新奇东西等待我们去发现。不过同多数时候轻松就能

●斯科特的南极探险队，1912年1月。中间站立在国旗前的是斯科特。他们用一根绳子操纵快门，拍下了这张合影

做出某项发现的伦琴时代相比，现在想做出新的发现要费劲得多。科学家们越来越多地把元素放在严苛的条件下进行"询问"，特别是极端低温条件，能让元素们进入"催眠状态"，做出奇怪的举动。不过对于探索者来说，极端低温情况也不总是好事。到1911年左右，那些当代的"刘易斯和克拉克"们已经对南极洲进行了大量的勘测，但还未曾有人抵达过南极点。这不可避免地引发了探险家们之间一

场史诗般的竞赛，他们都想成为完成这一壮举的第一人——同时也不可避免地引出了一个残酷的警世故事，告诉我们，在极端低温条件下，化学能引出怎样的乱子。

即使以南极的标准来看，1911年也很寒冷，但是一支由罗伯特·福尔肯·斯科特[1]率领的英国极地探险队决心成为首批到达南纬90度的人。他们准备好狗和补给，组织了一支队伍在11月出发。队伍中大部分人属于支援人员，他们在途中依次返回，并且很聪明地在离开时将补给品留下，这样那支向南极点发起最后冲刺的小分队就能在返程时取回它们。

渐渐地，越来越多的人马离开了，最后，艰难跋涉了数月之后，斯科特带着5个人于1912年抵达了南极点——却只发现了一个褪色的小帐篷，还有一面挪威国旗，以及一封友好得令人恼火的信。斯科特晚了一步，罗阿尔德·阿蒙森率领的队伍比他早一个月抵达了南极点。斯科特在日记中简短地记下了这一时刻："最糟糕的情况发生了。所有的梦想都破灭了。"紧接着写道，"上帝啊！这是个可怕的地方。现在我们得赶紧拔腿往回走，并且不顾一切地活下来。我怀疑我们能不能做到。"

但是被沮丧情绪笼罩，已经让斯科特小分队的回程变得困难起来，而南极还无所不用其极地折磨他们。他们被暴风雪围困了好几个星期，从他们的日记（人们后来发现的）中可以看到，他们遭遇了饥饿、坏血病、脱水、体温过低以及坏疽。而最要命的是燃料的缺乏。一年前斯科特曾进行了穿越北极圈的探险，其间发现燃油罐的皮革封口漏得厉害，几乎让他损失了一半燃料。于是为了此次南

***

(1) 罗伯特·福尔肯·斯科特（Robert Falcon Scott，1868—1912），英国海军上校，被英国人称为20世纪初探险时代的伟大英雄。1910年6月1日，他带领探险队离开英国，向南极点发起冲刺，可惜比竞争对手罗阿尔德·阿蒙森晚一个月到达。返程途中，由于南极寒冷天气提前到来，斯科特队供给不足，全体遇难。

极探险，他的队伍尝试着往封口上加了锡层，并且用纯锡作为焊料。但是当他带着狼狈不堪的队员找到之前那些支援人员留下的燃料罐时，却发现大部分都是空的。有时候情况更糟糕：燃料渗漏到了食物上。

没有燃油，探险队员就不能烹饪食物或是融化冰水来喝。其中一个人病死了，另外一个疯掉了，迷失在了严寒之中。最后3个人，其中包括斯科特，继续前进。据官方的说法，他们在1912年3月末遇难，倒在了离英国考察基地只有11英里（约17.7千米）的地方，没能挺过最后一个夜晚。

在那个时代，斯科特就像尼尔·阿姆斯特朗[1]一样受欢迎——听闻他的噩耗之后英国人都愤愤不平、扼腕叹息，一座教堂甚至在1915年装上了纪念他的彩色玻璃窗。因此，人们一直在寻找理由为他的失败开脱，而元素周期表适时地提供了一个替罪羊：被斯科特用作焊料的锡。锡从《圣经》时代开始就被当成一种宝贵的金属，因为它很容易塑形。讽刺的是，冶金学家越是精炼提纯锡，就越让它在日常使用中变得糟糕。不管什么时候，只要纯锡的工具、锡币或是锡玩具遇冷，发白的锈斑就会悄悄"爬上"它们的表面，就像冬天里窗户凝霜一样。这些白锈会进一步变成大面积爆发的"脓包"，腐蚀着锡，使它变得脆弱不堪，直到最后碎成粉末。

不像铁锈，这种白锈不是化学反应的产物。现在的科学家已经知道，这种情况的发生是因为固态锡内部的原子能以两种不同的方式排列，当遇冷时，它们就会从坚固的"β结构"变成脆弱的、粉末状的"α结构"。为了更清楚地描绘这两种不同，你可以试着想象将原子像橘子那样堆到一个大箱子里面。板条箱的底部是一层挨着摆放的单个橘子，彼此并没有捆在一起。为了再堆上第二层、第三

---

[1]　美国宇航员，1969年7月登陆月球，成为第一个登上月球的地球人。

●当元素锡将同素异形体从其银色金属 β 形态变为脆性灰色 α 形态时，会出现锡害。锡害也被称为锡病、锡枯病和锡麻风病

层、第四层橘子，你可以依次将橘子平衡地摞在下层橘子顶上。这是一种结构形式，或者叫晶体结构。或者你可以将第二层原子架在第一层原子之间的间隙里，然后将第三层放在第二层的间隙里，以此类推。这就形成了另一种有着不同密度和特性的晶体结构。排列原子的方式有许多种，这只是其中的两种。

斯科特探险队的遭遇（或许）通过一种残酷的方式揭露了这样一个事实：一种元素的原子能够自发地从一种脆弱的晶体状态转变成坚固的晶体状态，反过来也一样。这样的情况通常发生在能够促进原子重组的极端条件下，就像地核中的热量和压力将碳从石墨变成钻石一样。锡的这种转化在13.33℃时就会发生。即使是10月一个温暖的晚上也可能导致锡长出这样的"脓包"，导致白霜爬上它的表面。更低的温度会加快这一过程。即使没有温度的影响，任何施力过度或是变形（比如燃料罐被抛到坚冰上导致的凹痕）都可能催发锡的这种转变。哪怕锡只受到了一点儿局部损伤，比如表面的划痕，都不能幸免。这种情况有时也叫作锡"麻风病"，因为它会侵蚀到锡更深的内部，就像恶疾一样。这种"β-α"的转变甚至能释放出巨大的能量，让这种金属发出吱吱嘎嘎的呻吟声——这种声音被生动地描绘成"锡的尖叫"，尽管它听起来更像是立体的静电干扰声。

在历史上，"β-α"转变成了一个用起来再顺手不过的化学替罪羊。每个拥有寒冷冬天的欧洲城市（举例来说，圣彼得堡）都有着类似这样的传说：教堂里崭新的管风琴，琴师刚弹下第一个音，昂贵的锡音管就裂成了碎片（有些虔诚的市民更愿意将这归咎于恶魔）。而让它享有了世界"声誉"的是这样一个历史故事：拿破仑在1812年冬天愚蠢地决定进攻俄国，法军军服上的扣子据说（对于这个许多历史学家有着争论）裂成了碎片，让法国人衣不蔽体，每次风雪来袭的时候都冻得够呛。虽然相比于同一时间正在南极艰难跋涉的斯科特小分队而言，法国军队在俄国遭遇同样悲惨结局的可能性要小得多。不过，第50号元素这种变来变去的特性也许的确让法国军队的处境变得更糟糕，而相比于那位英雄人物的错误判断而言，化学提供了一个更方便的理由供人们怪罪。

毫无疑问斯科特的探险队发现了空的燃料罐——写在了他的日记中——但锡焊料的碎裂究竟是不是导致燃料泄漏的原因呢？锡"麻风病"的确是个很好的理由，但是几十年之后人们发现的其他探险队的燃料罐子依然好好地密封着。斯科特的确用了纯锡——可能纯得就像是特意为锡"麻风病"准备的一样，但是除了蓄意破坏之外没有别的更好的解释了，然而人们又没有找到不公平竞争的证据。不管怎样，斯科特的小队死在了冰雪之中，至少有一部分原因是元素周期表造成的。

当物质遇到极端寒冷的时候，离奇的事情会发生，物质会从一种状态转变为另外一种状态。小学生们学过，物质只有3种互相转化的形态——固态、液态和气态。高中老师偶尔会漫不经心地提到第四种状态——等离子态，它发生在恒星级别超高热条件下，那样的高热会导致物质的电子从它们的核束缚中脱离，变得自由游走。在大学里，学生会学到超导体和超流体氦。在研究所，教授们有时会用夸克胶子等离子体或是简并态物质[1]来考考学生。而在这些场合中，总有些自作聪明的人会问，为什么果冻不被认为是一种专门的形态呢？（你想知道答案？像果冻这样的胶体是两种形态的混合。它是水和凝胶的混合物，既可以被看成一种具有高度流动性的固体，也可以看成一种行动非常迟缓的液体。）

关键是，对于那些觉得物质只有固态、气态、液态3种不同状态的人而言，做梦也想不到宇宙中存在着比4种更多的物质形态——也就是粒子的不同微结构。这些新的形态不是像果冻那样的混合体。有些时候，它们就是划分质量和能量的区别。1924年，阿尔伯特·爱因斯坦就预测了这样一种物质的存在，在他一边拉着小提琴一边琢磨一些量子物理方程式的时候，可接着他就否定了自己的计算，拒绝承认这一理论发现，因为它实在太离奇了，简直不可能存在。事实上，直到1995年，才有人真正使其存在成为现实。

从某些角度说，固态是物质最基础的状态（为了表达得更严谨，大多数原子都是空空荡荡地存在，但是电子极快的运动给予了原子——从我们迟钝的眼光看来——一个恒定的固态假象）。在固体中，原子以一种重复的三维数组形式排列，尽管大多数看上去一本正经的固体通常具有超过一种的晶体形式。通过高压环境，科学家们现在能轻易地让冰呈现出14种不同形状的晶体态。一些冰会沉到水底，而不是漂浮在水面，另外一些不是六边的雪花状，而像掌状的树叶或是花椰菜头。一种这样的异态冰——冰-X，一直要到2037.78℃才会融化。甚至化学组成像巧克力那样混杂和复杂的准晶体，也可以转变形态。谁没有过这样的经历，打开一盒放了很久的巧克力，

---

[1] 简并态物质是一种高密度的物质状态。简并态物质的压力主要源于泡利不相容原理，叫作简并压力。简并态物质包括电子简并态、中子简并态、金属氢、奇异物质等。

然后发现它已经变成了一团看上去很倒胃口的褐色糊糊？我们可以管这叫作巧克力"麻风病"，由让斯科特在南极遭遇悲惨命运的同一种"β-α"转化造成。

结晶体多半能在低温下轻易形成，如果温度低到一定程度，那些你觉得你已经再熟悉不过的元素能够变得让你完全认不出来。即使是冷淡的高贵气体，在被迫变成固态后，也会改变想法，觉得同别的元素挤成一团没那么糟糕。1962年，在加拿大工作的英国化学家尼尔·巴特莱特用氙合成了第一种惰性气体化合物，一种橘黄色的结晶体，从而打破了延续了数十年的习见。不可否认，这一过程虽然发生在室温下，但是用到了六氟铂酸，一种腐蚀性像超酸一样强的化学物质。此外，氙这一周期表中原子序数最大的惰性气体比起其他的惰性气体来，更容易发生化学反应，因为它的电子与原子核之间的耦合更松弛。为了让那些原子序数更小、更"坚定不移"的惰性气体发生反应，化学家们必须极大地降低温度才能将它们大致"麻醉"。氪大概要在-151.11℃才会变得好动起来，才能被超级活跃的氟搞定。

但是同"说动"氪的费劲程度相比，让氙发生反应轻松得就像把小苏打和醋混合起来。1962年巴特莱特制造出氙化合物之后，科学家们在1963年就制造出第一种氪化合物，之后，经历了37年的挫败，芬兰科学家才在2000年最后完成了合成氩化合物的过程。那是一个如法贝热[1]彩蛋般精细的实验，为了让反应发生，需要用到固态的氩气、氢气、氟气以及高度活跃的催化剂碘化铯。此外还需要适时的紫外辐射。并且所有这些全都得置于极寒的-265℃下。要是温度稍微高一点点，氩化合物就会爆炸。

不管怎样，在这种温度下，氩-氟-氢化物成为一种稳定的晶

---

(1) 法贝热（Fabergé），以其精美卓绝的复活节珠宝彩蛋而闻名。第一颗皇室复活节彩蛋诞生于1885年的复活节。

体。芬兰科学家们在一篇论文中宣布了这一成果，这篇论文有着对于描述一项科学工作而言既简洁又好懂的题目：《一种稳定的氩化合物》。这一简单的宣布已经足以让科学家们欢欣鼓舞了。科学家们相信，即使是在太空中极端寒冷的地区，原子量极小的氦和氖也绝不会同其他元素结合。所以到目前为止，氩气依然拥有这项桂冠：人们已经制成化合物的元素中，合成难度最大的一个。

因为氩这种极"顽固"的特点，合成氩化合物是极大的成绩。不过，科学家们依然不认为惰性气体化合物，甚至锡的 α-β 转化，是真正的物质不同态。物质的不同形态要求的能量有所区别，因为不同的能量能够导致原子相互作用方式的不同。固体物质中，原子（绝大多数时候）固定地待在一个地方；液体状态下，粒子围绕彼此流动；气体状态下，粒子自由地互相碰撞，所以这3种物质形态的区分就很清晰。

不过，固态、液态和气态这3种物质形态还是有许多相同之处。举个例子，这3种形态下，粒子都是相互独立的。但当你将物体加热到等离子态时，这种彼此独立的存在会变成一片混沌，原子开始分崩离析；而当你把物体冷却到足够低的温度时，物质将以简并态呈现，这种状态下，粒子开始交叠、结合，就好像喝醉了一样。

就拿超导体来做例子。电流是一条由电子组成的河流，在电路中从容地流动。比方说在铜线中，电子从铜原子间冲过，当撞到原子上时，电线就会以热的形式损失能量。显然，在超导体中，有什么阻止了这种情况的发生，因为电子通过超导体时不会损耗能量。实际上，只要超导体保持冷却，电流就能够永远流动下去。人们于1911年首次在-267.78℃的水银中观察到了这一现象。几十年中，大多数科学家认为电子之所以具有了超导性只是因为有了更大的移动空间：超导体中的原子所含能量太少，难以来回振动，所以电子有一条更宽阔的"路径"可以溜过去，而不会撞上原子。这个解释就目前来说是对的。但是实际上，就像3位科学家在1957年发现的那样，在低温下超导体中的电子自身会发生改变。

当电子在超导体中的原子之间高速穿梭时，电子被原子核拖拽。极性为正的原子核会轻轻地向电子偏移，产生一个高密度的正电荷。这个高密度的电荷会吸引其他电子，从某种意义上说，这个电子和最初那个电子就配上了对。这两个成对电子之间的耦合不是很强，更像是氚同氟脆弱的结合，这就是为什么这种耦合只会在低温下出现，因为低温时原子不会振动得太厉害，所以不会将这对电子分开。在低温情况下，你不能将电子想象成孤立的存在，它们是彼此交缠，成对行动的。在它们的流动过程中，要是一个电子被原子扯住或者撞击，它的伙伴能够在它脚步慢下来之前伸出援手拉它一把。这是一个飞快移动的电子楔子，就像过去一种被视为犯规的橄榄球赛出场阵型——戴着头盔的球员手挽着手冲过球场。当无数电子对都在这样做的时候，这一微观态就转变成了超导性。

顺便说一下，这一关于超导性的阐释被称为BCS理论，以这3位发现了它的科学家的名字命名：约翰·巴丁、利昂·库珀（这样的电子对被称为库珀对）和罗伯特·施瑞弗。这位约翰·巴丁就是那个发明了锗晶体管并因而获得了诺贝尔奖的约翰·巴丁——他听到获奖消息时手头的煎鸡蛋都撒到了地板上。巴丁在1951年离开伊利诺伊州的贝尔实验室后，一头扎进了超导体研究工作中。这个三人组花了6年时间提出了完整的BCS理论。它被证明非常完善，非常精确，三人组因此分享了1972年的诺贝尔物理学奖。而在这次获奖的时候，巴丁又提供了一桩逸事：他缺席了在大学举办的一场新闻发布会，因为他没搞清楚要怎样打开自己车库的新电动门（装了半导体动力装置）。不过当他第二次造访斯德哥尔摩时，他将自己两个成年的儿子介绍给了瑞典国王，就像他在50年代那次获奖时答应过的那样。

如果元素被冷却到比临界超导温度还低的温度，原子会变得非常"迷糊"，以至于会互相交叠、互相吞噬，这种状态被称为凝聚态（或者相干态）。本章前面提到了一个爱因斯坦认为不可能存在的物质形态，而凝聚态正是理解这一形态的关键。要理解物质的凝聚态，我们需要来个急转弯——这个转弯很陡，不过幸亏已经有了丰富的原理说明来帮助我们理解——来说说光的本质，以及另一种一度被认为不可能存在的新发明——激光。

很少有像光的二象性这样能够激起物理学家古怪审美感受的东西了。我们通常认为光是波。实际上，爱因斯坦构想出他独特的相对论时，有部分是通过思考如果以光为坐骑，宇宙将会怎样呈现在他面前来实现的——空间看上去是什么样子，时间会（或者不会）怎样流动（别问我他是怎样产生这种设想的）。同时，爱因斯坦证明了（他在这一舞台上真是无处不在）光有时表现出超导粒子的特性，于是他引入了光子的概念，它是一个携带光能的量子。通过这种"光同时具备波的特质及粒子特质"的理论（波粒二象性），他正确地推导出光不仅是宇宙中已知速度最快的东西，也是宇宙中可能存在的最快的东西，在真空中传播的速度为每秒186 000英里（30万千米）。你将光看成波还是光子，取决于你怎样测量它，因为光既不是两者的合体，也不是两者分别独立的存在。

尽管光在真空中具有一丝不苟的美德，但当它同一些元素互相作用时就堕落了。钠和镨能让光速减到约每秒17米，这个速度是声速的二十分之一。这些元素甚至能逮住光，就像接住棒球那样，把它在手里捏上好一会儿，然后再将它往另一个方向抛出去。

激光是通过巧妙地操控光而产生的。记住，电子就像电梯一样，它们永远不会从1层升到3.5层或是从5层下到1.8层。电子只在整数能级上跃迁。当受激发的电子回到基态时，它们将多余的能量以光的形式丢出去。因为电子运动受到如此限定，所以发出的光的颜色也受到了严格限定。这种光是单色的——至少在理论上是这样。而在实际中，同一时间有许多不同原子的电子从第三能级跳到第一能级，或是第四能级跳到第二能级，诸如此类——每一个不同的跃迁都生成不同颜色的光。此外，不同的原子发出光的时间也不一样。通过我们的眼睛看来，这种光看起来都是协调一致的，但在量子层面，它们并不同步，甚至可以说乱七八糟。

激光通过限定电梯停下的楼层解决了这种时间上的不同步问题（就像它的表亲微波激射器一样，微波激射器的工作原理同激光发射器一样，只不过产生的是不可见光）。今天，大多数给人留下深刻印象的大功率激光发射器——能够在几毫秒时间产生极大的能量（比整个美国生产的能量还要大），从而产生光束——都使用掺入钕的钇结晶体。在激光发射器里面，一个脉冲光源环绕着钕-钇晶体以极快的速度产生极高强度的闪光。这种入射光能够激活钕里面的电子，使它们跃迁到比正常时候更高的能级上。电子们搭着这个电梯，可

●量子物理史上群星璀璨的索尔维会议。后排右三是海森堡，第二排右一是玻尔，前排左起依次是：欧文·朗缪尔、马克斯·普朗克、玛丽·居里、亨德里克·洛伦兹、阿尔伯特·爱因斯坦、保罗·朗之万、查尔斯·欧仁·古耶、查尔斯·威耳逊、欧文·理查森

能一下子就升到第10层去。被弄得头晕目眩的电子们立刻忙不迭地返回安全高度，比如说第2层。不过不像正常的电子跃迁，因为电子们受到如此大的干扰，以至于在回到基态时不以光的形式释放出多余的能量，它们会振动，然后以热的形式释放能量。同时，当回到安全的第2层、大大地松了口气后，电子们会磨磨蹭蹭地从电梯上下来，一点儿也不着急回到最开始待的1层。

事实上，在电子们忙不迭地下楼之前，脉冲光源会再次发光。这会将更多的钕电子送到10层，再降下来。这个过程反复发生，2楼就变得越来越拥挤；当更多的电子跑到2层而不是待在1层时，激光就获得了"粒子数反转"。在这时候，如果有哪个磨磨蹭蹭的电子跳下一层，这就会在已经变得躁动不安、拥挤不堪的邻居中引起骚动，把它们都从阳台上撞翻下去，而这些电子又会再撞翻别的电子，以此类推。注意这一过程的妙处：当钕电子这次下落时，会同时从2层掉到1层，于是会产生同样颜色的光。这种相干性就是激光产生的关键所在。激光发射器其他的部分能够通过将光在两块镜子之间来回反弹滤净并放大光线。不过正因为钕-钇晶体有效地产生了具有相干性的、聚集的光，所以激光才能如此强烈，以至于能够引发热核聚变，而且因为激光如此集中，所以能够在不触及眼球其他部分的情况下雕刻眼角膜。因为有着这样更偏向于技术方面的性质，相对科学奇迹而言，激光也许更多地被看作工程学方面的挑战，尽管如此，当激光以及第一次出现在历史中的微波激射器在20世纪50年代被提出来时，却遭遇了实实在在的科学偏见。对此，查尔斯·汤斯的印象最深刻——即使是在他研制出第一个切实起效的微波激射器之后，那些资历更高的科学家还是会不厌其烦地看着他说：抱歉，查尔斯，那是不可能的。而且这些话还不是从什么不入流的科学家——那些缺乏预见新事物的想象力、目光短浅的反对者口中说出来的。帮着设计出现代计算机基础结构（以及现代核弹）的约翰·冯·诺伊曼和在阐释量子力学方面做出巨大贡献的尼尔斯·玻尔，都曾当面把简单粗暴的3个字丢向过汤斯的微波激射器："不可能！"

　　玻尔和冯·诺伊曼会这么说出于一个简单的原因：他们没有考虑到光的二象性。更具体点说，量子力学中著名的不确定性原理迷惑了他们。因为沃纳·海森堡的不确定性原理如此容易被曲解——但是一旦理解了，它就是用以制造物质新形态的有力工具——所以接下来我们将解释解释这个关于宇宙的小谜题。

　　要是没有像光的二象性这样让物理学家们心神不宁的东西，也就不会有下面这样让科学家们垂头丧气的事情发生了：居然真的有人在公认不确定性原理不适用的范畴将它阐释了出来。也许你已经听过，（绝大多数情况下）事物的改变同观察者单纯改变观察行为的举动一点儿关系也没有。这个原理的内容整体来说，是这样的：

$$\Delta x \Delta p \geqslant h / 4\pi$$

就是这样。

　　现在，要是你将量子力学翻译一下（这一直都是很冒险的举动），这个方程式说的就是：某些事物位置上的不确定量（Δx）乘以它速度和方向的不确定量（它的动量 Δp），乘积总是大于或者等于常数"h除以4π"（这里的 h 代表了普朗克常数，它是个非常小的数字，大概是1的一百兆兆分之一，所以不确定性原理只适用于非常非常微小的东西上，例如电子或光子）。换句话说，要是你知道一个粒子的确切位置，就根本不可能知道它的确切动量，反之亦然。

　　要注意的是，这些不确定量不是说在测量事物时得出不准确的结果，就好像你用的是一把刻度不准的尺子；它们的不确定性建立在它们自身的特性之上。还记得光有着怎样一种二象性吗？部分像波，部分像粒子。玻尔和冯·诺伊曼在否定激光的时候，就是因为光表现得像粒子（或者更准确地叫作光子）而上当受骗了。在他们看来，激光听起来太精确、太集中了，等于说其中光子位置的不确定量几乎为零。这就意味着动量的不确定量肯定非常大，也就意味着光子能够处于任一能级或者往任一方向逃逸，看上去同激光的描述——一束紧紧聚集的光线——完全矛盾。

他们忘了一点，光同时也表现出波的特质，而对于波而言，规则就不同了。举个例子说，你能确切地说出一个波到底位于何方吗？就其本质而言，波是不断衍射的——天生就具有不确定性。不像粒子，波能够吞噬别的波，能够与别的波合二为一。两块石头扔进池塘中，它们中间的位置会产生最大的水波——这个水波正是吸收了两块石头分别激起的两个较小水波的能量而产生的。

在激光的例子里，入水的石头（也就是电子）不止两个，而有万万亿个之多，这些石头激发了光波的产生，而这些光波又互相干涉。关键在于，不确定性原理不适用于粒子集，而只适用于单个粒子。在一束光线、一堆光子中，是不可能判定任意一个光子的具体位置的。而因为光束中每一粒光子的位置都有着这样高的不确定量，你就可以非常非常精确地引导它的能量级别和方向，从而生成一束激光。这个切入点很难被发掘，可一旦你抓住了，它就能发挥极大的作用——这就是《时代》周刊将汤斯评选为1960年的"年度人物"的原因（与鲍林和塞格雷并列），也是汤斯以其微波激射器获得1964年诺贝尔奖的原因。

实际上，科学家很快就意识到了这个切入点能够应用在比光子更深入的地方。就像光具有波粒二象性，你对电子、质子以及其他假定存在的硬质粒子挖掘、分析得更深入，它们看起来就越含糊不清。从最深、最神秘莫测的量子层面上来说，物质是不确定的，表现出波的特质。而且因为在本质上，不确定性原理是对波的定义所受的限制的数学陈述，所以这些量子也就被置于不确定性的保护之下了。

现在我得再一次提醒你，这一原理只作用于极微小的尺度——这些尺度小到连h，也就是普朗克常数这个小到是1的一百兆兆分之一的数字都还显得太大。而让物理学家们挠头的是，当人们把目光往高远处放，上升到人的尺度时，会推断出 $\Delta x \Delta p \geq h/4\pi$ 实际上"证明了"在日常世界中，你不可能既观察某样事物又不改变它——甚至有种更大胆的说法，认为客观存在本身是个骗局，科学家们不过是自欺欺人地觉得他们"了解"了某种事物。实际上，作用于纳米尺度的不确定性对宏观尺度产生影响只有一种情况：本章前面提到过的那种古怪的物质形态——玻色-爱因斯坦凝聚态（BEC）。

这个故事开始于20世纪20年代早期，一位叫作萨特延德拉·纳特·玻色[1]的印度物理学家在一次演讲中犯了个错误，当时他正在解一些量子力学方程式。这是个低级得好像大学肄业生才会犯下的错误，却激起了玻色的好奇心。一开始这个胖乎乎的眼镜男没有意识到自己犯错了，于是他把方程式全解完了，却发现他得出的"错误"答案刚刚好同光量子实验的结果相吻合——而当时"正确"的理论预测的结果跟实验根本不符。

于是就像历史上物理学家们常常做的那样，玻色决定假设自己的错误就是正确结果——虽然他承认不知道为什么会这样——然后写了一篇论文。他看似错误的结果，再加上他印度人的身份，使得欧洲每一家被认可的科学刊物都拒绝了这篇论文。玻色毫不气馁，将自己的论文直接送到了阿尔伯特·爱因斯坦手中。爱因斯坦仔细地研究了这篇论文，认为玻色的答案是聪明的——它主要说的是特定的粒子，比如光量子，能够从彼此的上方坍缩，直至最后变得不可

---

[1] 萨特延德拉·纳特·玻色（Satyendra Nath Bose，1894—1974），印度物理学家，专门研究数学物理。他最著名的研究是20世纪20年代早期的量子物理研究，该研究为玻色-爱因斯坦统计及玻色-爱因斯坦凝聚理论提供了基础。玻色子就是以他的名字命名的。

分辨。爱因斯坦稍稍梳理了一下这篇论文，把它翻译成德文，然后将玻色的理论加以发挥，延伸到整个原子层面，写出了另一篇完全独立的论文。借助自己的影响力，爱因斯坦将这两篇论文一齐发表了出来。

在这两篇论文中，爱因斯坦提供了一些途径，这些途径指出，如果原子遇到足够低的温度——是临界超导温度的万亿分之一——它们就会凝聚成一种新的物质形态。不过，要产生能让原子发生这种变化的低温实在是超出了当时技术所及的范围，哪怕只是在脑子里想想也觉得实在不可能，所以爱因斯坦是带着孩子气的好奇来设想这种冷凝物的。令人惊奇的是，10年之后，在一种超流体氦中，科学家们得以一瞥玻色–爱因斯坦凝聚态的神秘面目。这种超流体氦有着小群小群彼此束缚的原子。超导体中形成库珀对的电子也有一点儿表现得像BEC。但是在超流体和超导体中，粒子之间的这种耦合很有限，并不完全像爱因斯坦预测的那种物质形态——他预测的是一种寒冷、稀疏的雾状物。不管怎样，那些致力于超流态氦和BEC研究的人们没有沿着爱因斯坦预测的方向走，所以在BEC方面一直没有更多的发现，直到1995年，美国科罗拉多大学两位聪明的科学家用气态铷原子呈现了玻色–爱因斯坦凝聚态。

在使玻色–爱因斯坦凝聚物成为现实可能的过程中，有一项科技成就适时出现，这就是激光。而激光正是建立在由玻色首先提出的光量子理论基础之上的。这看起来好像是不进反退，因为激光一般被用来加热物体。但只要适当运用，它也可以用来冷却原子。在基本的纳米层面，温度只不过是对粒子平均速度的度量。热分子兴奋地冲在前面，冷分子拖拖拉拉地跟在后面，所以冷却某种物质的关键就在于让它的粒子速度慢下来。在激光制冷时，科学家们让一些光束相交，就像重影那样，这样就能搭建出一个"光糖浆"陷阱。当气态铷原子冲过这些"糖浆"时，激光会向它们发射低强度的光量子。比起这些光量子来，铷原子更大，更有力量，这就好像用一挺机关枪对着一颗呼啸而来的小行星扫射一样。尽管大小如此悬殊，但要是对着小行星射出足够多的子弹，最终还是能让它停下来的——而这正是发生在铷原子身上的事情。在吸收了四面八方射来的光量子之后，铷原子变得越来越慢，越来越慢，它们的温度也降到了比绝对零度只高万分之一摄氏度的程度。

但即使是这样低的温度，对于形成玻色－爱因斯坦凝聚态而言还是太热了（现在你能体会到为什么爱因斯坦会那么悲观了吧）。所以科罗拉多大学这两位科学家，埃里克·科内尔和卡尔·威曼，还同时使用了另一个冷却手段——用磁体将铷气中现存"最热"的原子不停地吸走。这大体上就像你对着一匙热汤吹气一样——通过将较热原子推开的方式让物体冷却下来。科学家们每次都只将少量最热的原子掸去，慢慢地，温度逐步下降到了绝对零度以上十亿分之一（0.000 000 001）摄氏度。终于，在这个时候，2000个铷原子凝缩成了玻色－爱因斯坦凝聚态——宇宙中已知最寒冷、最胶黏、最脆弱的物质存在。

不过"2000个铷原子"这个说法实际上模糊了玻色－爱因斯坦凝聚态的独特性质。那其实不是2000个独立存在的铷原子，而是一朵巨大的棉花糖一样的铷原子。它是一种奇异物质，要解释它的形成又得回到不确定性原理。再说一次，温度只是一种测量原子平均速度的手段。要是分子的温度下降到绝对温度以上十亿分之一摄氏度，它几乎就没有什么速度了——这就意味着其速度的不确定量小得离谱，基本上可以看成零。而因为原子在纳米层面上表现出来的波相性，它们位置的不确定值将会非常之大。

因为这一不确定值如此之大，当这两位科学家不屈不挠地冷却铷原子，迫使它们挤压在一起时，原子开始凸出、膨胀、交叠，直到彼此消融。这一过程最后留下了一颗大大的幽灵"原子"，在理论上（要是它不是这么脆弱的话），它大得足以通过显微镜观察到。这也就是为什么我们能够说，在这种情况下，同时也只有在这种情况下，不确定性原理一飞冲天，影响到了某种（几乎）达到人类世界尺寸的东西。为了创造出这一新的物质形态，用到了花费将近10万美元的设备，而这一玻色-爱因斯坦凝聚态只存在了短短10秒就消耗殆尽。不过这也足以让科内尔和威曼获得2001年诺贝尔奖了。

随着科技的不断进步，科学家们在促使物质转变成玻色-爱因斯坦凝聚态的工作中已经取得了长足的进展。虽然没人下订单，不过科学家们也许很快就能创造出能够发射出极度集中光束的"物质激光"，这些光束将由能量比激光高出数千倍的原子组成；科学家们甚至可能创造出"超固体"冰块，它们能够从彼此中间流过，同时完全保持其固态。在我们科幻小说般的未来，这样令人惊叹的东西将会成为现实，就同出现在我们这个卓越时代中的激光和超流体一样。

17. 光辉的球体: 泡泡与科学

H 1	Ca 20	Rf 104	Rn 86	Zr 40	Xe 54
1.008	40.078	(267)	222	91.224	131.294

　　并不是元素周期表相关科学研究中的每个重大突破都着眼于类似玻色-爱因斯坦凝聚态这样异乎寻常、错综复杂的物质形态,只要运气和科学女神联袂而至,指明了正确的方向,研究稀松平常的液态、固态、气态也时不时会得出令人眼前一亮的成果。根据传说,就有一件在历史上具有极重要意义的科学设备,不仅是对着一杯啤酒构想的,而且就是通过一杯啤酒成功研制出来的。

　　唐纳德·格拉泽,一个身份低微的25岁助教,经常会因为口渴跑去密歇根大学附近的酒吧喝上一杯。一天晚上,他凝视着自己杯中啤酒里一串缓缓升起的泡沫,很自然地联想到了粒子物理学。那是1952年,当时科学家们已经运用曼哈顿计划和核科学中的知识来生成奇异、脆弱的特殊粒子,比如k介子、μ介子、π介子,它们

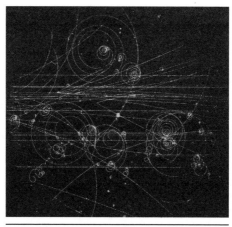

●气泡室中的粒子轨迹(CERN)

都是中子和电子这些人们熟悉的粒子幽灵般的兄弟。粒子物理学家怀疑，甚至是希望，这些幽灵粒子将推翻元素周期表作为物质基础版图的地位，因为通过它们，人们的目光抵达了更深的亚原子层面。

但是为了进一步的研究，科学家们需要有更好的方法来"看见"那些极微小的粒子，并且追踪它们的行动轨迹。俯视着自己的啤酒，格拉泽这个戴着眼镜、有着短短卷发和大脑门儿的家伙想到，也许泡泡就是解决之道。液体中泡沫的产生源于容器上的瑕疵或是液体中的不溶性物质。香槟酒杯上细微的擦痕就是这样一个起泡点；啤酒中没有溶解的成群二氧化碳分子是另一个泡泡催生者。作为一位物理学家，格拉泽知道泡沫在液体被加热到接近沸点时更容易产生（想想放在炉子上的一锅开水）。实际上，要是你让液体保持在恰好低于沸点的温度，它将产生大量的泡沫，就好像有什么东西在疯狂摇晃、搅动着它一样。

这是一个很好的开始，但只不过是些基本的物理常识。让格拉泽跨出一大步以至最后留名青史的，是他脑中灵光一闪后多想的一小步。那就是罕见的 k 介子、μ 介子、π 介子只会在原子致密的中心——原子核——分裂时出现。在 1952 年，一种叫作"云室"的装置已经被发明出来了，在云室中，一把"枪"以超快的速度对着冷冰冰的气体原子发射原子鱼雷。撞击之后，μ 介子、k 介子以及诸如此类的粒子偶尔会在云室中出现，而气体原子凝聚成液态，沿着这些粒子留下的轨迹滴落。但格拉泽觉得用液体来取代云室中的气体将会更有效。液体的密度比气体大数千倍，所以那把瞄准原子的"枪"在处于液体，比如液氢中时，将会导致更多的撞击。此外，要是液氢被刚好控制在其沸点之下的温度上，即使是一丝来自那些幽灵粒子的能量波动都会在液氢中激起一大串泡泡，就像格拉泽的啤酒那样。格拉泽还假设自己能拍摄下这些泡泡的轨迹，然后搞清楚不同的幽灵粒子是怎样留下不同的轨迹或者螺旋的——根据它们大小、运动方向的不同……想到这里，他刚好喝完杯子里最后一滴啤酒。故事并没有到此为止，格拉泽最终将这整个设想付诸实际。

这是一个科学家们喜闻乐见的"巧合"故事。但令人沮丧的是，就像大多数传说一样，它并不完全准确。格拉泽的确发明了"泡室"，但那是通过他在实验室里认真做实验办到的，而不是随随便便在一张酒吧餐巾纸上涂画出来的。不过让人高兴的是，这个故事的真实情节甚至要比传说更离奇。格拉泽的确设计出了如上述般好用的泡室，只不过中间有一点儿波折。

出于上帝才知道的原因——也许是不想毕业——这个年轻人决定用啤酒，而不是液氢，作为放置原子枪的最佳液体。他真的是想用啤酒来做出亚原子科学中一项具有划时代意义的重大发现。你几乎可以想象他晚上偷偷将百威啤酒运到实验室的情形，大概在开了6瓶啤酒之后，他终于同时满足了科学实验以及自己胃的需要，用美国人最爱的这种液体填满了一个顶针大小的烧杯。他将啤酒加热到几乎沸腾，然后轰击它，以生成物理学上已知最奇异的那些粒子。

不幸的是，那些用在科学研究上的啤酒没能管用，格拉泽后来说，啤酒实验彻底失败了。而且他的实验室同伴们没一个喜欢汽化的啤酒发出的恶臭。不屈不挠的格拉泽改进了自己的实验，有着"恐龙杀手：小行星"名头的同事路易斯·阿尔瓦雷茨最终断定，这个实验最适用的液体实际上是液氢。液氢的沸点是$-259.44℃$，所以即使是微弱的热量也能导致泡泡的产生。其他元素（或者啤酒）中，当幽灵粒子被撞击时可能引发纷扰复杂的混乱场面，而作为原子结构最简单的元素，氢能避免这种情况的发生。格拉泽改进后的泡室如此快地证明了如此多的预见性理论，以至于让他在1960年跻身《时代》周刊评选出来的15位"年度人物"之列，同莱纳斯·鲍林、威廉·肖克利以及埃米利奥·塞格雷排在一起。他还因此在32岁时获得了诺贝尔奖——年轻得让人讨厌，对吧？获奖时他已经去了伯克利大学，于是从埃德温·麦克米伦和塞格雷那里借来白马甲穿去参加颁奖典礼。

通常情况下，泡沫并不被认为是基本的科研工具。尽管——或者正是因为如此——它们在自然中普遍存在并且生成极为容易，但在好几百年里，科学家们一直拒绝将它们作为研究工具使用。而当物理学在20世纪占据了统治地位后，物理学家们突然发现这些工具在探索宇宙间最基本结构的时候能够起到很大作用。而在生物学占据统治地位的今天，许多生物学家用泡泡来研究宇宙间最复杂的结构——细胞。泡泡已经在各个领域的实验中证明了自己是绝佳的天然实验工具，要解读当下的科学史，完全可以从对这些"光辉的球体"的研究工作入手。

钙是一种能够轻易发泡的元素，也能很轻易地形成泡沫结构，当它成为泡沫体时，分散其中的气泡会彼此堆叠，失去球状的外形。构成生物组织的细胞就是泡泡状的，它们构成的组织也是泡沫结构。而说到生物体中的泡沫结构，最好的例子（除了唾沫之外）是海绵骨。我们通常会觉得泡沫体就像剃须泡沫一样脆弱不堪，但当构成泡沫结构的聚合物被注入了某种特定气体，再经过干燥或者冷却之后，就会变得又紧实又坚硬，就像肥皂泡的终极版。实际上，NASA在宇航飞船重返地球时正是用特殊的泡沫体对它进行保护的，而富含钙质的骨骼也是类似的结构，所以又轻又硬。还有，数千年来的雕塑家一直用易于雕琢又坚固耐久的钙聚合物，比如大理石和石灰石，来雕刻墓碑、方尖碑和神像。当微小的海洋生物死亡后，它们富含钙质的壳沉积在海床上，就形成了这种聚合物。就像骨骼一样，甲壳上有着自然形成的细孔，但钙的化学性质提高了壳的强度和韧性。大多数自然界的水，比如雨水，呈弱酸性，而钙呈现轻微的碱性。当水渗入钙聚合物中的细孔里时，两者会发生反应，就像一座迷你火山爆发，释放出能够使岩石变形的微量二氧化碳。从大的、地质学的尺度来说，雨水和钙之间的这种反应能塑造出巨大的空洞，也就是我们知道的溶洞。

除了在骨骼中和艺术上，钙质泡沫体还在世界经济的发展和强大帝国的形成中起到了重要作用。英国南部海岸沿线富含钙质的崎岖地貌并不是自然形成的，而是开采石灰岩留下的产物。大约在公元前55年，对石灰岩充满热爱的罗马人抵达了这个地区，尤利乌斯·恺撒派遣的侦察部队在现在英国的毕尔镇[1]附近发现了一种色泽迷人的奶油色石灰石。古罗马人开始刨挖这种石灰石用以装饰他们的建筑。这种产自英国毕尔镇的石灰石后来还被用来建造白金汉宫、伦敦塔和威斯敏斯特教堂，而石灰石的开采也在海边的悬崖峭壁上留下无数深深浅浅的洞。1800年左右，一些从小就驾船出海、在那些岩石迷宫里捉迷藏的当地男孩决定将自己的童年消遣善加利用——他们当起了走私者，利用那些钙质洞穴来隐藏法国白兰地、烟草和丝织品——他们驾驶着快艇从法国诺曼底地区把这些东西运来。这些走私活动（或者，用他们自己的话来说，自由贸易）变得日益兴盛，因为当时英国政府对法国进口商品课以重税，以表达对拿破仑的怨愤，而这些商品的匮乏自然而然地导致了需求这个"泡泡"浮出水面。除此之外，花费重金维持的皇家海岸巡逻队在制裁走私行为上的无力最终促使议会在1840年左右下定决心放开贸易法规——这带来了真正的自由贸易，而自由贸易带来的经济繁荣最终使大不列颠扩张为显赫一时的"日不落帝国"。

看完这些历史故事后，你是不是觉得关于泡泡的科学研究也肯定有着悠久历史呢？答案是否定的。许多著名的科学家，像本杰

---

(1) 毕尔镇（BEER），英国撒克逊古镇。撒克逊人到来之前，这是一个小渔村，叫作Bearu 或者 Bere，撒克逊人到来之后，为了迎合他们的语言习惯，改名为 Beerham 或者Berham。直到16世纪正式称 Beer，后成为王室封地。

明·富兰克林（发现了油能让冒泡的水平静下来的原因）、罗伯特·玻义耳（曾经用夜壶里面泡沫丰富的新鲜尿液做过实验，甚至还想亲自一尝味道），都曾涉足过泡沫现象。早期的生理学家有时也会做些相关的实验，比如把气泡注入解剖了一半、半死不活的狗的血液之中。但这些科学家大多数时候都忽略了泡泡本身，忽略了泡泡的结构和外形，于是让关于泡泡的研究沦落到他们不屑一顾的低等科学领域中去——这样的科学研究大概可以被称为"直觉科学"。直觉科学不是病态科学，只是相比可控的实验而言更多地依赖直觉和经验，就好像驯马或园艺一样。无意间将目光放在了泡沫上的直觉科学是烹饪学。在烘烤糕点和酿造啤酒的工作中，有着使用酵母的悠久历史。酵母是原始的发泡剂，用来发酵面团和啤酒。不过到了18世纪，欧洲的超级大厨们已经知道用蛋白打成丰富松软的泡沫，在其上大展手脚，做出蛋白酥皮卷、多孔起司、乳霜冻、卡布奇诺咖啡这些我们今天喜闻乐见的饮食。

不过，大厨们和化学家们彼此不信任，化学家们觉得烹饪学散漫无纪律，很不科学，而烹饪大师们觉得化学家都是些死气沉沉、大煞风景的人。只有到了1900年左右，泡沫科学才跻身"体面"的科学领域，不过对此做出贡献的人——欧内斯特·卢瑟福和开尔文男爵，对于自己研究将引领的方向基本没什么概念。事实上，卢瑟福主要的兴趣集中在元素周期表上，当时，元素周期表尚如一潭深不可测的浑水。

1895年，卢瑟福从新西兰搬到了剑桥大学，之后不久，他便投身到放射性研究中去，那在当时可是像今天的遗传学和纳米技术一样尖端的科学领域。天生的精力旺盛将卢瑟福引上了实验科学之路，因为他实在不是个拿腔作势、时刻保持自己双手白白净净的家伙。他在一个农场之家长大，从小就捕猎鹌鹑、在地里挖马铃薯，他回忆起在剑桥大学穿着长袍当老师的时候曾说，感觉自己就像是"披着狮子外皮的驴子"。他蓄着海象般的胡子，口袋里随身装着放射性研究样本，呛人的纸烟和烟斗不离嘴。他在实验室里常常蹦出些古怪的委婉语——也许是因为他那身为虔诚基督徒的夫人不让他赌咒——和最下流的骂人话，因为当实验设备表现不佳时，他实在是忍不住想要诅咒它们下地狱。也许是为了掩饰自己的骂声，当他绕着那个昏暗的实验室踱步时，他还会很大声地唱歌："向前进向前进，基督的士兵们……"基本跑调。尽管在人们眼中他就像个妖怪，卢瑟福在科学研究中最突出的特点却是讲究。也许在科学史上，没人能比他更好地利用物理仪器套出自然的秘密。而关于他在科学研究中的讲究，最好的例子也许就是他曾经怎样因为这个，解开了元素转变之谜。

在从剑桥大学去了多伦多之后，他开始对这样一个研究课题产生了兴趣：放射性物质怎样污染周围的空气，使它们也带上放射性。为了研究这个问题，卢瑟福从玛丽·居里的研究出发，不过与他同时代那位更有名的女科学家相比，这个新西兰乡巴佬表现得更为谨慎小心。根据居里夫人（还有其他人）的说法，放射性元素泄漏出一种气态"纯粹辐射"，弥漫到整个空气中去，就像灯泡发出的光线照亮整个房间一样。卢瑟福怀疑这种"纯粹辐射"实际上是一种具有放射性的未知气体元素。鉴于之前居里夫人花了数月时间才将数千磅黑乎乎直冒泡的沥青铀矿精炼成极微量的铀和钋元素样本，卢瑟福想到一条捷径，让大自然自己完成这项工作。他简单地将活跃的放射性物质样本扣在一个倒置的烧杯下面，用这个烧杯捕捉逸出的气泡，然后再从那些气泡中找寻自己想到的那种放射性物质。卢瑟福和他的合作者弗雷德里克·索迪，很快就证明了那些放射性气泡实际上是一种新元素——氡。而且因为扣在烧杯下的样本缩小的比例正是氡元素样本增多的比例，他们意识到这正是一种元素向另一种元素的转变。

卢瑟福和索迪不仅发现了一种新元素，还发现了元素周期表里元素"跳来跳去"的新奇规则。元素发生衰变时，好像会从周期表中自己所在的小格子里突然横向跳起，越过一段距离，落到另一个小格子里去，变身为另一种元素。这个发现不仅让人震惊，而且很亵渎神明。历史上，那些宣称自己能够化铅为金的"化学巫师"最终都被科学女神逐出了自己的殿堂，身败名裂。而在这里，那扇将他们关在外面的门却被卢瑟福和索迪的发现重新打开了。当索迪最终相信了自己的眼睛，大声喊道"卢瑟福，这是点金术"时，卢瑟福大吃一惊。

"看在上帝的分上，索迪，"他瓮声瓮气地说，"别这么说。这会让我们像那些炼金术师一样掉脑袋的！"

对这些氦样本的研究很快得出了更为令人吃惊的发现。卢瑟福随口将那些逃逸出来的放射性原子命名为 α 粒子。（他还发现了 β 粒子。）根据元素各代衰变产物重量的不同，卢瑟福怀疑 α 粒子实际上是脱离并逃逸的氦原子，就像从沸腾液体中冒起的泡泡一样。如果这个设想是真的，元素就能在周期表中做出比跳出两步——就像某种特定的跳棋游戏一样——更加惊人的行为。如果铀能生成氦，那元素就能从元素表的一侧直接跳到另一侧，就像玩蛇梯棋[1]时走出撞大运（或者是倒大霉）的一步。

为了验证这一理论，卢瑟福让物理系的玻璃工给自己吹制了两个玻璃泡泡。一个像肥皂泡那么薄，他往里面灌入了氦气。另外一个更厚些，也更大些，包在第一个玻璃泡周围。α 粒子有着足够的能量穿透第一个玻璃泡的壁，但是不能穿透第二个玻璃泡，所以会被困在两个玻璃泡壁间的真空地带。就这样过了几天，这个实验看上去没什么结果，因为被困住的 α 粒子既没有颜色，也没有干出什

---

[1] 蛇梯棋（snakes and ladders），一种棋盘游戏，通过骰子摇步数，遇到梯子就能少走几个，遇到蛇就要退回几格，遇到信件格就要回答一些小问题。

么事来。但当卢瑟福从蓄电池里引出电流通过那个空腔时——要是你曾到东京或纽约旅行过，你就能想见接下来发生的事情——就像所有的惰性气体一样，氦气在受到电能激发时会发出炽烈的光，而卢瑟福发现的那些神秘粒子正是发出了氦气独有的绿光和黄光。通过这个初级"霓虹灯"，卢瑟福基本上证明了α粒子正是逃逸的氦原子。这是一个完美的例子，证明了他在科学研究中的讲究，同时也证明了他对科学的坚信不疑——虽然这位女神时不时就爱制造点儿戏剧性效果。

卢瑟福有着极具代表性的科学眼光，1908年他获得了诺贝尔奖，在获奖演说中宣布了α粒子与氦的关联。（除了自己获奖之外，卢瑟福还指导和手把手地培养了11位未来的获奖者，最后一位获奖者是在1978年，当时距离卢瑟福逝世已经超过40年了。这也许是700多年前成吉思汗和他的好几百个孩子以来，最能让人感慨一句"后继有人"的了。）他的发现让颁奖典礼上的观众激动不已。虽然卢瑟福在斯德哥尔摩已经表述了部分氦研究最即时、最可行的应用，不过，作为一位尽善尽美的实验主义者，卢瑟福知道，真正伟大的发现不是单纯支持或是反驳某项假设的理论，而是为研究工作开启更多的方向。其中尤为特别的是，当时对于地球的真实年龄，存在着从神学到科学的各种论证，而卢瑟福借助α粒子-氦实验一针见血地指出了这些论证的关键缺陷所在。

神学方面在1650年做出了第一个似是而非的推测，当时爱尔兰的大主教詹姆斯·厄舍通过数据反推，比如回溯《圣经》中的宗谱（"……西鹿活到30岁，生了拿鹤……拿鹤活到29岁，生了他拉……"），计算出上帝开始花费7天创造地球的时间是公元前4004年10月23日。厄舍尽心竭力地用上了一切能够找到的证据，但到了近代，这个日期在短短几十年间就被几乎所有科学学科证明是荒唐可笑的。物理学家甚至借助热力-动力学方程式为自己的相关论证标注了精确的数字。当时物理学家们已经知道地球的热量在不断地损失到寒冷的太空中去，就像热咖啡在冰箱里渐渐变凉一样。通过测量热量损失的速度，并由此反推到地球上每一块岩石都呈熔化态的时候，物理学家们能够估算出地球诞生的日期。以开尔文爵士之名为人们熟知，在19世纪科学家中具有显要地位的威廉·汤姆森，就花费了几十年时间进行这一研究，并在19世纪末期宣布地球诞生于2000万年之前。

这是人类思维的壮举——但和厄舍的推算一样，它错得离谱。到1900年左右，一些人，其中也包括卢瑟福，已经意识到，虽然当时物理学在声望和魅力方面已经远远超出了其他学科（卢瑟福自己就很喜欢说这么一句话："科学要么是物理学，要么是集邮。"当他赢得诺贝尔化学奖的时候，简直就是搬起石头砸自己的脚），但在这个问题上，它的结论总感觉不太对劲。查尔斯·达尔文令人信服地提出证据证明人类是不可能在2000万年时间里从又聋又哑的细菌进化成现在这样的，而苏格兰地质学家詹姆士·赫特的支持者则提出没有哪座山脉或峡谷能在这么短的时间内成形。但是一直没人能够推翻开尔文爵士强大的计算结果，直到卢瑟福开始围着铀矿石走来走去收集氦气泡泡。

在某些石头里，铀原子抛掉 α 粒子（这些粒子有着两个质子）并转化成第90号元素——钍。钍又通过再抛掉一个 α 粒子变成镭。镭再抛掉一个 α 粒子，转变成氡，然后氡变成了钋，钋变成了稳定的铅。这就是大名鼎鼎的衰变。但在经历了格拉泽似的灵光一闪后，卢瑟福意识到正是那些被抛掉的 α 粒子形成了散布在岩石里的氦气小泡。关键是氦永远不会同别的元素发生反应或是吸收，所以跟二氧化碳存在于石灰石里不同，氦通常不会出现在岩石里面，所以任何在岩石里被发现的氦只可能是放射性衰变的产物。要是一块石头里含有大量氦，说明它非常古老，要是氦的踪迹稀少，则说明它年纪很轻。

　　卢瑟福思考这一过程好几年，然后到了1904年。那一年他33岁，而开尔文爵士已经80岁了。在这个年纪，尽管曾对科学做出了那么多的贡献，开尔文爵士的脑子已经开始不太灵光了。他的好年华已经一去不复返，再不能提出诸如"元素周期表上的所有元素，在它们最深的层面上，是由形状各异的'以太团'扭结而成的"这样令人激动的新理论了。开尔文爵士从来没能将令人不安甚至是恐惧的放射性研究纳入自己的知识体系（这也是为什么玛丽·居里也曾把他拖进过壁橱里看她那些在黑暗中发光的元素——为了让他了解放射性），这对于他的研究工作十分不利。相比之下，卢瑟福认识到了地壳中的放射性物质能够散发出额外的热量，正是这种额外热量的存在，把那位老人简单的热损失理论弄得一团糟。

　　卢瑟福兴奋地想要展示自己的推论，于是在剑桥大学安排了一次演说，但他没料到步履蹒跚的开尔文爵士也到场了。当时的开尔文爵士在科学圈仍然有着强大的影响力，推翻这个老人引以为豪的理论很可能让卢瑟福的职业生涯陷入险境。卢瑟福小心翼翼地开始演说，不过幸运的是，就在他开始后，坐在第一排的开尔文爵士打起了盹。卢瑟福快马加鞭直奔主题，可就在他正打算向开尔文理论

●锆石能够和钻石一样璀璨夺目，但与钻石相比，锆石的硬度更小，掂量起来也更重

281

的立足点发起进攻时，老人家醒了过来，精神抖擞，神采奕奕。

卢瑟福在台上骑虎难下，这时他突然记起自己曾在开尔文爵士的文章中读到过一句一带而过的话。那句话以典型的措辞和严谨的科学表达方式写道：开尔文爵士关于地球年纪的推算是正确的，除非有人发现额外的热量来源存在于地球之上。卢瑟福把这句话抬出来撑腰，指出辐射能也许就是那种潜藏的热量来源，他还急中生智，即兴发挥，把开尔文爵士夸了个天花乱坠，说开尔文爵士早在很多年前就预见到了放射性物质的发现，真是个天才！老人环视观众席，满脸放光，虽然觉得卢瑟福说的都是废话，不过那些恭维他还是照单全收了。

卢瑟福韬光养晦，一直等到1907年开尔文爵士去世，之后他很快证明了氦-铀之间的联系。现在再没有什么能阻止他了——事实上，此时他本人已经成为赫赫有名的"科学新贵"[后来他真的因为科学上的成就获得了封爵，而且在元素周期表上拥有了一个"包厢"，第104号元素𬬻（rutherfordium）]。最后，被大家尊称为"卢瑟福爵士"的他得到了一些含铀的原始岩石，从散布其中的微小泡泡里提取了氦，断定地球的年龄最少有5亿年之久——是开尔文爵士推测出的数字的25倍，也是第一个同正确结果误差在10倍之内的计算。几年之内，地质学家们进行了更多的实验对岩石进行检测，将卢瑟福的研究继续下去，得出结论认为那些氦气泡证明了地球的年纪至少有20亿岁。这个数字虽然还是比正确结果少了一半，不过多亏了那些放射性岩石里极小的惰性气体泡泡，人类总算是开始直面宇宙令人震惊的年龄了。

卢瑟福之后，寻找岩石中元素形成的小泡泡开始成为地质学研究的标准步骤。其中一个硕果累累的分支用的是锆石，那是一种含锆的矿物质，外号"当铺老板杀手"，常在山寨首饰中作为名贵宝石的替身。

出于化学原因，锆石非常坚硬——锆在元素周期表中的位置正在钛的下方，因为这个理由，它能够令人心悦诚服地冒充钻石。不像石灰石那样硬度较小的岩石，许多锆石能够从地球形成的早期岁月幸存至今，经常像硬硬的罂粟子颗粒那样存在于较大的岩石中。它们具有独特的化学性质，锆石晶体在很早以前形成时，会把周围零散的铀吸过来，塞进自己肚子里。同时，锆石又有一种铅恐惧症，会把铅从体内挤出去（跟流星刚好相反）。当然，锆石里的铀不会存在很久，因为铀会衰变成铅，但是锆石再想把这些铅微粒扫地出门就没那么容易了。因此，今天任何患有铅恐惧症的锆石里含有的铅肯定是铀衰变的产物。现在大家应该已经都很熟悉这个故事了：在测算了锆石里铅跟铀的比例之后，得出的正是一条指向地球诞生之日的大致曲线。任何时候你听到科学家们发现了"世界上最古老岩石"的消息——这块岩石可能是在澳大利亚或者格陵兰岛发现的，那里有着幸存下来的最古老锆石——不用怀疑，他们肯定用了锆-铀泡泡来确定它的年纪。

其他的科学领域也开始引入泡沫作为研究范例。格拉泽开始用他的泡室做实验是在20世纪50年代，大概在那个时候，理论物理学家，例如约翰·阿奇博尔德·惠勒，也开始提出宇宙在其基本层面上呈泡沫状存在的说法。在那个小到是原子的十亿兆分之一的尺度上，惠勒构想出这样一幅情形："原子和粒子世界平滑如镜的时空让位了……以至于无法就字面的意义谈左和右、前和后。长度的通常意义消失了，时间的通常意义也不复存在了。对于这种状态，找不出比量子泡沫更好的词来命名它。"今天，一些宇宙学家估算出我们整个宇宙从无到有的时刻，正是一个孤零零的亚微型泡泡从量子泡沫中滑落出来，开始以指数速率膨胀的瞬间。这的确是个迷人的理论，解释了许多关于宇宙起源的问题——只可惜，它没能解释这一事件本身为何会发生。

具有讽刺意味的是，要是回溯惠勒量子泡沫理论的源起，终点正是那个只关注日常生活世界的老派人士：开尔文爵士。开尔文爵士没有创造泡沫科学——这门学科之父是一个比利时盲人，有着一个恰如其分的名字（考虑到他的研究成就多么微不足道）：尤瑟夫·普拉托[1]。但的确是开尔文爵士让这门科学变得普及了，要是我们这么说的话：他花费了一生的时间研究一个孤零零的大泡泡——地球。不过这么说也不完全是真的，因为根据开尔文爵士的实验室记录，他构想出这项研究的梗概是在一个慵懒的早晨，待在床上，而且他只就此写了一篇短短的论文。不过，关于这个维多利亚时代的白胡子老头，还有一些极好的故事：他用一个这样的玩意儿——看上去就像装在长柄勺上的迷你弹簧垫——在一盆水和甘油的混合物中四处击打，来制造成堆的泡沫。而且因为这个弹簧垫子的螺圈口都做成了直角形状，所以产生的泡沫都有点儿方，让人不禁联想起《花生漫画》里面的角色小雷[2]。

　　此外，开尔文爵士在研究中取得的进展，激发了真正的泡沫科学在不远的将来诞生。生物学家达西·温特沃斯·汤普森[3]在1917年出版的《生长与形态》中便将开尔文爵士关于泡沫形成的理论应用到细胞的研究中去，这本书影响深远，一度被称为"所有英语科学年鉴中出现过的最佳研究著作"。细胞生物学的现代研究由此正式开启。另外，新近的生物化学研究发现，泡泡是生命出现的直接原因。

———————————

(1)　尤瑟夫·普拉托（Joseph Antoine Ferdinand Plateau，1801—1883），比利时物理学家。曾着力研究视觉滞留理论（Persistence of vesion）、表面张力、毛细管作用等。1832年，尤瑟夫·普拉托和他的儿子根据视觉滞留现象发明了费纳奇镜（Phenakistoscope），这是早期的动画装置。Plateau在英语中有平、停滞不前的意思，所以作者有此一说。

(2)　小雷（Rerun van Pelt）是漫画家查尔斯·舒兹从20世纪50年代起连载的漫画作品《花生漫画》中的角色，能吹出方形的气泡。

(3)　达西·温特沃斯·汤普森（D'Arcy Wentworth Thompson，1860—1948），苏格兰动物学家，他把自然历史与数学相结合，发展出了一种研究生物进化和成长的新方法。他对胚胎学、生物分类学、古生物学和生态学都做出了极大贡献。

第一个复杂的有机分子可能并不像普遍认为的那样是在混沌的海洋中形成的，而是在北极般寒冷的冰层里困着的水泡中形成的。水质量很大，结冰时，会互相挤压、融化，释放出气泡里的"杂物"，比如有机分子。这些冰中气泡的聚集、压缩程度也许非常高，足以让那些有机分子融合成一个能够自我复制的系统。与此同时，意识到这是个好办法的大自然从此以后也开始照此行事。不管第一个有机分子是在冰里抑或是在海洋里诞生的，第一个原生细胞的结构肯定是气泡状，那些蛋白质、RNA、DNA都被一层薄薄的膜包裹起来，免受冲刷或是腐蚀。即使是在40亿年后的今天，细胞依然保持着气泡状的基本结构。

开尔文爵士的研究还给了军事科学以灵感。在第一次世界大战期间，另外一位爵士，瑞利男爵三世[1]承担起解决一个紧急战时难题的任务：为什么潜艇的螺旋桨那么容易碎裂和腐朽呢？这种情况有时甚至出现在潜水艇外壳的其他部分都还很牢固的时候。结果证明，正是因为旋转的螺旋桨搅起的水泡返身撞击金属叶片，就像糖向牙齿发起进攻一样，从而导致了类似龋齿的腐蚀现象。潜艇科技还引出了另一个泡沫科学上的重大突破——尽管当时这一发现看起来很没前途，甚至很不可靠。由于那些德国潜艇给人们留下的记忆，20世纪30年代，对声呐——在水中传播的声波——的研究在放射科学流行起来之前可是风靡一时的东西。至少有两个研究小组发现：如果他们用喷气式发动机噪声级别的声音振动水箱，产生的水泡有时会突然爆裂，在他们眼前留下一道蓝色或绿色的闪光（想象一下黑屋子里一闪而过的薄荷绿逃生标记）。这个现象被称为"声致发光"，但当时科学家们的兴趣更多的在于把潜艇炸出水面，所以没有沿着

---

(1)　瑞利男爵三世，原名约翰·威廉·斯特拉特（John William Strutt, 1842—1919），是在19世纪末达到经典物理学巅峰的少数学者之一，尤以光学中的瑞利散射和瑞利判据、物性学中的气体密度测量几方面影响最为深远。

这个方向继续研究下去，不过有大概50年时间，它一直作为一个有趣的科学把戏保留了下来，从一代人传到下一代人。

要不是20世纪80年代中期的一天，赛思·普特曼的一个同事把他嘲笑了一番，这个现象还会继续以"把戏"的身份流传下去。普特曼在加利福尼亚大学洛杉矶分校研究流体动力学，这是一个非常棘手的研究领域。在某种意义上，科学家们知道更多关于遥远星系的知识，反而对污水管里涌出的混乱水流知之甚少。那位同事以此取笑普特曼，还把普特曼的前辈甚至不能解释声波怎样导致了泡泡-闪光的转变举出来做例子。普特曼觉得这个现象听起来就像个现代童话。不过在回顾了关于声致发光少得可怜的研究文献之后，他抛开自己之前的工作，开始一心投入泡泡变闪光的研究中去。

普特曼做的第一个实验，技术含量低得让人想起来忍俊不禁：他把一烧杯水放在两个频繁发出狗哨声的立体声扬声器之间，再用一个热烘烘的烤面包机加热烧杯以产生泡泡，声波在水中将气泡包围起来，往上托起。接下来，有趣的地方到了，扬声器发出的声波在平直的低强度到起伏的高强度之间不断变化。那些聚集的小泡泡对低强度声波做出的反应是胀大数千倍，变得就像一个能装下整个房间的气球。而当声波强度降到最低点时，巨大的压力团团扑上，将泡泡的体积挤压到原来的五十万分之一，这个压力比地球引力还要大上1000亿倍。所以并不奇怪，正是这超新星级别的坍陷，导致了那些怪异的闪光。但让人大吃一惊的是，尽管被挤压成了"奇点"——这个叫法多半用在黑洞科学中——大小，泡泡依然保持着完整的形状。在这一压力被移除后，泡泡又再次翻滚而出，活蹦乱跳，就像刚才什么也没发生过。再次施压就会再次闪光，这一过程每秒反复数千次，结果都是一样。普特曼很快购入更先进的设备——相比他起初那个车库乐队水平的装置而言——再次进行这一实验，这次他同元素周期表打了个照面。为了帮着确定到底是什么导致了泡泡变成闪光，他开始尝试不同的气体。他发现尽管普通的空气泡能很好地产生伴随着噼啪声的蓝光和绿光，但纯氮气或是氧气——两者一起构成了99%的空气——却不会导致发光现象，不管他把音量调到多大，音高调到多刺耳都没用。烦恼的普特曼开始将空气中的稀有气体注入水中，依次检验那些气泡，最后终于发现了那个在声致发光过程中充当了打火石角色的元素——氩。

这很不同寻常，因为氩是一种惰性气体。此外，普特曼在实验中发现具有类似效果的气体仅有两种（也是在泡沫科学中日益充当起骨干角色的气体），它们是氩的化学族亲，原子序数更大的氪气和氙气。事实上，当被声呐振击时，氙气和氪气会发出猛烈的闪光，甚至比氩气发出的光还要明亮。就像"星星落到了水杯里"一样，并且以19 426.67℃的高温把水烧得嗞嗞作响——这个温度比太阳的表面温度还要高。这再一次让普特曼挠头不已。氙气和氪气经常在工业生产中被用来抑制燃烧或是控制化学反应，根本没理由想到这些懒洋洋的惰性气体生成的泡泡能够发出如此夺目的光芒。

除非说——它们的惰性是一个隐藏的作用点。氧气、二氧化碳和其他构成大气的气体在泡泡里能够利用入射的声呐能量彼此分离或反应。从声呐发光学的观点来看，这是一种能量的消耗。一些科学家认为，如果是惰性气体的话，它们在高压下会不由自主地吸收声呐能量。而因为没有途径将这些能量消耗掉，氩气泡沫或是氪气泡沫就会坍塌，别无选择地将能量传递和集中到泡沫的核心。如果事实如此的话，那么这些高贵气体的惰性就正是声致发光的关键。不管原因到底是什么，同声致发光的联系将改写这些高贵气体的"惰性"之名。

不幸的是，被声致发光实验中产生的高能量所诱惑，一些科学家（包括普特曼）开始将这一关于脆弱泡泡的科学研究同桌上聚变反应——病态科学历来的宠儿冷聚变的兄弟——联系起来（因为牵涉了加热，所以它不是冷聚变）。在泡沫体和聚变反应之间，很长时间以来都有着一种暧昧不清、自由联想式的联系，一部分是因为致力于研究泡沫体稳定性的鲍里斯·德里亚金，一位有影响力的苏联科学家，强烈地相信冷聚变（据传，有一次，在一个匪夷所思的实验中，德里亚金试图通过用一把卡拉什尼科夫冲锋枪对着水里开火来引起冷聚变——同卢瑟福形成了鲜明对照）。声致发光和聚变（声呐聚变）之间这种含糊不清的关联在2002年被明目张胆地搬上了台面，当时一家叫作《科学》的期刊刊登了一篇论文，内容正是以声致发光为驱动产生核能，引起轩然大波。不同寻常的是，《科学》杂志还同时发表了一篇编辑按语，坦言许多资深科学家认为这篇论文是错误的，甚至是满纸谎言，就连普特曼也建议过杂志拒绝这篇论文。不过《科学》到底还是将它刊登了出来（也许这样就能让每个人都跑去买上一本，好看看这场骚动是怎么回事）。后来，这篇论文还将它的作者送上了美国众议院的受审席，理由是伪造数据。

　　谢天谢地，泡泡科学有着足够坚实的基础，才得以从这个不光彩的事件中幸存下来。现在那些对非传统能量感兴趣的物理学家正在用泡沫体为模型制造超导体。病理学家们将艾滋病毒描绘成一种"泡沫式"病毒，因为被感染的细胞会先膨胀然后再迅速增多。昆虫学家知道了昆虫将泡泡当作潜水器，从而能够在水下呼吸，鸟类学家了解了孔雀尾羽上的金属光泽来自羽毛中能够进行光反射的泡沫结构。最重要的是，2008年，在食物科学中，阿巴拉契亚州立大学的学生们终于解释了当你往健怡可乐里面扔一片曼妥思，会发生井喷现象的原因——泡沫。曼妥思糖粗糙的表面就像一张网，能够捕捉到可乐中未溶解的小气泡，它们会连缀成大片的泡沫。直到最后，巨量的泡沫以排山倒海之势往上急升，呼的一下喷出瓶口，形成一道高达20英尺（约6米）的壮丽喷泉。这一发现无疑是自15年前唐纳德·格拉泽一边凝视他的啤酒一边梦想颠覆元素周期表之后，泡泡科学史上最辉煌的时刻。

18. 精确到荒唐的工具

Pt[78]	Kr[36]	Cs[55]	U[92]	Sm[62]	Cr[24]	Fm[100]	Mg[12]
195.085	83.798	132.905	238.029	150.362	51.996	(257)	24.305

想想你曾经遇到过的最挑剔的科学老师。是那个只要你答案里小数点后第六位数字写错了就让你留级的家伙，还是那个套着印有元素周期表的T恤，纠正每一个用"重量"来表示"质量"的学生，而且哪怕只是汹糖水也让每一个人，包括他自己，戴上护目镜的家伙？现在试着想象某个人，他表现出来的肛门克制型人格[1]连你的老师都望尘莫及。那就是在标准局工作的人。

绝大多数国家都有那么一个标准局，它的工作就是测量每一件东西——从1秒钟时间到底有多长到你能吃下多少牛肝里面的水银而不生病［非常少，根据美国国家标准及技术研究所（NIST）的说法］。对于那些在标准局工作的科学家来说，测量已经不只是一个能够让科学研究进行下去的过程，它本身就是一门科学。许多科学领域取得的进展，从后爱因斯坦宇宙学到从其他行星上捕捉生命迹象的太空生物学，都依赖于我们人类依据最微小的信息碎片得出最好测量结果的本领。

出于历史原因（法国启蒙运动时期，民众都是狂热的测量爱好者），国际计量局（BIPM）就坐落在巴黎郊区，行使着作为世界各国标准局"旗舰店"的职责，确保所有"分店"的协调一致。BIPM那些稀奇古怪的工作中，就有这么一项：悉心保管国际千克原器——世界质量单位"千克"的标准砝码。它是一个直径2英寸（约5厘米）的圆柱体，90%为铂，其质量定义为1.000 000……千克（小

---

[1] 指具有谨小慎微、贪婪和固执的性格特征，源于与儿童时期克制粪便排泄产生的快感有关而形成的习惯、态度和价值观。

数点后面有多少位随你喜欢）。本来我还可以补充说它大概是2磅，但是这么不精确的表述实在让我太不好意思说出口了。

因为国际千克原器是一个看得见摸得着的物体，所以很容易损坏，而因为"千克"的定义应该恒定，所以BIPM必须确保国际千克原器永远不会受到刮擦、永远不会沾上一粒灰尘、永远不会丢失一个原子。（他们倒是敢这么想！）要是任一上述情况发生，国际千克原器的质量就会增为1.000 000……1千克或者跌到0.999 999……9千克，哪怕单纯这么想想都会让标准局的人焦虑得患上胃溃疡。所以，就像草木皆兵的妈妈们一样，他们时刻监视着国际千克原器周围的温度和气压，防止轻微的热胀冷缩以及会导致原子逃逸的压力变化。他们还把国际千克原器层层包裹在3个递次减小的钟形罩中，以避免空气中的湿气在其表面冷凝，使它蒙上一层纳米级别的薄膜。而且国际千克原器由密度很大的铂（及铱）制成，使它暴露在脏得让人没法接受的空气——也就是我们呼吸的空气——中的表面积减至最小。铂还具有非常优良的导电性，能够减少那些"寄生虫"般（用BIPM的话来说）的静电聚集——它们可能会摧毁逃逸的铂原子。

最后，在人们不得不真的用手碰触国际千克原器的特殊场合，铂的硬度能够减少指甲在其表面留下刻痕的概率，那可是灾难性的

●NIST保存的K20，是由90％的铂和10％的铱组成的圆柱体合金（NIST）

事件。其他国家也需要有自己的标准1.000 000……千克砝码，免得每次想要精确测量某件东西时都得飞到巴黎去，而因为国际千克原器是国际标准砝码，所以每个国家的复制件都必须比照它来制作。美国也有自己的标准千克砝码，叫作K20（也就是说，它是国际千克原器的第二十个官方复制件），放在马里兰郊区的一座政府大楼里，自2000年之后只校准过一次。据NIST质量和压力实验室的负责人简娜·杰伯说，它本来应该再做一次校准的。但是对它进行校准是一个花费数月的过程，而自2001年以来美国实施的安全法规使得将K20空运至巴黎变成了一件非常困难的事情。"在空运时我们必须随身携带K20，"杰伯说，"而要带着这样一块子弹状的金属通过安检和海关，并且告诉人们不能触碰它实在是太难了。"哪怕只是在一个"脏兮兮的航站楼"里打开放置K20的特制箱子也会对它造成损害，她说："要是有人坚持要触碰它，这趟校准之旅就到此为止了。"

通常情况下，BIPM使用6个千克原器复制件（每个都放在双层钟形罩里）中的一个来校准各国的标准砝码。而这些复制件又得比照它们的"标准砝码"进行校准，所以每隔数年，科学家们都得把国际千克原器从它的保护罩里请出来（当然了，得通过夹钳，而且还得戴上橡胶手套，这样才不会在它上面留下指印——不能是那种抹了滑石粉的手套，那种手套会把粉末沾到国际千克原器上——哦，对了，还不能把它捧在手里太久，因为人的体温会让它变热，一切就完蛋了），用来校准那些复制件。让人惊恐的是，20世纪90年代，科学家们在这样的校准过程中注意到，即使把人们每次触碰国际千克原器时碰掉的原子数目都考虑在内，在过去几十年里，国际千克原器已经减少了相当于一枚指纹那么多的质量！相当于每年减少0.5微克。没人知道为什么。

这一保证国际千克原器恒定不变工作上的败绩——事实就是这样嘛——导致关于废弃它的讨论再度提上了日程，而"废掉它"可是每个被那个小圆柱困扰不已的科学家心中的终极梦想。1600年以来，科学长足的进步归功于这样一个事实：尽可能摈弃以人为中心的宇宙观（这被称为"哥白尼原则"，要是少带点奉承色彩的话，也可以叫作"平庸原理"[1]）。"千克"是七大计量"基本单位"之一，科学的每一个分支中都会用到这些计量单位，可要是这些单位都是建立在某件人工制品的基础上，就没那么让人心服口服了，特别是那件人工制品还会神秘缩水的时候。

英国国家标准局大大咧咧地提出，对于每一个基本计量单位来说，应当做到这样：一位科学家将其定义通过电子邮件发送给身处另一个国家的同行，这位同行能够只根据电子邮件中的描述就分毫不差地复制出有着此种规格的东西。你不能将国际千克原器通过电子邮件发送出去，而且还没有人想出比巴黎那个粗短、闪亮、娇生惯养的圆柱体更可靠的"千克"定义来（或者就算真的有人想出来过，也太难付诸实践——比如计算一兆兆个原子的总量，或者要求对于今天最好的仪器来说都太过精确的量度）。因为对国际千克原器提出的难题无计可施——不管是阻止它缩水或是把它淘汰掉——全世界科学家们已经日益觉得担忧和窘迫（至少对那些肛门克制型人格的家伙来说是这样）。

尤其是想到"千克"是最后一个与"人"捆绑在一起的基本计量单位，这一烦恼便显得格外强烈。20世纪的大部分时间，1.000 000……米有多长是由巴黎的一根铂杆来定义的，直到科学家们在1960年用一个氪原子将"米"重新定义为：1.000 000……米的长度等于一个氪-86原子发出的红-橘色光在真空中波长的1 650 763.73倍。这个长度几乎完全等于那根铂杆的长度，不过它还是成功地让那根铂杆出局了，因为氪光的多数波长不管在什么地

---

[1] 平庸原理是一种科学哲学观念，指出人类或者地球在宇宙中不存在任何特殊地位或重要性。

●伦敦科学博物馆展出的铯原子钟

方的真空中都是这样（这就是个能够通过电子邮件发送的定义）。在那之后，测量科学的专家们（计量学家）已经再次将这一定义更新为：1.000 000……米（大概是3英尺）等于任何光在真空中每秒传播距离的1/299 792 458。

同样，1秒的官方定义为：地球围绕太阳转动1周时间的1/31 556 992（地球围绕太阳转动1周经历的时间为365.242 5天）。不过一些讨厌的事实使得这个定义用起来很麻烦。1年的长度——不仅仅指历年，还指天文年——总在不停变化，因为地球环绕太阳转动时受到潮汐力的影响，潮汐的拖拽会减慢地球的公转。为了校正这一点，计量学家们平均每隔3年会往"1年"里面加上"1闰秒"，通常是在12月31日半夜没人留心的时候。但是闰秒这一解决办法还是太别扭、太刻意了。想到要把一个理应是宇宙通用的时间单位与一块"没什么大不了"的石头绕着一颗"容易被人遗忘"的星星的旋转绑在一起，美国国家标准局很不甘心，于是发明了铯原子钟。

原子钟利用受激发电子在不同能级间进行跃迁时辐射出来的电磁振荡频率为基准进行计时，这种跃迁我们之前已经讨论过了。不过原子钟还同时利用了一种电子微妙的运动——"精细结构"跃迁[1]。要是把电子正常的跃迁比作歌唱家唱了个G-G的跨八度音，"精细跃迁"就是唱了个从G-$^{\#}$G或者从G-$^{\flat}$G的跨八度音。精细结构的影响在磁场中表现得最为明显，它们是由那些平常你不放在心上也没事的东西导致的，除非你跑到了晦涩难懂的高阶物理课堂上——比如电子磁场和质子磁场之间的相互作用，爱因斯坦相对论效应的影响。结果就是由于这些原子能级精细结构的干扰，每个电子跃迁的距离都不是那么刚刚好，要么就稍微近了一些（G-$^{\flat}$G），要么就稍微远了一些（G-$^{\#}$G）。

电子"决定"跳到哪个地方取决于它本身的自旋，所以一个电子在跃迁时永远不会跳出去时落到"高半音"处，跳回来的时候落到"低半音"处。一次跃迁过程中它要么都选择"高半音"，要么都选择"低半音"。原子钟看起来就像又高又瘦的充气管子，在它里面，一个磁场将所有核外电子跃迁时都跳到某个能级（比方说$^{\flat}$G音）的铯原子清走，那么就只留下了核外电子跃迁时跳到$^{\#}$G音的原子，聚集在一个小"房间"里，再用强微波刺激它们，铯电子就开始欢快地跳起舞来（也就是发生跃迁），释放出光量子。每个电子开始"跳出—跳回"循环的时间是灵活的，但这个循环本身花费的时间总是一样多（非常非常非常短），所以原子钟就能够简单地通过统计那些光量子来计时。实际上，你清走的是"$^{\flat}$G派"的原子还是"$^{\#}$G派"的原子都没所谓，不过你必须得清干净其中一种，因为这两种跃迁花费的时间是不一样长的，在计量学家的尺度上，这样的含混是不可接受的。

事实证明，铯用作原子钟的"主发条"非常方便实用，因为它的最外层只有一个电子暴露着，附近没有别的电子嗡嗡乱飞。而铯

---

[1]　精细结构（fine structure）指原子中电子自旋-轨道相互作用引起的原子能级的多重分裂结构。精细跃迁指的是随电子在两个这样具有细微能量差别的结构之间的跃迁。

原子又大又重的原子核对于前来振击它的微波而言也是个醒目的靶子。不过，即使是在步履蹒跚的铯原子里，外层电子也是跑得飞快的讨厌鬼。它每秒进行"跳出—跳回"循环的次数不是几十或是几千次，而是9 192 631 770次。科学家们选择这个别扭的数字而不是9 192 631 769或者9 192 631 771，是因为它最符合他们在1955年制成第一个铯原子钟时对1秒时长的最好猜测。不管怎样，现在9 192 631 770这个数字已经固定下来了。它成为第一个能够通过电子邮件发送，适用于全世界的基本计量单位定义，它甚至帮助"米"这个单位在1960年后从那根铂杆的束缚中解脱出来。

20世纪60年代，科学家们采纳了以铯原子时为基准定义的"秒"作为时间的国际标准单位，取代了历书秒[1]。以铯原子时作为定义基准确保了全世界时间计量的精确度和准确度，让科学受益良多，可同时也不可否认地让人文科学感到若有所失。因为即使早在古代埃及和巴比伦时代，人类就使用星辰和季节变化来追寻时间的脚步，记录下他们生命中最重大的那些时刻。铯只简简单单地同天空联系在一起[2]，使它在浪漫程度上减色不少，就像城市街灯遮蔽夜空中的星座一样。虽然这个名字对于一个元素来说已经很好了，但还是缺乏了月亮或太阳带给人类的神秘感受。此外，即使是采用原子时的最好理由——它的普适性，因为铯电子不管在宇宙的哪个角落都能以相同的频率发生跃迁——可能也没那么板上钉钉呢。

如果说有什么比数学家对变量的爱还要深沉，那就是科学家对常量的爱。电子的电荷、重力的强度、光的速度——不管在什么实验中，不管在什么环境下，这些参量都永远不会变。要是它们变了，

---

(1) 1960年，第十一次国际度量衡会议通过"秒"的定位为自历书时1900年1月1日12时起算的回归年的1/315 569 259 747为1秒。因为秒是用于大半个20世纪太阳和月球的星历表中的独立时间变量，所以这个秒被称为历书秒。

(2) Cesium这个名字源于拉丁文 *coesius*，意为天蓝色。

科学家们就得抛弃"精确度"这个概念——正是这个概念将"硬"科学同像经济学那样的社会科学分开,因为在社会科学里,心血来潮啦,突发奇想啦,信口开河啦,这些人类的白痴行为使得普适的法则成为不可能的存在。

而更为吸引科学家们的是基本常量,因为它更抽象,更具有普适性。显然,如果我们随心所欲地决定"1米"应该更长些,或者说"1千克"突然缩水了,粒子的大小或速度这样的数值就会不断变更。而基本常量不应该依测量结果而定,它们应该是像 π 那样清晰固定的数字,也得是像 π 那样,不管被放到什么样的语境中,哪怕是些看起来让人觉得只可意会不可言传的情境,也能牢牢站得住脚,至少到目前为止是这样。

最著名的无量纲常量就是精细结构常数,它同电子的精细跃迁有关。简单说来,它决定了负极性的电子同呈正极性的原子核之间的耦合强度有多大。它还决定了某些原子核变化过程的强度。实际上,如果宇宙大爆炸后,精细结构常数——我更倾向于把它写成 α,因为科学家们就是这么叫它的—— α 再小上一点儿,恒星中的核聚变将永远不会具有足以熔化碳的热度,反过来,要是 α 再增大几许,碳原子在几十亿年前就都瓦解了,根本不会一路走来最终构筑了我们人类。正是这个增一分则多减一分则少的 α,让原子避免落入这样进退两难的境地,自然也让科学家们感激不已,不过同时也让科学家坐立不安,因为他们不能成功地将它计算出来。即使是像理查德·费曼那样优秀的科学家、坚定不移的无神论者,也曾这样描绘过精细结构常数:"所有优秀的理论物理学家都把这个数字贴在墙上,为它大伤脑筋……它是物理学中最大的一个谜,一个该死的谜——一个魔数,就在我们面前,却没一个人能弄明白它。你会觉得是'上帝之手'写下了它,而我们不知道他是怎么下笔的。"

虽然它是这样一个科学中的"弥尼,弥尼,提客勒,乌法珥新"[1]，但在历史上，科学家们从未停止过破译它的努力。英国天文学家亚瑟·爱丁顿，就是那个在1919年跑去非洲观测日全食，从而发现了第一个证明爱因斯坦相对论的实验证据的家伙，就为 α 神魂颠倒。爱丁顿对数字命理学有着强烈的偏好，在20世纪早期这必定会被说成是一种天赋，他先是推算出 α 接近于 1/136，接着开始捏造证据证明它刚好等于 1/136，这部分是因为他发现了136和666之间的一处数学关系（他的一位同事因此语带嘲讽地建议说，应该重写《圣经》中的《启示录》，把这个"发现"加进去）。后来更精确的测量显示 α 更接近于 1/137，但爱丁顿只是往自己计算公式里的某个地方加上了一个1，就继续假装自己的沙堡屹立不倒［这让他获得了一个流传不朽的外号"亚瑟·爱丁汪先生"（Sir Arthur Adding-One）]。后来他的一位朋友在斯德哥尔摩的一个衣帽间里与他不期而遇，哭笑不得地发现他依然坚定地将自己的帽子挂在137号帽挂上。

今天人们已经知道 α 约等于 1/137.035 9。不管怎样，它有着极其重要的意义：它使得元素周期表的存在成为可能。它允许了原子的存在，给予原子足够进行化学反应从而形成化合物的活力，因为原子里的电子既不会脱离原子核任意游走，又不会靠得太近而贴到原子核上。这种恰到好处的平衡使得一些科学家得出这样的结论：如果不是精细结构常数误打误撞地出现了，也就不会有宇宙误打误撞的存在了。神学家们则说得更直白：α 证明了宇宙不过是某位创造者一手"打造"的培养皿，用来培养分子以及可能出现的生命。这就是为什么1976年的时候它一度成为轰动性话题——当时一位叫亚历山大·什亚克特的苏联科学家（现在已经加入了美国籍）在考察了非洲一座叫作奥克洛的神奇铀矿之后，宣布 α 这个宇宙基本的、恒

---

(1) 语出《圣经·旧约》。

定的常数正在逐渐增大。

奥克洛铀矿是银河系中的一处奇观：目前已知的唯一一座天然核裂变反应堆。它大约是在17亿年前形成的，当法国矿工们在1972年将它发掘出来时，科学界一片惊呼。科学家们还在为奥克洛铀矿是不是天然形成的而争论不休，一些边缘研究者已经迫不及待地宣称奥克洛铀矿是"证据"，证明了那些怪异的"仓鼠—大象"般的理论，像是什么失落的古代非洲文明啦，核动力外星飞船坠毁的遗址啦。实际上，就像核科学家们断定的那样，驱动奥克洛铀反应堆的别无其他，只是铀、水和蓝藻（也就是池塘中的那种水藻）。千真万确。奥克洛附近一条河中的蓝藻通过光合作用产生出过量的氧气。河水因为氧气变成强酸性，以至于当透过疏松的土壤渗入地下时，就将铀从底层基岩上腐蚀剥离下来。相比现在，所有铀矿在17亿年前含有更高浓度的同位素铀，用来制造核弹的铀-235——浓度大概是3%，而现在的只有0.7%，所以这些水变得极其不稳定，再经过地下的蓝藻过滤，这些铀就集中到了一处，获得了临界质量。

虽然必要，但要真正驱动一座核反应堆，单有临界质量的铀还不够。一般说来，要触发链式反应，铀原子核不仅需要受到中子轰击，还必须将这些中子吸收掉。当纯铀裂变时，它的原子发射出来的中子跑得飞快，蹦蹦跳跳地就越过了自己邻近的原子，就像石头跳过水面一样。这些中子基本上起不了什么作用，白白被浪费掉了。而奥克洛的铀能释放出原子能，是因为河水使得原子发射出的中子对于邻近的原子核而言变得足够慢，让那些原子核能够抓住这些中子。没有这些水，核反应永远不可能发生。

还不只如此。显然，核裂变还会产生热量。而今天之所以在非洲没有冒出巨大火山，正是因为当铀变热时，这些水就沸腾蒸发掉了。而没有了水，中子又变得飞快，根本不能被原子核吸收，于是反应过程就中断了。只有当铀冷却下来，水才又重新汇成涓涓细流——让中子的速度变慢，重新开始反应过程。这就是一个原子能的"忠实泵"，自动调节，在奥克洛地区有16座反应堆，每次反应的循环周期为150分钟，15万年以来总共消耗了1.3万磅（约6吨）的铀。

科学家们是怎样在17亿年之后将这些碎片连缀成清晰完整的事实的呢？通过元素。地球的地壳中各种元素均匀混杂地存在着，所以各个地方一种元素不同同位素的比例应该是一样的。在奥克洛，铀-235的浓度是0.003%，而地壳中铀-235的正常浓度应该是0.3%——这个差别非常大。但科学家们之所以断定奥克洛是一座天然形成的核反应堆，而不是狡猾的恐怖分子偷建的地下核电站，在于像钕这样无用元素的过量存在。钕大多数时候以3种偶数数值的同位素形式存在：钕-142、钕-144、钕-146。核裂变反应会产生奇数数值的钕同位素，含量比正常情况下要高。事实上，科学家们分析奥克洛的钕浓度，然后减去自然存在的钕含量，他们发现奥克洛铀反应的特征同现代人工裂变反应非常吻合。真是令人大跌眼镜。

不过，要是钕这事儿说通了，其他元素却没有，还是不行。当什亚克特将奥克洛铀废料同现代铀废料在1976年作对比时，发现其中某些钐同位素含量太少了。单单这一点，还没那么让人震惊。可要是考虑到奥克洛核反应的复现性达到了如此令人吃惊的程度，钐这类元素的生成不应该如此之少。所以钐的缺席提示什亚克特，从那时到现在有什么东西不见了。要命的是，什亚克特在这时来了个思想上的"大跨步"，他计算出只有17亿年前奥克洛核反应发生时精细结构常数更小，这个矛盾之处才能被解释得通。在这点上，他同那位印度物理学家玻色很相似，玻色就没有明说自己知道为什么他那个"错误"的光量子方程式会是错的，他只知道它们就是错了。问题在于，α是一个基本常数。根据物理学，它不可能变化。更糟糕的是，如果α会变，可能根本就没有什么"恰到好处的α导致了生命最终诞生"一说（更别提什么神明"精心设置"这一常数的说法了）。

因为这样的利害攸关，一些科学家从1976年以来就一直在重新阐释和挑战 α - 奥克洛之间的关联。他们测量到的变量非常之小，而且经过17亿年时间，地质学方面的可用数据也非常零散，看起来好像通过奥克洛的数据，不可能有人证明任何关于 α 的确定事实。不过事实再次证明，千万不要小瞧把一块肥肉扔到狼群中可能引发的后果。什亚克特的钐研究推论吊起了大堆野心勃勃、一心想要推翻旧有理论的物理学家的胃口，所以现在，关于变化常量的研究是个相当活跃的领域。这些科学家受到这样一个认识的极大鼓舞：即使 α "仅仅"是在17亿年前至今这段时间里变化非常之小，在宇宙诞生的第一个10亿年，也就是诞世混沌之时，它的变化可能要快很多。事实上，在研究被称为类星体和星际尘埃云的星体之后，一些澳大利亚天文学家宣称他们已经发现了第一个关于常量不常的真正证据。

类星体是能够暴烈地撕裂和吞噬其他星星，释放出成团光能的黑洞。当然，当天文学家收集到那些光时，他们看到的不是实时发生的情形，而是发生在很久很久以前的情形，因为光也得花时间穿越宇宙。星际尘埃不断剧烈翻滚，会对远古类星体发出的这些光的旅程产生影响，那些澳大利亚人所做的就是检测那些星际尘埃。当光穿越一处尘埃云时，云里汽化的元素会吸收光。但跟那些不透明物质会将全部的光都吸收掉不同，那些云里的元素会选择具有特定频率的光来吸收。同时，那些元素又跟原子钟很类似，不是只吸收单一狭窄色域的光，而是吸收两个稍微分开的色域的光。

这些澳大利亚天文学家在尘埃云里的某些元素上运气不佳，事实证明，即使 α 每天都在变动，也很难在那些元素上体现出来，所以他们扩大了研究范围，把目光投向诸如铬之类的元素，这些元素被证明对于 α 的变化高度敏感：过去 α 更小时，铬吸收的光更红，

^{b}G和$^{#}$G能级之间的间隙更狭窄。通过分析数十亿年前靠近类星体的铬及其他元素的此种间隙，并将它同现在的原子在实验室里进行对比，科学家们能够判断出α是否在这段时间里发生了变化。尽管就像所有的科学家一样——特别是那些提出具有争议性说法的家伙——这些澳大利亚人仅仅用诸如"同假说一致"这般的科学表述来措辞，将他们的发现粉饰得好像不偏不倚，他们的确认为自己极其精微的测量数据表明了α在100亿年间变大了0.001%。

老实说，上面提到的这些说法现在看起来简直就像是笑话，就像比尔·盖茨在人行道上因为几分钱跟人打架一样。但是它让人震惊的程度远比不上一个常量"可能"一直在改变这个想法。许多科学家为澳大利亚人得出的这些结果争论不休，可要是那些结论站得住脚——或者要是说，有其他任何研究可变常量的科学家发现了确凿的证据——科学家们将不得不重新思考宇宙大爆炸，因为他们仅知的宇宙法则将从一开始就完全站不住脚。一个不断变化的α将推翻爱因斯坦的理论，从而推翻牛顿的理论，再由此推翻中世纪的学院派物理。而像我们将在下面段落里看到的那样，一个变化不定的α可能也会导致科学家们探究宇宙以找寻生命迹象的方式方法发生革命性巨变。

我们已经在一些更悲催的故事中认识了恩里科·费米——他在一些轻率的实验后因为铍中毒而死，而且他获得诺贝尔奖是因为发现了他实际上没有发现的超铀元素。可你要是因此就对这个精力充沛的人留下不好的印象，就大错特错了。科学家们普遍爱戴费米。元素周期表中就有着以他名字命名的元素，第100号元素镄（fermium），他被看成最后一位理论和实验科学两手都硬的伟大科学家，人们从他的实验室仪器中获得的益处也许和从他用粉笔写在黑板上的理论中获得的益处一样多。他有个转得飞快的脑子。大学里科学家们开会时，为了解决某些问题，一些人常常需要跑回办公室去翻找一个晦涩的方程式。经常他们还没回来，等不及了的费米就已经将整个方程式从头推导出来，并且写出他们需要的答案了。众所周知，他实验室的窗户上布满了灰尘，一次，他向一位资历较浅的同僚提出这样一个问题：多少毫米厚的尘埃能够布满窗户而不因为自身重量崩塌到地板上。历史没有记载那个答案，只记载了这个精灵古怪的问题。

可就连费米也不能从脑中拂去一个盘绕不休的简单问题。就像之前提到的那样，一些咋咋呼呼的人大惊小怪地认为，宇宙之所以好像为生命诞生准备下了如此恰到好处的条件，是因为某个特定的常量发挥了如此"完美"的作用。此外，科学家们长时间来一直相信，地球在宇宙中并不是与众不同的唯一存在——同时他们又坚信宇宙中不应该有第二颗以如此方式诞生生命的行星存在。因为地球这样平常，就像无数的恒星和行星一样，那么从宇宙大爆炸（先不管那些讨厌的宗教说法）以来已经过去了如此漫长的岁月，宇宙中应该理所当然地挤满了生命。可我们不仅至今还没有面对面地碰到过一个外星生物，甚至连一声来自其他智慧生物的信号都没听到过。一天午餐时，依然念念不忘地琢磨着这些矛盾事实的费米就冲着身边的同事大喊道："他们都上哪儿去了？"就好像在期待得到一个答案一样。

摸不着头脑的同事发出一阵哄笑，这就是著名的"费米悖论"。不过其他的科学家们把费米提出的这个问题很当回事儿，他们真的相信自己能够得到一个答案。其中最著名的尝试发生在1961年，天体物理学家法兰克·德雷克提出了一个理论，现在被称为德雷克公式。就像不确定性原理一样，德雷克公式用一大堆绕来绕去的表述把它真正想表达的东西变得晦涩难解。简单说来，它就是一系列的猜测：银河中存在多少恒星，其中有多少有着像地球这样的行星，那些行星中有多少有着智慧生命，多少个智慧生命可能想要同我们进行接触，诸如此类。德雷克由此计算出有10个友善的外星文明存在于我们的银河系中。那只是个有见地的猜测，却有许多科学家把它看成浮夸的空谈从而彻底否定。比如说，他们会追问道，我们究竟怎样能够对外星人进行精神分析从而找出哪些想要同我们友好交谈呢？

虽然如此，德雷克公式依然有着重要意义：它为天文学家列出一个大纲，指明哪些数据是需要收集的，它还为太空生物学提供了一个科学上的基础。也许终有一天我们能够回顾它，就同我们发现了元素周期表之后回顾当年为此做出的那些尝试时的心情一样。而近年来人类在望远镜和其他天文探测仪器上取得的极大进步，使得太空生物学家们已经具备了称手的工具来找寻证据，而不是单凭猜测。事实上，哈勃太空望远镜和其他天文探测器械已经从如此少的数据中收集了如此多的信息，足够现在的天体生物学家们作出比德里克更长足的研究。他们不再需要等着外星智慧生物找上门来，甚至不需要搜遍深邃的太空找寻一处外星"长城"。通过寻找诸如镁之类的元素，他们也许能够观测到外星生命的直接证据——哪怕那些生命是不会说话的异星植物或是食腐细菌。

显然，同氧或者碳相比，镁没有那么重要，但是第12号元素在原始生命诞生过程中可能起到了重大的作用：帮助它们从有机分子转变成真正的生命体。几乎所有的生命形式都要用到微量的金属元素在自己体内各处创造、存储或者运输充满活力的分子。动物主要用铁，像是在血红素里，但那些最古老也是最有效的生命体，特别是蓝绿藻，用的是镁。特别值得一提的是，叶绿素（可能是地球上最重要的有机化合物——它通过将恒星的能量转变成糖来进行光合作用，构成最基础的食物链），正是有了其核心部位的镁离子才能完全发挥作用。动物体内的镁也能恰到好处地帮助DNA行使职责。

镁在行星上的存在也暗示了水的存在，水可能是生命诞生最普遍的介质了。镁化合物能像海绵那样饱吸水分，所以即使是在像火星那样荒凉多石的行星上，只要有此种化合物的沉积，都存在着发现细菌（或者细菌化石）的可能。在有水的行星（比如像我们太阳系中一个极具产生地外生命资格的星球——木星的卫星木卫二）上，镁能够帮助保持其海洋的液态。木卫二被冰壳覆盖，但是广阔的液体海洋在冰壳下欢快流动，人造卫星发现的迹象表明，那些海洋里充满了镁盐。就像一切溶化的物质一样，镁盐降低了水的冰点，因此能够让海水在低温下依然保持液体状态。镁盐还能在洋底多石的海床上搅起"卤水火山"。盐溶解在水中，增大了水的体积，来自过量体积的过量压力促使海底火山喷出盐水，剧烈搅动深层海水。（那些压力同时撕开表面的冰盖，使大量的冰涌入海水中——这是好事，因为冰中的气泡对于生命诞生非常重要。）此外，镁化合物（以及别的东西）能够将海床上富含钙的化学物质腐蚀剥落下来，从而提供构筑生命的原材料。在不能投放登陆探测器或是观察到外星植物的时候，在一个光秃秃的、没有大气层的星球上探测到镁盐的存在是一个好兆头，预示着那儿可能存在智慧生命。

但我们最好还是先假定木卫二是不毛之地。哪怕用于寻找遥远地外生命的手段正变得越来越具有技术含量、越来越复杂，它依然依赖于一个巨大的假设：让我们这个星球诞生了生命的东西对于其他星系、其他时间同样管用。可要是 α 随着时间而改变，原本可能诞生的地外生命会受到非常大的干扰。而从历史上看，若非 α 的"自由程度"刚好足够形成稳定的碳原子，生命也许不可能出现——也许具备了这个条件，生命会自然而然地诞生，根本不需要向任何创造者提出诉求。而且因为爱因斯坦断定空间和时间是交织的，一些物理学家相信 α 随着时间的变化可能意味着 α 随着空间的跨度也在不断变化。根据这一理论，就像生命会诞生在地球而不是月球上是因为地球有水和大气层一样，也许生命在地球——太空中看似毫不出众的角落里一颗看似随机选择的行星——上诞生，是因为只有在这里，宇宙备下了恰到好处的条件，让稳定的原子和完整的分子可以生成。这也许能够轻易解释费米悖论：没有别人跑来跟我们打招呼只是因为根本没有别人。

此时此刻，证据偏向了平庸原理。而根据遥远星球的重力扰动，天文学家现在已经知道了数以千计的行星存在，这让在某个地方找到生命的可能性变得颇为乐观。不过我还是得说，只要解决了下面这个问题，关于太空生物学的大量争论就都会得到解决：地球，乃至人类，在宇宙中是不是独一无二的？寻找地外生命将把我们人类的测量本领发挥到极致，可能还会用到元素周期表中一些之前被遗漏掉的小格子。我们现在所能肯定的是：如果今天晚上某些天文学家将望远镜对准一处遥远的星团，发现了不容置疑的生命迹象，哪怕只是一些食腐微生物，那也将会是有史以来最重大的发现——证明了人类根本不是独一无二的存在。这个发现的重大性大概只有我们人类的存在，以及我们能够理解和做出这样的发现能够相比。

19. 超越元素周期表

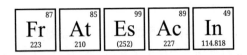

元素周期表的边缘地带是一个谜。高放射性的元素总是很稀少，所以你肯定会下意识地这样认为：衰变速率最快的元素肯定也是最稀有的元素。有这么一种元素，不论何时出现在地壳之中，都消失得最快、最彻底，那就是极端不稳定的钫，它的确非常稀有。钫恍如电光石火般的存在时间比其他任何天然的原子都要短，但还有一种元素甚至比钫更为稀有。这是一个悖论，要解开这个悖论实际上需要跨出让人心安的元素周期表范畴，启程前往核物理学家眼中的新世界，他们想要征服的美洲大陆——"稳定岛"，他们在那儿使出浑身解数，（或许仅仅是希望）将周期表越过现有的边界往外扩展。

就像我们已经知道的那样，宇宙中90%的粒子是氢，其余10%是氦。其他那些，包括了6×10^{24}千克的地球，都在这个广袤的尺度中四舍五入掉了。而在这6×10^{24}千克中，最稀有的自然元素——砹的总量，只有要命的1盎司（约28克）。为了将这个概念用某种你（勉强）能理解的例子表达出来，你可以把砹想象成一辆别克汽车，你把你的这辆别克车停在了一个巨大的停车场里，然后忘了它的位置。想象你走过每一层、每个区、每排停车位，寻找你这辆汽车的漫漫路程。为了比照在地球中寻找砹原子的概念，这个停车场每层得有大概1亿个区，每个区有1亿排停车位，而且停车场高1亿层。而且这样规模的停车场一共有160个——在所有这些停车场中，只有一辆砹汽车。你是不是觉得自己最好还是转身回家算了？

要是砹真的这般稀有，你自然就会问，科学家们到底是怎样统计出它的数量的呢？答案是，他们耍了点小滑头。任何存在于地球婴儿期的砹老早老早以前就通过放射性衰变不见了，但是其他放射性元素有时也会在吐出 α 粒子或 β 粒子之后衰变成砹。如果知道了砹的母元素（通常是位置靠近铀的元素），计算出它们各自可能衰变成砹的概率，科学家们就能得出一些看上去有眉有眼的数字——地球上存在着多少砹原子。这个方法也适用于其他元素。比方说，地球上任何时刻至少有20～30盎司（567～850克）钫存在，它在元素周期表中是砹的近邻。

非常有趣的是，砹同时也比钫要稳定很多。要是你手头有100万个半衰期最长的同位素砹原子，其中一半将在400分钟之内分裂。而同样情况下，钫只能存在短短20分钟。钫是如此不稳定，所以基本上没什么用处，即使地球上（勉强）存在着足够让化学家们直接发现的钫，也没人能够将足够的钫原子积聚成一个样本。要是有人这样做了，这一样本将会发出极其强烈的放射性，将他们立毙当场（积聚这些"快闪族"的当前纪录是1万个原子）。

虽然同样也没人制造出过一份看得见摸得着的砹样本，可至少砹还有点儿用处——作为一种快速起效的放射性同位素用在医学之中。事实上，科学家们——由我们的老朋友埃米利奥·塞格雷领头——在1939年发现了砹之后，便将一份样本注射到一头几内亚猪身上来研究它。因为砹在元素周期表中的位置正在碘的下方，它在机体内的表现也很像碘，都很容易被机体选择性地滤过，然后聚集在那只啮齿动物的甲状腺中。砹也因此成为唯一一种其发现是通过非灵长类动物实验确证的元素。

砹和钫之间这种古怪的相关性源自它们的原子核。就像在所有原子里一样，它们的原子里有两股力量为了占据上风而争斗不休：强力（总是把一切东西往原子核吸）以及电磁力（能够将粒子远远击飞）。尽管身为自然界四大基力中最强大的一个，强力有着粗壮的

"手臂"，但这手臂却短得可笑。想想霸王龙你就了解了。要是粒子偏离到了万亿分之一英寸之外的地方，强力就只能眼巴巴地看着了。出于这个原因，强力在原子核外层和黑洞中几乎起不了什么作用。但在"手臂"所及范围之内，它要比电磁力强大100倍。这是个好事，因为它确保了质子和中子耦合在一起，而不是任由电磁力将原子核拧成碎片。

当你从原子核的尺度来看砹和钫时，会发现它们的强力能够触及的范围实际上非常有限，所以很难将所有的质子和中子束缚在一起。钫原子有87个质子，它们谁也不想挨着谁。而钫原子核里其余的130个中子能够很好地缓冲正电斥力，但同时又使正电积蓄起来，达到非常高的程度，让强力东冲西突也没法穿透整个原子核，镇压核中"居民"们的冲突。这使得钫（出于同样的原因，还有砹）极其不稳定。说到这儿，人们会顺理成章地认为，因为质子的增加将会导致更大的电斥力，所以比钫原子序数更大的元素将更加不稳定。

但这个想法只有部分是正确的。还记得玛丽亚·格佩特－梅耶（"第二位获得诺贝尔奖的母亲"）提出的"幻数"理论吗？——原子核中质子数或中子数为2，8，20，28等"幻数"的元素，显示出很高的稳定性，值得特别关注。其他数值的核子数，像92，也能形成致密稳定的原子核，在这样的原子核里，苦于手短的强力能够加紧对于质子的抓握。这就是为什么虽然铀的原子序数比砹和钫更大，却更为稳定。当你沿着元素周期表一个一个检阅元素时，会发现它们强力与电磁力之间的争斗就像熊市时期的股票行情看板，表示稳定性的曲线一路往下，而分别表示强力和电磁力的曲线则互相交织，此起彼伏，涨落不定。

根据壳层结构模型这一被普遍接受的原子核模型，科学家们断定比铀更重的元素，其半衰期将渐渐趋向于0.0。但当他们在20世纪五六十年代顺着比铀更重的元素一路捋下去时，一些预料之外的事情发生了。在理论上,此时的"幻数"应该趋向无穷大,结果铀之后的第114号元素,却有着准稳定态的原子核。而且加州大学伯克利分校(还能有别处吗?)的科学家们计算出相比它之前大约10个重元素而言,114号元素半衰期的数量级要大上许多,而不是只长一丁点。联想到超重元素那令人沮丧的短短生命(最长的以微秒计),这是一个疯狂的、跟人们的第一印象不符的结果。往绝大多数人造元素里添加质子和中子就像往炸药包里塞炸药一样,因为你往原子核施加了更多的压力。但是在114号元素中,塞进更多的TNT却好像只会让这个炸药包更稳定。同样不可思议的是,112号和116号元素好像(至少是在纸面上)也因为有着接近114这个数字的核子数而得到了"马蹄铁的祝福"。即使只是核子数接近于"幻数"就让它们变得沉稳起来。科学家们开始管这一簇元素叫作"稳定岛"。

被这个类比所吸引,被成为勇敢探索者的想法所鼓舞,科学家们开始准备征服这座小岛。他们热烈谈论着寻找这处元素的"亚特兰蒂斯",有些人甚至像古时候的水手那样用乌贼墨色画出那片未知核海洋的"航海图"(你别太指望看到水里还画着北海巨妖就是了)。几十年后的今天,想要抵达那块超重元素"极乐岛"的尝试已经构成了物理学中最让人激动的领域之一。科学家们还没有真正踏上那座岛屿(为了得到真正稳定的"双幻数"元素,他们需要找出办法来往目标原子核里加入更多的中子),但是他们已经抵达了岛屿周围的浅滩,正划着桨寻找一处登陆点。

当然,一座稳定岛的存在也暗示了元素潜在稳定性的延伸——以钫为中心的延伸。第87号元素正夹在核子数为幻数82的元素和准稳定的第92号元素之间,简直就像有人在深情呼唤着它的质子和中子丢掉危在旦夕的破船,游向不远处的稳定岛。可事实上,因为钫那一触即溃的原子核结构,它是最不稳定的自然元素,就是从第88号元素一路数到有着别扭名字的第104号元素铲

（rutherfordium），这些人造元素哪一个都比钫要稳定。如果元素周期表中真有一条"不稳定海沟"，钫扮演的就是那个在马里亚纳群岛底下咕咚咕咚直冒泡的角色了[1]。

不过，相比于砹而言，钫在地球上的含量要丰富许多。为什么呢？因为位置在铀周围的许多放射性元素在衰变时恰好能够生成钫。而钫不是进行正常的 α 衰变（通过丢弃两个质子）从而变成砹，而是有99.9%的时候决定通过 β 衰变移除原子核的压力从而变成镭。镭接下去会通过一场暴风骤雨般的 α 衰变从而直接跳过砹变成其他元素。换句话说，许多走在衰变路途中的原子会在钫那儿临时下车，所以它能在地球上时刻保有20～30盎司（567～850克）的含量。而砹却带着原子搭上航天飞机嗖地起飞，把砹远远抛在后面，这就导致了砹含量的极度稀少。悖论解开了。

现在我们已经放下铅锤探测过"不稳定海沟"了，那座稳定岛又是怎样的呢？化学家们是否能够合成所有具有极高数值"幻数核"的元素，我们尚不可知，但也许他们能够合成一种稳定的114号元素同位素，然后是126号元素，直到抵达终点。一些科学家相信，往超重元素原子里添加电子也能够使它们的原子核变得稳定——电子也许能够起到弹簧和减震器的作用，吸收那些原子通常情况下用来将自己撕成碎片的能量。如果情况属实的话，也许合成第114、116和118号元素也是可能的。稳定岛将会成为一处群岛。虽然这些稳定岛彼此的间隔将会更大，但也许就像划着独木舟的波利尼西亚人[2]一样，科学家们终能横渡广阔的海面抵达元素周期表上的那些新群岛。

令人激动的是，那些新元素并非只是我们已知元素的"加重版"，

---

(1) 马里亚纳海沟位于菲律宾东北、马里亚纳群岛附近的太平洋底，亚洲大陆和澳大利亚之间，全长2550千米。最大水深在斐查兹海渊，为11 034米，是地球的最深点。

(2) 波利尼西亚，意为"多岛群岛"。太平洋三大岛群之一，位于太平洋中部。

而可能具有奇妙的特性。（还记得沿着碳和硅的族谱一路追溯会看到什么吗？）根据一些计算，如果电子能够安抚超重元素的原子核，使它们变得更稳定，那些原子核也能够对电子产生影响——在这样的例子中，电子可能会以一种不同的次序填充原子的壳层和轨道。有些元素，依照在元素周期表中的位置理应为标准重金属，却可能会先将自己原子的最外层填满8个电子，转而表现得就像金属态的高贵气体一样。

虽非出于自大，但科学家们已经将这些假想中的元素进行了命名。你可能已经注意到元素周期表底部那一块儿的超重元素都有着3个字母的名字，而不是两个字母，而且这些名字全都是以字母u开头的。又来了，那正是拉丁文和希腊语流连不去的残影，比如尚未被发现的第117号元素Uus，也就是un·un·septium，第122号元素Ubb，也就是un·bi·bium等。一旦这些元素被合成出来，就能得到"真正"的名字，但眼下科学家们只能用这些拉丁代词将它们草草标记，同时也将这些元素的受关注程度同其他元素明显区分开来，比如幻数核元素，第184号元素un·oct·quadium。谢天谢地，随着双语命名法在生物学中的濒临绝迹（正是这一命名法把我们的家猫冠上个"Felis catus"的古怪名字，不过它正在逐渐被染色体DNA"条形码"所取代，所以当我们以后再提到那些具有了智慧的猿人时，就要对"Homo sapiens"[1]这个名字说拜拜，而热切拥抱这个表达：TCATCGGTCATTGG……），这些u打头的元素名字可能是一度在科学中占据统治地位的拉丁文最后的阵地了。

那么这些希望之岛到底能够延伸到多远的地方呢？我们能不能看到小小的火山从元素周期表下方永久地拔地而起，能不能看到它们扩大、连绵，一直延伸到第999号元素Eee, enn·enn·ennium,

---

(1) 智人，现代人的学名。

甚至更远处呢？唉，不可能。即使科学家们找出怎样将超重元素黏聚成完整形态的办法，即使他们一脚踩上了最远的稳定群岛，也几乎肯定会马上滑落到暗流汹涌的海洋里去。

究其原因，得追溯到阿尔伯特·爱因斯坦和他职业生涯中的最大败绩。尽管爱因斯坦的绝大多数粉丝对相对论深信不疑，但他获得诺贝尔奖却不是因为相对论，不管是广义的还是狭义的。他获奖是因为解释了量子力学中一个奇怪的现象——光电效应。他对此给出的理论是第一个真正的证据，证明量子力学并非粗制滥造的临时应急物，只为证明异常的实验结果而存在，而是实实在在契合事实的。而爱因斯坦提出这一理论的事实却十分具有讽刺意味，原因有二。第一，当年纪渐长，更执拗暴躁时，爱因斯坦对量子力学产生了怀疑。对于他而言，量子力学的统计分析和深层的概率论性质看起来太像是赌博了，让他大为反感，以至于说出"上帝不掷骰子"这样的话来。他错了，真可惜大部分人从没听过尼尔斯·玻尔对此作出的反驳："爱因斯坦，别再管上帝该怎么做了。"第二，尽管爱因斯坦花费了毕生精力想要将量子力学和相对论统一为一个条理分明、清晰优美的"万有理论"，但他最终失败了，虽然并不是彻底失败。有些时候，当这两种理论相遇时，它们能够完美地互相补充：相对论对于电子速度的修正帮着解释了为什么水银（我一直在留神提防的元素）在室温下理应是固体，实际上却是液体。而且要是没有这两种理论知识的话，永远不会有人能够合成以爱因斯坦名字命名的元素，第99号元素锿（einsteinium）。但是总的说来，爱因斯坦在万有引力、光速和相对性方面的理论并不能同量子力学完全契合。在某些情况下，比如说在黑洞里，当这两种理论相遇时，所有他那些假想的方程式都会折戟沉沙。

这种失败能够为元素周期表设定界线。回到将电子比作行星的那个类比上去，就像水星围着太阳飞速移动，每3个月就转完一周，而海王星就得拖拖拉拉花上165年时间一样，内层电子围绕原子核的移动要比外层电子快上许多。这个精确的速度取决于质子的数量和 α ——我们在上一章里讨论过的精细结构常数——之间的比率。当这个比率越来越近接近1时，电子的速度也越来越接近光速。但是记住，α（我们认为是这样）恒定为1/137左右。当质子数大于137时，内层电子将会超越光速——而根据爱因斯坦的相对论，这是绝不会发生的。

这个假定的最终元素，第137号元素，经常被叫作feynmanium，以理查德·费曼之名命名，他是第一个注意到这一窘境的物理学家。他也是那个将 α 称为"宇宙间最大的一个谜，一个该死的谜"的人。现在你知道他为什么会这么说了。越过第137号元素之后，当无可抵抗的量子力学遭遇不可动摇的相对论时，总有什么会做出让步。没人知道那会是什么。

一些物理学家（就是那种将时间旅行很当回事的人），认为相对论也许有个漏洞，能够允许被称为超光子的特殊（同时很合时宜地不可观测）粒子，获得比光那每秒186 000英里（约30万千米）还快的速度。抓住超光子，他们也许就能回到过去。所以要是某天有超级化学家合成了第138号元素——un·tri·octium，会不会出现这种情况呢：它的内层电子变成了时间旅行者，而原子的其他部分乖乖地待在原地。也许不会。也许光速只是一顶为原子尺寸量身定做的安全帽，如果没有了它，那些想象中的稳定岛将被彻底抹去，就像20世纪50年代原子弹实验对那座珊瑚岛所做的一样。

而这是不是就意味着四平八稳、板板正正，像个老古董一样的元素周期表很快就过时了呢？

不，不，绝对不会。

如果外星人登陆地球，我们不能保证能够同他们进行交流。先别说那个显而易见的事实了：他们不会说"地球话"。他们也许是用

313

信息素或是光电磁波来代替声音交流，他们可能还会——特别是当我们撞上了那极小极小的可能性，来访的这些外星人是非碳基生命体——周身剧毒。即使我们成功同他们建立起交流，我们文明中那些最基本、最重要的东西——爱、神、尊敬、家庭、金钱、和平——也可能不会给他们留下什么印象。我们唯一能够摆在他们面前并且确信他们能够理解的，就是像 π 那样的数字和元素周期表了。

当然，这本就应该是元素周期表的性质，因为那标准的"城堡加塔楼"形状的周期表，尽管被印在了现存每一本化学书的内封，却依然只是系统化组织元素的可能方式之一。我们祖父辈里许多人小时候学到的元素表和现在颇为不同，其中一种就统共只有8个宽宽的纵列。它看上去更像一张日历，所有的过渡金属被两两塞进一个小方格里，用斜杠分隔开，就像那些遇上倒霉月份安排不开只能尴尬地挤在一起的30号和31号一样。更不靠谱的是，一些人还将镧系元素硬塞进周期表的主体部分，造成一片水泄不通的混乱场面。

没人想过要给镧系元素多些空间，直到20世纪30年代末到60年代初，格伦·西博格和他的同事们在（注意哦）加州大学伯克利分校将整个元素周期表改头换面。他们做的不仅仅是往里面添加元素。他们还意识到像镧这样的元素不适合放进重新规划好的图表之中。此外——这实在太古怪了，很难说出口——在此之前的化学家们并没有把周期律当回事。西博格小组认为镧系元素连同它们恼人的化学性质对于标准的周期表组织律来说是个异数——位于镧系元素下方的元素理应不会把电子遮掩起来，并因此同过渡金属元素的化学性质相背离，但镧系元素般的化学性质又的确在那些元素中一再出现。所以事实只能是这样：这种化学性质应该成为一种分类原则，那些元素具有的这种古怪化学性质应该得到承认。于是他们，包括西博格，非常肯定地意识到，第89号元素锕是一个分水岭，在它之后的元素具有某种全新而奇异的特性。

锕是一个关键性元素，使现代的元素周期表具有了现在的外形，因为西博格和他的同事决定将当时已知的所有超重元素——现在这些元素被称为锕系元素，以它们的大哥命名——剪切下来，隔了点距离粘贴在元素周期表底部。既然挪走了这些元素，他们决定给予过渡元素更宽敞的空间，而不是将它们挨挨挤挤地塞进那些三角格子里。于是他们往周期表里加了10列。西博格小组的这个设计意义非常，以至于一时间效仿者无数。等待那些抱着旧周期表拒不撒手的固执家伙陆续翘辫子很是花了一些时间，不过到了20世纪70年代，那个日历般的周期表终于让位于城堡形的周期表——现代化学的支柱。

　　但谁说城堡加塔楼就是完美的形状了？纵栏排列的设计自从门

●威廉·克鲁克斯和他的模型

315

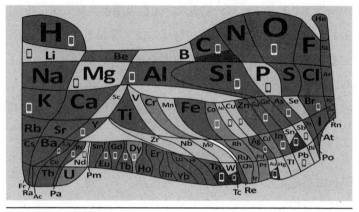

●新奇有趣的元素周期表（EuChemS）

捷列夫时代以来就是主流，可就连门捷列夫本人也设计了30种不同的元素周期表，到20世纪70年代，科学家们已经设计出超过700种形态各异的周期表。一些化学家喜欢撅断一侧的塔楼，摞到另一侧去，这样的元素周期表看上去就像一个古怪的楼梯。另外一些花样百出地捣鼓氢和氦，将它们塞进不同的纵列里，以突显这两种非八隅体元素在化学中与众不同的地位。

说真的，一旦你开始把心思花在元素周期表的形式上，就没道理把自己限制在横平竖直的框框里。有个绝妙的现代元素周期表看起来就像蜂巢，一个个六边形的小格子以氢为核心盘绕延伸，形成越来越宽的旋臂。天文学家和天体物理学家可能会很喜欢这个版本：一个氢"太阳"坐落在周期表的中心，其他所有元素环绕着它，正如众星拱月。生物学家已经绘出螺旋结构的周期表，像我们的DNA，而有些闷骚的家伙将我们的周期表画成这样的结构：一个个小格子横向竖向排列，到某个位置时忽地掉头回转，盘绕过整个纸面，就像印度双骰游戏那样。甚至有人设计出周期表金字塔魔方，还获得了美国专利呢（专利号#6361324），这个玩意儿上可转动的面就是由一个个元素组成的。

有些喜好音乐的人将元素表绘成乐谱形式，我们的老朋友威廉·克鲁克斯，也曾设计出过两种异想天开的周期表，一个看上去像把鲁特琴，另一个看上去像把法国小号，倒是同他那幽灵探寻者的身份挺相衬。我个人最喜欢的有这么几种：一个是金字塔形状的周期表，从上往下依次变宽，非常合理，能够生动地展现元素外层电子轨道数的递增，显示还会有多少元素能被纳入整个系统；还有一个是纸板模型，在中端扭曲旋转，我没能看得很明白，不过还是很喜欢，因为它看上去就像个魔比斯环。

我们甚至没必要再把周期表限定为二元。塞格雷在1955年发现了带有负电荷的反质子，这种质子能够非常完美地同正子（也就是正电子）配对，构成反氢原子。在理论上说，由这种反元素构成的反元素表也是应该存在的。除了这种正规元素周期表的"镜子"版本外，化学家们还在寻找新的物质形态，如果成功了，那人类掌握的"元素"数量就算不增加数千倍，也得翻个几百番。

首先要说到的就是超级原子。这些成簇的原子——同一种元素的原子，数量从8到100不等——具有神秘怪诞的能力，能够模拟不同元素的单个原子。打个比方，第13号元素铝的原子，能够聚集在一起，完完全全以"杀手元素"溴的面目出现：这两种物质在化学反应中实难区分，尽管这种铝原子簇比单个溴原子要大上13倍，尽管铝跟那种能刺激得人涕泪横流的毒气一点儿都不像。其他一些铝原子聚合体能够分别模拟惰性气体、半导体、像钙那样的成骨物质，或是元素周期表中几乎任何区域的其他元素。

这种原子簇的作用原理大概是这样的：原子们自我组织为一种三维多面体，这种多面体就相当于一个原子，多面体中的各个原子则充当了质子或中子的角色。需要说明的是，电子能够在这一松软的团状物中四处流动，构成这个超级原子的所有原子共同分享这些电子。科学家们将这种物质形态揶揄地称为"胶状体"。根据多面体形状的不同和边角的数量，这种"胶状体"具有不同数量可供"外包"给其他原子从而发生反应的电子。如果可供"外包"的电子有7个，那这一"胶状体"就表现得像溴或是卤素原子。如果外包电子数量为4，它表现得就像硅或是半导体。钠元素的原子也能组成这种模拟其他元素原子的"胶状体"。我们有理由相信除此之外还有别的元素能够模拟其他元素，甚至是所有的元素都能够模拟其他任何元素——完全就是博尔赫斯[1]笔下的混沌迷宫嘛。这些发现迫使科学家们设计出能够累叠的周期表，用以分类所有的新种类，一层一层的说明图表覆在充当骨架角色的那张元素周期表之上，就像解剖教科书上层层相叠的透明解剖图一样。

　　虽然"胶状体"如此奇异，但它至少还像是普通的原子。第二种扩展元素周期表进深的方式就不是这样了。量子点是一种计算机虚拟的全息原子，遵循量子力学的规则。不同的元素都能生成量子点，不过其中最好的还属铟。铟是一种银色的金属，是铝的亲族，在元素周期表中的位置正好处于金属和半导体之间。

　　科学家们构建量子点是通过搭建一座小小的魔鬼塔[2]来完成的。这座魔鬼塔小得肉眼几乎看不见，但像现实中的那根岩柱一样，它也是由许多层构成的——从基座一直到顶端依次累叠着一层半导体，薄薄一层绝缘体（一般是陶瓷），一层铟，一层稍厚些的陶瓷层，顶端则是一个金属盖子。科学家们往那个金属盖子上施加一个正电荷，它会吸引电子。电子们争先恐后地往上跑，直到遇到绝缘层，寸步

---

(1)　豪尔赫·路易斯·博尔赫斯（Jorge Luis Borges，1899—1986），阿根廷作家。作品涵盖多个文学范畴，尤以拉丁文隽永的文字和深刻的哲理见长。主要作品有《迷宫》《沙子集》《老虎的金黄》《小径分岔的花园》《虚构集》等，他的作品反映了"世界的混沌性和文学的非现实感"，描绘出简洁到极致又复杂到难以想象的宇宙模型。
(2)　魔鬼塔（Devils Tower），美国国家名胜，位于美国怀俄明州东北部的大平原上，是一块巨型圆柱体岩石，高达263.7米，基座直径为304.8米，顶端直径83.8米，为多支印第安部族的圣地。

难行。不过，如果绝缘层足够薄的话，单个电子——在其基本层面上是波的存在——能够施展一些巫术般的量子力学把戏，在绝缘层上"打通隧道"，抵达铟层。

这时候，科学家们啪的一下取消掉电压供给，就把那个孤零零的电子困在原地了。铟呢，又恰好能够很好地让电子在其原子间流动，若非如此的话，单个电子就会在这一层湮灭。这个被困住的电子与其说是在铟层间移动，倒不如说更像是徘徊，而且这种盘旋是离散的、非连续性的。如果这层铟足够薄、足够窄的话，大概1000个铟原子聚集在一起，表现得就像一个"集团"原子，共同分享这一个被俘获的电子。这就是量子点。往量子点里加入两个或者更多的电子，它们将在铟层里呈对角急旋，并且分别位于比通常情况下大上许多的轨道和壳层之中。要描绘出这幅怪异情形而不显得我是在夸大其词真的很难，那就像不采取所有那些劳师动众的措施将物体冷却到绝对零度之上十亿分之一摄氏度就得到玻色-爱因斯坦凝聚态中的巨型原子一样。而且构建量子点并非毫无意义的事情：量子点显示出极大的潜力，可以用来制造新一代"量子计算机"，因为科学家们能够控制单个的电子，并通过它们来运行计算程序，这要比引导数以十亿计的电子通过杰克·基尔比在50年前发明的集成电路上的半导体要快上太多、清晰太多。

量子点的概念出现之后，元素周期表将不复过去的面貌。因为量子点，也被叫作"饼状原子"，非常平展，其中的电子层结构同通常情况下的大相径庭。事实上，目前的量子点周期表看起来就同我们耳熟能详的元素周期表非常不一样。首先，它要更窄一些，因为八隅律不适用于此。电子填充原子壳层要更快些，分隔非电抗性惰性气体的元素要更少些。这就允许有其他更多活跃的量子点能够分享共同的电子，并同临近的其他量子点耦合，形成……好吧，天知道能形成什么玩意儿。同超级原子不一样，没有任何一种现实世界中的元素能够形成差不多类似于量子点"元素"的东西。

尽管如此，最后我还是得说，有一件事情是毫无疑问的，那就是西博格那横平竖直、带着尖尖塔楼，镧系元素和锕系元素横在底部就像护城河一样的周期表，还将占据未来数代人的化学课堂。这一形式实在太棒了，太简明易懂了。不过遗憾的是，教科书出版社没能在后面印上一些更具有启发性的周期表样式，用以同印在每本化学书前面的西博格周期表呼应，比如3D版本的，能够立体显现在纸面上，并且弯曲变形，让相隔甚远的元素互相靠近，当你看到本来各处周期表一端的元素肩并肩地站在一起时，不就很能够启发一些灵感火花吗？我非常愿意捐赠1000美元给非营利组织来完成这一增补，不管这些新增的周期表有多异想天开，也随便它们以什么组织律为基础，只要是人类能够想象出来的都可以。迄今为止，现在的周期表已经为我们提供了那么多的便利，但是重新设想它、重新构建它，对于人类而言是非常重要的（至少对某些人而言）。此外，要是外星人真的降临地球，我希望我们通过这些周期表展现出来的智慧能够给他们留下深刻印象。而且，也许，仅仅是也许，它们能够在这些周期表中看到一些他们认识的样式。

不过话说回来，能够吸引他们目光、让他们理解的，也许正是我们这个四四方方的老周期表，以及它那不可思议的简洁明了。

也许在外星人的世界有着不同寻常的元素组织方式，也许他们知道超级原子和量子点，尽管如此，它们还是能够在这张周期表里看到一些新的东西。也许当我们依照他们各自的文明水平解释要如何解读这张周期表时，他们会出于真正的钦佩之情而打个呼哨（或者别的什么）——因为所有那些我们人类自觉或不自觉写进这张元素周期表里的东西。

附　录

作者对谈录

你是怎样爱上科学的?

从水银开始。我的三年级过得颇为不顺——我得了十几次链球菌咽喉炎——那时候我笨手笨脚,还很喜欢说话。每次妈妈把水银体温计放到我的舌头下面,最后基本都会被我摔碎,水银就溅了出来。可是我的妈妈倒是从不大惊小怪,她从不恐慌,也不会带着我们逃出房子。事实上,她会用一根牙签把水银液滴滚到一块,然后装进一个罐子里,放到厨房的架子上。我觉得它是我这辈子见过的最迷人的东西(部分是因为我知道它有多危险)。所以,我开始阅读和水银有关的文章和书籍,了解它和其他生活领域的关系——炼金术、历史、神话、医学,诸如此类。

为什么你选择了元素周期表作为本书主题?

我知道一些关于元素的很棒的故事,可是我们的化学课上却从来不讲。(你们有谁听说过钼?)而金和铝这样每个人都以为自己很熟悉的元素,也有许多不为人知的故事。所以,这本书仅仅是把这些故事搜集起来,然后我们一下子就能发现,原来元素周期表的广度比大多数人以为的还要宽阔得多。

那么,为什么碲会引发历史上最离奇的淘金热?

碲是唯一能以化学方式与金结合的元素,它们形成的矿石看起来很像金子,不过也有一些差别:它有点儿太黄了,更像是"愚人金"。所以,在史上最疯狂的淘金热潮中(19世纪末期),澳大利亚西部的矿工无意中发现了碎金矿石，他们觉得它毫无价值，就把它扔掉了。有的人甚至把矿石打碎，用碎石来调和水泥，修建房子，或是填进街道的地基里。可是后来，人们发现这些用来和水泥的碎石里竟然真的有金子，疯狂的人们把街道挖了个底朝天，连自家的房子和灶台都拆掉了，我把这次事件叫作"超级愚人金热潮"。

你为什么会选择《消失的调羹》[1]**这个标题？**

标题来自关于元素镓的一个故事。镓在元素周期表中位于铝的下方，看起来和铝也很像。如果在你面前摆上一块铝、一块镓，你很难将它们分辨出来。此外，镓还有一种很不寻常的特性：它在比室温高一丁点的温度下就会熔化，甚至在你的手掌中它也会变软。所以就诞生了一个经典的科学宅恶作剧：用镓做一把调羹，然后和咖啡或者茶一起送到某人面前，然后观察他们看着格雷伯爵茶"吃掉"茶具时的表情。而且，这个标题也很贴切地表达了本书的精神：以另一种眼光来看待科学，发现有趣的故事。

为什么说水银"颇富'邪典'气质"？

水银希望只跟自己同类的原子待在一起，想得要命，所以微小的水银会变成球形，最大限度地减小与外界的接触面积。这样的行为看起来十分"邪典"——只跟和自己同类的原子打交道，留给全世界一个背影。

除了科学家和作家的身份之外，你还拥有图书馆学的硕士学位，你为什么会选择图书馆学这个专业？

我热爱图书馆，我童年时代最快乐的时光就是在图书馆中度过的。这个硕士学位对我的写作颇有帮助，创作本书的时候我用到了很多图书馆学的研究技能，而且我还觉得，要不是我选择了写作，我会很愿意在图书馆里度过余生。

---

(1) 《消失的调羹》是本书英文版标题。

你为什么会离开实验室，开始写书？

呃，实际上我从来没有在实验室里全职工作过。我只在大学实验室中做过兼职，而且我恨那份工作。科学工作在成功的时候很美，可是除了那些短暂的瞬间，其余的时间都十分让人抓狂，我的性格的确不太适合那样的工作。而写作与科学有关的东西能让我不断学习到各种迷人的事情，而不用老是为打破实验设备之类的事儿烦心，也让我不至于被迫选择那样的职业道路。

你怎样磨炼写作技巧？

我总是抓紧机会写一切我能写的东西，哪怕出版的机会渺茫。我的电脑里有许多已经完成的文章，可是除了小杂志审稿的实习生外，从来没有被其他人读到过，至少我认为没有人读到过吧。（提醒你一下，其中很大一部分说不定真的只配被退稿！）当然，退稿总是令人沮丧，不过我需要通过这样的方式来练笔。

跟我们聊聊你最近的计划吧。

我正在筹备一本关于遗传学的书，写作方式大概会和《消失的调羹》颇为相似。人类基因组中埋藏着许多有趣、古怪甚至可怕的故事——回溯历史上的名人，很久以前人类险些灭绝的事件，诸如此类。我选择这个主题是因为，我们每个人都觉得遗传学应该改变医学的面目，可实际上，这个领域带给我们的远不止于此，它揭示了人类历史中的许多故事，而我们原本以为这些故事早已永远失落了。

我们应该怎样做才能让下一代的学生对科学更有兴趣？

故事一定会有所帮助。因为大脑就是这么工作的——听故事的时候我们更容易记住其中的信息，而学习科学史上古怪而迷人的事件，你能够了解到的东西真的比你原本以为的更多。

参考讨论题目

1. 在你读完《元素的盛宴》以后，最让你惊讶的故事是什么？有没有哪位科学家或是哪种元素，你本来以为你非常了解他或它，最后却发现不是？

2. 19世纪，人们普遍认为美国的科学发展比不上欧洲，那么，是什么让20世纪的美国成为全世界的科学领头羊？

3. 既然有其他科学家在门捷列夫之前想出了元素周期表的主意，那么你觉得门捷列夫配得上"发现"元素周期表的荣耀吗？

4. 山姆·基恩详细介绍了许多科学家因为重要的发现而获得奖励的故事。你觉得奖励重大的科学突破会带来什么好处？还有，它会不会带来坏处？

5.《元素的盛宴》重点介绍了科学史上许多做出杰出贡献的女性科学家。你觉得性别在她们的职业生涯中扮演了什么样的角色？或者说，你觉得科学家的性别和他们的职业生涯有关系吗？

6. 为什么科学家花了那么长的时间才发现了化学元素的本质？当科学家发现可以用惰性气体合成化合物时，他们为什么会那么惊讶？

7.《元素的盛宴》改变了你对科学家日常生活和工作的哪些看法？

8. 阅读本书的过程中，你发现了新的英雄吗？你觉得书中有没有反面人物？有没有谁的动机让你惊讶？

9. 山姆·基恩在书中介绍了科学、自然和生活中许多通常与元素周期表毫不相干的领域，元素周期表与哪个领域的关系最让你感到惊讶？

10. 元素周期表中的某些元素竟然这么危险，考虑到它们存在于自然中，你是否感到惊讶？

11. 读完《元素的盛宴》以后，你最喜欢哪种元素，为什么？

12. 如果让你为一种元素命名，你会给它起什么名字？（记住，必须要以"-ium"结尾，而且不能以在世的人命名，包括你自己！）

13. 如果让你重新设计元素周期表，你会把它画成什么样子？

作者最喜欢的5种元素

1. 水银

80号元素是我认识周期表的开始。在第304页的第一个问题中我作出了详细的解释。

2. 钼

在本书的写作开始之前，我对42号元素的了解不多。也许我压根没意识到它是一种元素，而且我根本不会拼写它的名字！不过后来我发现，它背后的故事如此奇妙——它在"一战"中扮演了十分关键的角色，德国派出人马横跨半个世界，来到美国的落基山里，只是为了确保钼的安全、稳定供应。战争终结，元素永存，钼的故事自有滑稽的一面：没有死亡，也没有造成大规模的破坏，而且战争中被打败的那一方卷土重来，靠这种元素发了大财。

3. 铝

从某种程度上说，13号元素的故事正好是钼的反面。铝如此平凡，你以为你对它非常了解，但它却有不为人知的一面。铝在地壳中的分布十分普遍，但是很难与其他元素分离开来。所以19世纪初，科学家们开始提取出了纯铝，这在当时简直被看作奇迹。这种金属闪亮而迷人，强度很高，它的价值远高于黄金，60年中，它一直受到国王与皇帝的觊觎。突然间，一小撮化学家出现了，他们制造出了便宜的铝，扰乱了整个市场，铝最终成为今天我们用来制造饮料罐和棒球棒的金属。我倒是觉得怎样看待铝的结局完全取决于你的性格：它是最珍贵的金属，还是最过气的金属？

4. Uus

在本书写作的时候，117号元素是周期表中最新的一位成员，它在2010年加入了这个大家族，而且就连这个名字都只是一个临时的占位符，不过我喜欢它的拉丁词根（意思是1-1-7）。而且就算以后我们创造出了更多新元素，给117号元素起了一个正式的名字，我依然会对它抱有浓厚的兴趣。因为Uus填充了元素周期表最下面一行——也就是第7行的最后一个空白；考虑到其余元素的发现都带有极强的偶然性，从前的元素周期表从来没有像此刻一样每一行都被填满过。所以，Uus不但填满了周期表的第7行，还慷慨地填满了整个元素周期表。考虑到117号后面的元素很可能十分脆弱，科学家们也许永远都填不满第8行，所以，此时此刻，也许是人类能看到"完整的"元素周期表的唯一机会。

5. 铋

83号元素位于我说的"毒药协会"中间，它的周围全是面目不善的危险元素。铋的左边和上边是能带来呕吐和剧烈疼痛的传统毒药，它们的故事相当传奇；而在它的右边和下边，是吓人的放射性毒药。不过不知为何，铋自己却相当温和，甚至能做药用：热乎乎的粉红色次水杨酸铋里的"铋"就是它。我还很喜欢它的另一个特性：所有元素都会随时间衰变，可铋能坚持的时间比其他所有元素都长，铋的半衰期是2×10^{19}年，是宇宙目前年龄的十多亿倍。

致谢

　　首先，我要感谢那些最亲近的人。感谢我的父母，他们鼓励我写作，而在我动笔之后，他们从不频繁过问我到底有什么打算。感谢我亲爱的宝拉，她一直握着我的手。感谢我的手足——本和贝卡，他们教会了我恶作剧。感谢我在南达科他州家乡所有的朋友和家人，他们支持我，也是我走出屋子的理由。最后，感谢我的各位老师和教授，书中的许多故事都是他们讲给我听的，当时他们大概没有意识到自己做的事情如此宝贵。

　　此外，我还要感谢我的代理人里克·布罗德黑德，他坚信这个项目非常棒，也坚信我是写作本书的合适人选。作为我的编辑，利特尔&布朗出版社的约翰·帕斯利也为我提供了许多帮助，他设想了这本书可能成为的样子，并帮助我将它付诸实施。利特尔&布朗出版社还有其他人提供了宝贵的帮助，包括凯拉·埃森普瑞斯、莎拉·墨菲、佩吉·弗洛伊登塔尔、芭芭拉·亚特克拉和其他许多帮助设计、改进本书的无名英雄。

　　还有许许多多为各个章节、段落做出贡献的人，我也向他们表达谢意，他们或是充实了故事，或是帮助我查阅资料，或是拨冗向我解释某些东西。这些人包括斯蒂芬·法扬司、www.periodictable.com 的西奥多·格雷、美国铝业公司的芭芭拉·斯图尔特、北得克萨斯州立大学的吉姆·马歇尔、加州大学洛杉矶分校的埃里克·斯克瑞、加州大学里弗赛德分校的克丽丝·里德、纳迪亚·艾扎克森、美国化学文摘社的联络小组和美国国会图书馆的工作人员及科学文献管理员。如果这份名单有所遗漏，谨以致歉。虽然也许有些尴尬，但我仍深表感谢。

　　最后，我要向他们表达最诚挚的谢意：德米特里·门捷列夫、尤利乌斯·洛塔尔·迈耶尔、约翰·纽兰兹、亚历山大-埃米尔·贝吉耶·德·尚古尔多阿、威廉·奥德林、古斯塔夫斯·金利齐斯和其他创造了元素周期表的科学家——还有千千万万对元素的奇妙故事做出了贡献的科学家。

元素

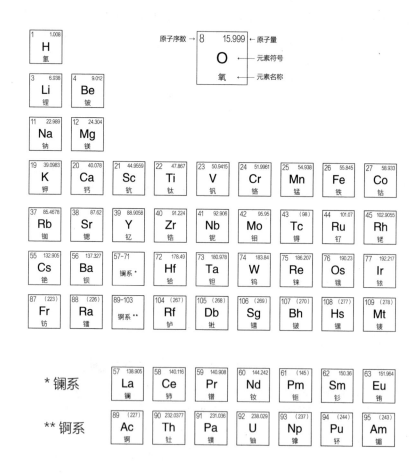

原子序数 →	8	15.999	← 原子量
	O		← 元素符号
	氧		← 元素名称

1	1.008
H	
氢	

3	6.938	4	9.012
Li		Be	
锂		铍	

11	22.989	12	24.304
Na		Mg	
钠		镁	

19	39.0983	20	40.078	21	44.9559	22	47.867	23	50.9415	24	51.9961	25	54.938	26	55.845	27	58.933
K		Ca		Sc		Ti		V		Cr		Mn		Fe		Co	
钾		钙		钪		钛		钒		铬		锰		铁		钴	

37	85.4678	38	87.62	39	88.9058	40	91.224	41	92.906	42	95.95	43	(98)	44	101.07	45	102.9055
Rb		Sr		Y		Zr		Nb		Mo		Tc		Ru		Rh	
铷		锶		钇		锆		铌		钼		锝		钌		铑	

55	132.905	56	137.327	57-71		72	178.49	73	180.978	74	183.84	75	186.207	76	190.23	77	192.217
Cs		Ba		镧系*		Hf		Ta		W		Re		Os		Ir	
铯		钡				铪		钽		钨		铼		锇		铱	

87	(223)	88	(226)	89-103		104	(267)	105	(268)	106	(269)	107	(270)	108	(277)	109	(278)
Fr		Ra		锕系**		Rf		Db		Sg		Bh		Hs		Mt	
钫		镭				𬬻		𬭊		𬭳		𬭛		𬭶		鿏	

*镧系

57	138.905	58	140.116	59	140.908	60	144.242	61	(145)	62	150.36	63	151.964
La		Ce		Pr		Nd		Pm		Sm		Eu	
镧		铈		镨		钕		钷		钐		铕	

**锕系

89	(227)	90	232.0377	91	231.036	92	238.029	93	(237)	94	(244)	95	(243)
Ac		Th		Pa		U		Np		Pu		Am	
锕		钍		镤		铀		镎		钚		镅	

周期表

本表包括近年新发现的元素，相关信息也已更新。

						2 4.0026 **He** 氦
5 10.806 **B** 硼	6 12.0096 **C** 碳	7 14.0064 **N** 氮	8 15.999 **O** 氧	9 18.998 **F** 氟	10 20.1797 **Ne** 氖	
13 26.9815 **Al** 铝	14 28.084 **Si** 硅	15 30.974 **P** 磷	16 32.059 **S** 硫	17 35.446 **Cl** 氯	18 39.948 **Ar** 氩	

28 58.6934 **Ni** 镍	29 63.546 **Cu** 铜	30 65.38 **Zn** 锌	31 69.723 **Ga** 镓	32 76.630 **Ge** 锗	33 74.922 **As** 砷	34 78.971 **Se** 硒	35 79.901 **Br** 溴	36 83.798 **Kr** 氪
46 106.42 **Pd** 钯	47 107.8682 **Ag** 银	48 112.414 **Cd** 镉	49 114.818 **In** 铟	50 118.710 **Sn** 锡	51 121.760 **Sb** 锑	52 127.60 **Te** 碲	53 126.904 **I** 碘	54 131.293 **Xe** 氙
78 195.084 **Pt** 铂	79 196.967 **Au** 金	80 200.592 **Hg** 汞	81 204.382 **Tl** 铊	82 207.2 **Pb** 铅	83 208.980 **Bi** 铋	84 (209) **Po** 钋	85 (210) **At** 砹	86 (222) **Rn** 氡
110 (281) **Ds** 𫟼	111 (282) **Rg** 𬬭	112 (285) **Cn** 鿔	113 (286) **Nh** 鿭	114 (289) **Fl** 铁	115 (290) **Mc** 镆	116 (293) **Lv** 𫟷	117 (294) **Ts** 鿬	118 (294) **Og** 鿫

64 157.25 **Gd** 钆	65 158.925 **Tb** 铽	66 162.500 **Dy** 镝	67 164.930 **Ho** 钬	68 167.259 **Er** 铒	69 168.934 **Tm** 铥	70 173.045 **Yb** 镱	71 174.9668 **Lu** 镥
96 (247) **Cm** 锔	97 (247) **Bk** 锫	98 (251) **Cf** 锎	99 (252) **Es** 锿	100 (257) **Fm** 镄	101 (258) **Md** 钔	102 (259) **No** 锘	103 (266) **Lr** 铹